Volker Angres · Claus-Peter Hutter

Das Verstummen der Natur

Das Buch:
Tier- und Pflanzenarten sterben aus, neue Arten entwickeln sich. Das ist der Millionen Jahre alte Lauf der Evolution, ein völlig normaler Vorgang. Bis der Mensch dazwischenfunkte. Die Felder voll mit Agrarchemie, denn sonst würden die Böden nichts mehr hergeben. Das Zubetonieren von Flächen für Einkaufszentren oder das Bepflastern der Vorgärten mit Steinen: Keine Chance mehr für Wildblumen und Gehölze. Dabei sind auch Deutschland, Österreich und die Schweiz Vertragspartner der UN-Konvention zum Erhalt der biologischen Vielfalt, Deutschland hat sogar eine eigene Biodiversitätsstrategie verabschiedet. Offenbar ohne durchschlagenden Erfolg:

In der Europäischen Union ist bei 42 Prozent der Tier- und Pflanzenarten im vergangenen Jahrzehnt die Populationsgröße zurückgegangen. Diese alarmierende Entwicklung gefährdet nicht nur die Biodiversität, sondern auch Wirtschaft, Ernährungssicherheit und Lebensqualität von uns allen. Und trotzdem geht es munter weiter so. Ganz legal.

Claus-Peter Hutter und Volker Angres zeigen diesen Skandal auf, machen deutlich, wie weit das Verstummen der Natur schon fortgeschritten ist. Sie beschreiben die Ursachen und zeigen schonungslos, wie sehr die Politik versagt hat. Doch bei aller Besorgnis sehen sie auch Grund zur Hoffnung: Viele kleine Initiativen beweisen nämlich, dass wir alle mithelfen können, das Artensterben zu stoppen.

VOLKER ANGRES · CLAUS-PETER HUTTER

DAS VERSTUMMEN DER NATUR

Das unheimliche Verschwinden
der Insekten, Vögel, Pflanzen –
und wie wir es noch aufhalten können

LUDWIG

All jenen Menschen gewidmet, die mit großem persönlichem Einsatz
und erheblichen Widerständen und oft auch Repressalien zum Trotz
für den Erhalt unserer Natur kämpfen.

Klimaneutral
Druckprodukt
ClimatePartner.com/12537-1707-1001

FSC
www.fsc.org
MIX
Papier aus verantwortungsvollen Quellen
FSC® C014496

Verlagsgruppe Random House FSC® N001967

Originalausgabe 9/2018

Redaktion: Ulrike Strerath-Bolz
Umschlaggestaltung: Hauptmann & Kompanie Werbeagentur, Zürich,
unter Verwendung eines Fotos von © Getty Images / Moment /
Roc Canals Photography
Satz: Satzwerk Huber, Germering
Druck und Bindung: GGP Media GmbH, Pößneck
Printed in Germany
ISBN: 978-3-453-28109-7

www.Ludwig-Verlag.de

Inhalt

Anhang

PROLOG – TEIL EINS

Tschüs, Schöpfung!

Der sechste Tag
Und Gott sprach: Wir wollen Menschen machen nach unserm Bild uns ähnlich; die sollen herrschen über die Fische im Meer und über die Vögel des Himmels und über das Vieh auf der ganzen Erde, auch über alles, was auf Erden kriecht!

Und Gott schuf den Menschen ihm zum Bilde, zum Bilde Gottes schuf er ihn; männlich und weiblich schuf er sie.

Und Gott segnete sie und sprach zu ihnen: Seid fruchtbar und mehret euch und füllet die Erde und machet sie euch untertan und herrschet über die Fische im Meer und über die Vögel des Himmels und über alles Lebendige, was auf Erden kriecht![1]

Gut dreitausend Jahre nach diesem überlieferten, mehrfach neu übersetzten Text lässt sich getrost feststellen: Das haben wir ganz prima hinbekommen. Wir haben uns die Erde untertan gemacht – zwar noch nicht überall und vollkommen, aber mit recht gutem Erfolg –, wir zerstören Wälder und Wiesen, verschmutzen Flüsse und Meere und vernichten Vögel und Fische in rauen Mengen. Wir bedrohen und gefährden mit allerhand chemischen Wirkstoffen schlicht alles Lebendige auf Erden. Menschliche Wesen nicht ausgenommen. Das ist, wenn man so will, auf eine zynische Weise wenigstens konsequent.

»Artensterben« ist das Schlagwort dazu. Meldungen, Berichte und wissenschaftliche Aufsätze gibt es reichlich, der Begriff hat längst auch den Weg in die Medien gefunden und bewegt so nicht mehr nur Naturschützer, sondern eine breite Öffentlichkeit. Tippt man etwa bei Google »Artensterben« ein, erscheinen 494 000 Fundstellen in nur 0,4 Sekunden. Beispielsweise weiß *Spiegel Online* zu berichten, dass jährlich bis zu 58 000 Tierarten sterben.

Natürlich ist diese Zahl eine grobe Schätzung, schon deshalb, weil niemand exakt weiß, wie viele Tier- und Pflanzenarten es insgesamt auf der Erde gibt. »Wir sind erstaunlich ignorant bezogen auf die Frage, wie viele Arten heute tatsächlich auf der Erde leben, und noch ignoranter sind wir gegenüber der Frage, wie viele Arten wir verlieren können, bis die Ökosysteme versagen, die die Menschheit am Leben erhalten«, stellt Robert M. May vom Fachgebiet Zoologie an der Universität von Oxford (Großbritannien) fest.[2] Die Forscher geben zunächst mal einen Überblick: Die wissenschaftliche Literatur kennt für die Gesamtzahl der irdischen Arten Größenordnungen mit erstaunlichen Unterschieden, nämlich zwischen 3 Millionen und 100 Millionen. Sofort wird klar, dass es bisher keine verlässliche Datenbasis dazu gibt. Der Biologe Prof. Camilo Mora und sein Team haben sich an der Universität von Hawaii dieser Fragestellung angenommen und mithilfe eines recht einfachen statistischen Verfahrens eine von der Fachwelt hoch angesehene neue Methode der Artenschätzung entwickelt. Das Ergebnis: Es gibt auf dem Globus rund 8,7 Millionen Arten (+/-1,3 Millionen statistischer Fehler), die meisten Arten finden sich an Land, rund 2,2 Millionen (+/-0,2 Millionen statistischer Fehler) im Wasser. Camilo Mora bestätigt in seiner Arbeit noch eine andere Zahl: Rund 15 000 Arten werden pro Jahr neu entdeckt.[3]

Eine ganze Menge Zahlenwirrwarr also für den Anfang eines Buches über das Artensterben. Aber wissen Sie was? Eigentlich ist es egal, wie viele Arten wir genau haben und kennen, wie viele verschwinden und wie viele neu entdeckt werden. Entscheidend ist etwas anderes: Wir müssen uns endlich unser Nichtwissen über die Leistungsfähigkeit der Natur und der damit einhergehenden ständigen genetischen Weiterentwicklung, der Evolution, eingestehen.

Wie ist das zu verstehen? Ein Beispiel: In den Siebzigerjahren des 20. Jahrhunderts fand der chinesische Agrarforscher Yuan Longping eine wilde Reissorte. Er kreuzte sie in eine bekannte Linie ein und erhielt einen sogenannten Hybridreis, der den Bauern 30 Prozent mehr Ertrag bescherte. Das also ist die Schlüsselbotschaft: Je mehr Arten verschwinden, bevor wir sie entdeckt haben, desto größer ist die Gefahr, nützliche oder gar überlebenswichtige Eigenschaften z. B. von Pflanzen nie zu entdecken.

Es ist in diesem Zusammenhang auch nicht beruhigend, wenn in der Literatur und in den Medien darauf hingewiesen wird, dass Artensterben ja etwas ganz Normales sei; schon immer habe es große Aussterbe-Szenarien gegeben. Das ist zunächst einmal korrekt. Der Paläontologe Norman McLeod beschreibt die wesentlichen erdgeschichtlichen Mechanismen für das Aussterben der Arten:[4] Globale Abkühlung mit Eiszeiten als Folge, Änderung des Meeresspiegels etwa durch tektonische Veränderung der Meeresböden, Sauerstoffmangel in den Meeren, Veränderungen der Ozean-Atmosphären-Zirkulation, Veränderung der Sonneneinstrahlung etwa durch Vulkanausbrüche, Einschläge großer Meteoriten mit erheblichen Folgen wie globaler Dunkelheit und gewaltigen thermischen Blitzen mit Buschfeuern im Umkreis von Tausenden Kilometern um die Einschlagstelle. Diese Ereignisse besitzen ein unglaubliches Potenzial, eine geradezu kosmische Zerstörungskraft. Infolgedessen sind jeweils erhebliche Veränderungen der Biosphäre und der Ökosysteme zu erwarten bzw. auch schon eingetreten.

Das aktuell diskutierte Artensterben ist weit von kosmischen Ausmaßen entfernt. McLeod schätzt, dass es bei ungebrochenen Trends noch rund hundert bis fünfhundert Jahre dauern wird, bis man paläontologisch von einem neuen Aussterbeszenario sprechen kann, einem Szenario also, das sich mit anderen großen Aussterbe-Wellen der vergangenen zig Millionen bzw. Milliarden Jahre vergleichen lässt.

Und doch haben wir Anlass zu großer Sorge. Denn das aktuelle Artensterben kommt anders daher, hat andere Ursachen und verläuft ganz anders als die Ereignisse der frühen Erdgeschichte. Ein Grund dafür ist der Hauptakteur: Der Mensch, der sich die Erde untertan machen will.

Allein von 1945 bis 1962 wurden in den Laboratorien der großen Konzerne rund zweihundert neue agrarchemische Ausgangsstoffe hergestellt. Es handelt sich um Spritz- und Sprühmittel, Pulver und Aerosole, die sich besonders fein als Nebel verteilen. Sie werden unter Tausenden unterschiedlichen Handelsnamen verkauft, werden gern als

Pflanzen*schutz*mittel bezeichnet und bewirken doch nur eins: Sie töten. Damit sogenannte Schädlinge, also Insekten, Nagetiere, aber auch Unkräuter auf bequeme Art und Weise entfernt werden können. Festgestellt und aufgeschrieben hat das als eine der Ersten die amerikanische Biologin und Schriftstellerin Rachel Carson. Ihr Buch *Silent Spring*, in Deutschland unter dem Titel *Der stumme Frühling* erschienen, sorgte im Erscheinungsjahr 1962 für einen Schock. Die Macht der neuen Chemikalien ist groß. Rachel Carson schreibt: »Sie töten jedes Insekt, die guten wie die schlechten, sie lassen den Gesang der Vögel verstummen und lähmen die munteren Sprünge der Fische in den Flüssen. Sie überziehen die Blätter mit einem tödlichen Belag und halten sich lange im Erdreich – all dies, obwohl das Ziel, das sie treffen sollen, vielleicht nur in ein wenig Unkraut oder ein paar Insekten besteht. Kann jemand wirklich glauben, es wäre möglich, die Oberfläche der Erde einem solchen Sperrfeuer von Giften auszusetzen, ohne sie für alles Leben unbrauchbar zu machen?«[5]

Das Buch wurde zum Bestseller und zur »Bibel« nicht nur der amerikanischen Umweltbewegung. Und es wurde zum Problem für all die Konzerne, die mit Agrarchemikalien ihr Geld verdienen. Viel Geld. Bis heute ist das so. Allerdings haben sich die Wirkstoffe verändert, sind weiterentwickelt worden, müssen bestimmte Umweltauflagen erfüllen. Dennoch: Pestizide, hergestellt aus immer neuen chemisch-synthetischen Stoffen und Stoffkombinationen, sind ein zentrales Problem beim neuen Artensterben.

Darauf ist unendlich oft hingewiesen worden, vor allem von den Umweltverbänden. Regelmäßig berichten WWF, BUND, NABU, EuroNatur, Robin Wood und Greenpeace über die Umweltverseuchung mit Agrarchemikalien und fordern seit Jahrzehnten ein Umsteuern in der europäischen Agrarpolitik. Bisher ohne nennenswerten Erfolg. Einig sind sie sich mit mächtigen Leuten: In seinem bereits 1993 erschienenen Buch *Earth in the Balance* greift US-Senator Al Gore[6] die von Rachel Carson geschilderte Problematik auf und fügt weitere Beispiele an: So hat ein in Indonesien versprühtes Insektizid nicht nur die Schädlinge umgebracht, sondern auch eine spezielle Wespenart, die wiederum Schadinsekten in den reetgedeckten Dächern in Schach hielt. Die Folge: Nach und nach stürzten die Dächer ein. Das Insektizid war auch tödlich für Katzen, sie verendeten reihenweise. Darauf befiel eine Rattenplage die Dörfer – und mehr noch: Die Ratten übertrugen die Erreger der Beulenpest.

Und Gott segnete sie und sprach zu ihnen: Seid fruchtbar und mehret euch und füllet die Erde und machet sie euch untertan und herrschet über die Fische im Meer und über die Vögel des Himmels und über alles Lebendige, was auf Erden kriecht!

Das Herrschen über alles Lebendige: Mit Pestiziden scheint die Menschheit weit über das Ziel hinauszuschießen. Statt die Schöpfung intelligent zu nutzen, bringen wir lieber Lebewesen um, die uns angeblich irgendwie in die Quere kommen. Warum das so ist und dass es durchaus Alternativen gibt, darüber wird auf den folgenden Seiten mehr zu erfahren sein.

Das neue Artensterben: Schon früh gab es dazu international anerkannte Befunde, und auch die internationale Politik ist keinesfalls blind: Schon auf der UN-Konferenz für Umwelt und Entwicklung in Rio de Janeiro, wurde im Juni 1992 neben der Klimarahmenkonvention und der Konvention zur Bekämpfung der Wüsten auch die Konvention zum Erhalt der biologischen Vielfalt[7] als völkerrechtlich bindender Vertrag verabschiedet. Deutschland ist seit dem Inkrafttreten der Konvention am 29. Dezember 1993 Vertragspartei, genau wie aktuell einhundertfünfundneunzig weitere Länder. Einhundertachtundsechzig davon haben die Konvention ratifiziert, das heißt: politisch anerkannt mit der Verpflichtung zur Umsetzung.

Offenbar bisher ohne durchschlagenden Erfolg: Die biologische Vielfalt geht in allen Regionen der Welt zurück, wie im März 2018 der Weltbiodiversitätsrat meldete.[8] In der Europäischen Union weisen 27 Prozent der bewerteten Arten und 66 Prozent der Lebensraumtypen einen »ungünstigen Erhaltungszustand« auf. Bei 42 Prozent der bekannten terrestrischen Tier- und Pflanzenarten ist seit Beginn des Jahrtausends die Populationsgröße messbar zurückgegangen. Hauptursache für den Rückgang der Biodiversität in Europa ist laut Weltbiodiversitätsrat die zunehmende Intensität der konventionellen Land-

und Forstwirtschaft. Darunter fallen nicht nur der Einsatz von Agrarchemikalien, sondern auch der Flächenverbrauch, die Bewirtschaftung mit Monokulturen und die damit verbundene Vernichtung von Lebensräumen sowie die Zerstörung aquatischer Lebensräume etwa entlang von Bachläufen.

Diese alarmierende Entwicklung gefährdet nicht nur die Umwelt, sondern auch Wirtschaft, Ernährungssicherheit und Lebensqualität der Menschen. Und trotzdem geht es munter so weiter. Ganz legal. Weil es vor allem die Interessenvertreter der Landwirte so wollen und es genau so der deutschen und europäischen Landwirtschaftspolitik ins Pflichtenheft schreiben. Sie machen sich die Erde untertan. Nimmt man das wörtlich, müsste Gott eigentlich hochzufrieden sein. Müsste. Ist er aber nicht. Wenn er noch mal zu uns sprechen würde, könnte das Zitat so lauten:

Und Gott sprach:
Ich habe einen Fehler gemacht. Der Homo sapiens ist mir zu dumm geraten.

Volker Angres

PROLOG – TEIL ZWEI

Trägheit tötet: Handeln ist überfällig

Die Symptome sind überall sichtbar, die Ursachen der von unserer Gesellschaft verursachten Epidemie Artensterben längst ergründet und definiert. Wir wissen also genug, um handeln zu können. Doch immer wieder wird so getan, als müsste man noch Ursachen erforschen. Denn mit Untersuchungen, Forschungsberichten und dabei festgestellten Erfordernissen für Folgeuntersuchungen lässt sich gut ablenken. Nichts gegen Forschung; die forschende Neugier hat uns Menschen weit gebracht. Aber so berechtigt Grundlagenforschung über das große Geheimnis des Lebens selbst und die faszinierende Vielfalt der Organismen und ihr Zusammenspiel untereinander und mit den verschiedenen Lebensräumen auch ist: Wir benehmen uns wie ein Arzt, der bei einer Patientin mit grippalem Infekt erst noch untersucht, ob der große Zeh am linken Fuß vielleicht eine Fehlstellung aufweist. Oder drastischer: Wie ein Notarzt, der bei einem Unfallopfer mit zerquetschtem Bein, das zu verbluten droht, noch untersucht, ob es nicht etwa zu viel wiegt und sich ungesund ernährt.

Ja, das klingt grotesk. Aber so verhalten wir uns. Wir forschen über den Rückgang von Arten, obwohl wir genug wissen, um die Lebensräume schützen zu können. Um es klar zu sagen: Wir brauchen Forschung, und wir brauchen Dokumentation. Aber statt herauszufinden, ob in irgendeinem Waldstück der Heimat oder der Tropen vielleicht noch eine weitere bislang noch unentdeckte Käferart herumkrabbelt, muss Energie, müssen Finanzmittel, Arbeitskraft und Management in den Schutz größerer Lebensräume gesteckt werden. Sind die erst einmal vor Profitgier und Gedankenlosigkeit gerettet, lässt sich immer noch bequem untersuchen, welche Arten sich dort angesiedelt haben. Da wir nicht nur in Deutschland und in anderen europäischen Ländern, sondern in vielen anderen Teilen der Welt kurz vor dem ökologischen Bankrott stehen, ist das Zeitfenster zum Handeln denkbar klein. Nicht dass die Welt unterginge, wenn einige Tier- und Pflanzenarten vom Planeten verschwinden, aber eines ist sicher: Sie wird viel ärmer werden – und für uns Menschen viel ungemütlicher. Ungemütlicher, als wir uns das mit unserer Haltung »es wird schon weitergehen« überhaupt vorstellen können.

Naturschützer schlagen schon seit Ende der Siebzigerjahre Alarm, dass sich die Tier- und Pflanzenwelt immer mehr verabschiedet. Nicht selten haben sie – zum Teil auch wegen ihres dogmatischen Auftretens – viele Mitbürgerinnen und Mitbürger und erst recht Ignoranten, die sich in ihrem Profitstreben gestört sahen, genervt. Aber inzwischen bemerken immer mehr Menschen, dass in der Natur etwas nicht stimmt. Besitzer oder Mieter eines Hausgartens etwa, weil sie immer weniger Schmetterlinge in ihrer Umgebung flattern sehen. Vogelfreunde, die mit Erschrecken feststellen, dass nur noch halb so viele Vögel wie in früheren Zeiten ans Futterhäuschen kommen. Für die Natur engagierte Mitbürger, die bei großflächigen Aktionen wie »Stunde der Gartenvögel« oder dem »Geo-Tag der Artenvielfalt« feststellen, dass manche Arten immer seltener werden und bei anderen die Individuenzahl abnimmt. Und dies nicht nur an einzelnen Orten, sondern überall. Es sind auch die letzten Spezialisten unter den Botanikern und Zoologen – sie sind ja nicht minder bedroht als ihre Studienobjekte –, die längst in umfassenden Studien belegt haben, wie Dutzende von Wildbienenarten, die nur unter wissenschaftlichem Namen einigen wenigen bekannt sind, oder das nahezu komplette ursprüngliche Artenspektrum der Feldkräuter verschwunden sind. Waren Fragen des Schutzes von Tier- und Pflanzenarten in den Regierungszentralen eher Randthemen, so ist der Verlust der biologischen Vielfalt spätestens mit der sogenannten Krefeld-Studie in den Schaltzentralen der Macht angekommen.[9] Sie konnte zeigen, dass in manchen Gebieten die Biomasse der Insekten um mehr als 75 Prozent zurückgegangen ist. In kaum einer Rede des baden-württembergischen Ministerpräsidenten Winfried Kretschmann fehlt der besorgte Hinweis, dass bei längeren Autofahrten am Kühlergrill so gut wie keine Insekten mehr kleben – ein Hinweis auf das dramatische Artensterben. Die Arten sterben teilweise unbemerkt und lautlos.

Wer jetzt vorschnell ausgemacht haben will, dass natürlich ganz allein die Landwirtschaft an den Pranger gehört, der irrt. Die Zusammenhänge sind deutlich komplexer. Auch wir Verbraucher spielen eine Rolle. Sind wir es doch, die nach scheinbar günstigen Preisen schielen. Unser Einkaufsverhalten erzwingt letztlich eine auf Massenerzeugung ausgerichtete Agrarindustrie. Und wir bezahlen diese Entwicklung mit leer gefegten Feldfluren und dem Verstummen der Natur. Und: Die Natur verschwindet nicht nur auf den großen Agrarflächen, sondern auch vielhunderttausendfach im Kleinen. Haus- und Gartenbesitzer schütten Steine in den Vorgarten, vernichten Wildpflanzen und »pflegen« hinterm Haus den überdüngten sattgrünen Einheitsrasen. Gleichzeitig hängen sie – naturliebend, wie sie sind – Insektenhotels und Vogelnistkästen auf, doch Wildbienen, Schmetterlinge und andere Insekten brauchen Nahrung. Sie brauchen Nektar und Pollen, und einige Vogelarten wiederum brauchen Insekten zum Fressen. Nur Grün macht weder Insekten noch Vögel satt.

So werden Tag für Tag, Stück für Stück Lebensräume vernichtet. Hinzu kommt die Versiegelung in den Dörfern und Städten und beim Straßenbau mit Beton und Asphalt. Ein wirksames politisches oder gesellschaftliches Konzept, um mit diesem schleichenden Tod umzugehen, gibt es bisher nicht.

Weil sich immer mehr Menschen Sorgen um das Verstummen der Natur machen, sind wir diesem Phänomen nachgegangen. Wir haben uns umgeschaut in den zu Agrarsteppen umgewandelten Feldfluren, in Wäldern, entlang von Flüssen und rund um die Seen. Wir haben die Entwicklung der Städte und Dörfer unter die Lupe genommen, und wir haben mit vielen Menschen gesprochen. Mit Wissenschaftlern und Leuten aus der Wirtschaft, mit Bauern und Biologen, mit Naturschützern und Naherholungsmanagern. Wir sprachen mit Fischern und Forstleuten, mit Städteplanern und Statistikern, Bürgermeistern und Bauherren, Landschaftsplanern und Landwirten. Und wir haben über den Zustand der Natur selbst und zusammen mit anderen viel nachgedacht. Deshalb ergründen wir nicht nur das Verstummen der Natur durch das Aufzeigen von Fehlentwicklungen, sondern wir zeigen nach jedem Kapitel Handlungsoptionen auf. Gewiss nicht vollständig; aber immerhin so umfassend, dass niemand mehr sagen kann, er könne nichts tun.

Fangen wir damit an, die Zeit ist knapp. Jeder Tag, an dem nichts geschieht, um dem Verstummen der Natur Einhalt zu gebieten, ist ein verlorener Tag.

Claus-Peter Hutter

BASISFAKTEN

»Die Natur ist die Sprache der Liebe,
die Liebe spricht zur Kindheit durch die Natur.«

Bettina von Arnim (1785–1851)

Natur und Kultur Hand in Hand – von der Entwicklung der Artenvielfalt

Monotone Mais- oder Weizenfelder, so weit das Auge reicht. Innerhalb weniger Jahrzehnte wurden jahrhunderte-, ja jahrtausendealte Kulturlandschaften massiv verändert. So massiv, dass angestammte Pflanzenarten wie Ackerrittersporn, Kornblume und Kamille vielerorts verschwunden sind und einstige Feldtiere wie Feldlerche, Feldhase, Feldhamster und Rebhuhn – früher Allerweltstiere – keine Lebensräume mehr finden. Wo noch vor fünfzig Jahren ausgedehnte Wiesen mit den alten Kopfweiden am Wassergraben die Landschaften prägten, wurden in den Niederungsgebieten große Flächen umgebrochen. Überall in Deutschland, Österreich und der Schweiz wurden großflächig Baumreihen, Hecken und Einzelbäume entfernt; mancherorts kann die Feldflur – so wie im Münsterland bei Billerbeck – nur noch als Agrarsteppe bezeichnet werden. Wo einst Abermillionen von weißen und rosa Obstblüten das Frühjahr einläuteten und die Obstwiesen in Tierparadiese verwandelten, dehnen sich heute uniforme Reihenhaussiedlungen, Wohnblocks und gesichtslose Gewerbegebiete in die Landschaft hinaus. Eine verfehlte Agrarpolitik auf europäischer wie nationaler Ebene hat aus dem einstigen artenreichen Mosaik von Natur und Kultur eine Einheitsagrarlandschaft gemacht. Eine Agrarlandschaft, die in den vergangenen zwanzig Jahren immer lebensfeindlicher geworden ist. Vom dänischen Frederikshavn bis zum sizilianischen Palermo radiert die Agrarpolitik innerhalb und außerhalb der Europäischen Union die regionale Vielfalt zunehmend aus und hinterlässt öde Einheitslandschaften. Die nischenreiche Kulturlandschaft mit ihrem vielseitigen Mosaik kleingliedriger Ackerflächen, Grenzfurchen, Wegrainen, Lesesteinhaufen oder den die Felder begrenzenden Baumgruppen fällt zusehends einer Ackermonotonie zum Opfer. Die reiche Lebensfülle der historisch gewachsenen Flur musste in vielen Gegenden einer störanfälligen Reißbrettlandschaft weichen. Beim Spaziergang durch die Fluren sehen wir immer öfter riesige Ackerschläge mit extrem abgewaschenen Kuppen. Nicht zu übersehen sind auch die Wiesengräben, die im abgetragenen Mutterboden ertrinken. Und wo sind die munteren Feldhasen und die verborgen lebenden Feldhamster geblieben? Einst häufige Pflanzen des Feldes wie Kornblume oder Kornrade sind durch sogenannte Kunstdünger, Gülle, Pestizide, Bodenverdichtung sowie die intensive Saatgutreinigung so verdrängt, dass sie nur noch ausnahmsweise zu sehen sind. Und auch die Lebensgrundlagen für viele Insekten sind verloren gegangen. Falter wie der kleine Perlmuttfalter suchen vergeblich nach Ackerstiefmütterchen zur Eiablage. Die kräftig mit Spritzmittel behandelten Äcker bieten fast keiner Schmetterlingsart mehr die Chance zur Ansiedelung. Felder ohne Natur?

Ein Blick zurück – ein kurzer Streifzug durch die Ackerbaugeschichte – macht es möglich, die fatale Entwicklung besser zu durchschauen.

Vom Arbeiten mit der Natur zum Wirtschaften gegen die Natur

Es waren unter anderem die Forschungen des Chemikers Justus von Liebig (1803–1873), die den verhängnisvollen Raubbau an der Natur ermöglicht haben. Liebig entdeckte, dass sich Pflanzen vorwiegend von anorganischen Stoffen ernähren. Demnach können die Verluste an mineralischen Nährstoffen, die im Boden durch den Pflanzenanbau entstehen, durch künstliche Düngung wieder ersetzt werden.

Ebenfalls im 19. Jahrhundert entwickelte sich die chemische Industrie. 1861 entstanden in Deutschland die ersten Kalifabriken. 1913 wurde zum ersten Mal Stickstoffdünger aus Luftstickstoff hergestellt. Um 1930 entwickelten Forscher die ersten synthetischen Pflanzenschutzmittel, sodass seit den Vierzigerjahren zusehends auch chemische Mittel im Landbau eingesetzt wurden. Eine weitere Triebfeder für den heutigen Landschaftswandel stellen die maschinellen Möglichkeiten der Landwirtschaft dar. Seit Mitte des 19. Jahrhunderts ersetzten Maschinen nach und nach die Zugpferde und Ochsen sowie die menschliche Muskelkraft. 1921 entwickelte dann der Konstrukteur Fritz Huber in Deutschland den sogenannten Bulldog. Wie genau er auf den Typennamen kam, ist nicht bekannt. Klar ist jedoch, was die Erbauer zu dieser merkwürdigen Taufe veranlasste: Von vorne sah der damalige Traktor einer Bulldogge sehr ähnlich. Insgesamt 219 253 Exemplare des »Allzweck-Bauern-Bulldog« liefen bis zum Jahr 1960 vom Mannheimer Fließband, dann folgte eine neue Generation von Traktoren. Zuvor hatten bereits mit Dieselmotoren angetriebene Dreschmaschinen den Bauern die kräftezehrende Arbeit mit den hölzernen Dreschflegeln abgenommen. Dampfmaschinen auf Rädern zogen mit den Dreschmaschinen von Hof zu Hof und trennten die Körnerfrüchte vom Rest der Getreidepflanzen. Seit etwa 1870 gehörten die klatschenden Geräusche der Riemen, mit denen die sogenannten Lokomobile die Dreschmaschinen antrieben, zum Alltag auf den Höfen Mitteleuropas. Schon 1885 hatte die Landmaschinenfabrik Heinrich Lanz in Mannheim die tausendste Dampfdreschgarnitur ausgeliefert.

Die Anfänge des Ackers

Die genannten technischen Erfolge wirkten sich jedoch erst seit den Fünfzigerjahren des letzten Jahrhunderts verheerend auf unsere Landschaften und die dort angestammte Tier- und Pflanzenarten aus. Auch engagierte Naturschützer sind weit davon entfernt, sich Zustände wie im 19. Jahrhundert oder zu Beginn des 20. Jahrhunderts zu wünschen; Zeiten, in denen die Menschen oft genug Hunger zu leiden hatten. Doch irgendwann fiel der sorgsame Umgang mit der Natur der Erleichterung der Arbeitsbedingungen endgültig zum Opfer. Und weil über viele Jahre hinweg bis heute Masse statt Klasse und immer größere Betriebe statt angepasster Bauernhöfe subventioniert wurden, ist der alte Gleichklang von Natur und Kultur einer ökologisch bankrotten Landschaft gewichen.

Wir wissen heute genug über ökologische Kreisläufe und Risiken, um klar zu sehen, dass der Zeitpunkt für eine intelligente, »echte« nachhaltige Landwirtschaft längst gekommen ist. Es ist schon auffallend, dass dieser lebensfeindliche Wandel nur den Zeitraum einer Generation benötigte, während es bis dahin mehr als fünftausend Jahre lang gelungen war, die Feldarbeit im Einklang mit der Natur zu betreiben.

Die Wiege des Ackerbaus liegt im Orient

Ob Jungsteinzeit oder die viel spätere Epoche der Kelten: die Ackerbaupioniere auf dem europäischen Kontinent waren nicht die Ersten, die eine solche sesshafte und die Landschaft gestaltende Lebensweise führten. Als in weiten Teilen Europas zwischen dem 9. und 6. vorchristlichen Jahrtausend die Menschen noch als Jäger und Sammler durch die Wälder streiften, kannten die Bewohner der berühmten »alten« Kulturen der Flussoasen Ägyptens, Mesopotamiens, Syriens, Palästinas und Kleinasiens schon den Getreideanbau. Das Gebiet des »grünen Halbmonds« ist höchstwahrscheinlich das Ursprungsgebiet der meisten europäischen und heute weltweit verbreiteten Kulturpflanzen. Auch die Wildformen von zwei sehr alten Weizensorten – Einkorn und Emmer – stammen aus diesem Raum. Zudem haben Forschungsarbeiten ergeben, dass viele Arten der Ackerbegleitflora, die in früheren jungsteinzeitlichen Siedlungen gefunden wurden, ihre Heimat im Vorderen Orient sowie im östlichen Mittelmeerraum haben. Von dort aus gelangten sie mit der Ackerbaukultur über Südosteuropa nach Mittel- und Westeuropa.

Anfang des 5. Jahrtausends vor Christus gelangte der Ackerbau über den Balkan nach Mitteleuropa und etablierte sich hier um etwa 4500 vor Christus. Aber auch in Nordafrika, selbst im Inneren der Sahara bestanden solche Kulturen. Wenn während der Jungsteinzeit die Bevölkerung explosionsartig anwuchs, so ist das auf den Ackerbau mit der im Vergleich zur Jagd sicheren Nahrungsbeschaffung zurückzuführen.

Die Menschen entwickelten Handwerkszeug für die Feldarbeit – zunächst einen einfachen Grabstock, wie er heute noch teilweise von einigen Völkern in Afrika, Indonesien, Südamerika oder Australien angewandt wird, und dann den Pflug. Die ersten Pflüge besaßen nur einen Haken oder Dorn an einem langen Stiel. Damit konnten die Bauern kleine Furchen für die Einsaat schaffen.

Die frühesten schriftlichen Hinweise über die Ernährung und den Ackerbau der Germanen liefern die Römer. Der Schriftsteller Livius schrieb um die Wende zur heutigen Zeitrechnung erstmals über Ackerland, das der germanische Stamm der Kimbern zusammen mit Wohnplätzen von den Römern verlangte, womit er die Auseinandersetzungen zwischen den Römern und Germanen einleitete. Julius Cäsar war über die einfache Form der germanischen Feldbestellung verwundert, weil er aus einem Land kam, das eine damals schon weit fortgeschrittene Ackerbaukultur kannte. Besonders ausgereift war die Bodenbewässerung der römischen Besitzungen. Aus den auf diese Weise in heutigen Nahen Osten und in Nordafrika bewässerten Olivenhainen und Datteloasen erhielten vor allem die wohlhabenderen Römer die Früchte für ihre erlesenen Gastmähler.

Wenn Julius Cäsar nach Ägypten zog, dann nicht nur wegen Kleopatra. Er war auch an den Feldprodukten des Nillandes interessiert. Wie die Unterwasserarchäologie heute nachweisen kann, führten die Römer auf Mittelmeerschiffen Datteln und Getreide aus Ägypten und auch aus anderen Regionen rund ums Mittelmeer ein. Aus dem Werk von Lucius Iunius Moderatus Columella († 70 n. Chr.)[10] ist bekannt, dass die Zufuhr von Getreide aus den fernen römischen Provinzen auch deshalb nötig war, weil der einst fruchtbare Boden Italiens ausgelaugt war. Wie viel Getreide die Römer einführten, ist nicht mehr genau zu ermitteln. Aber die Historiker stimmen darin überein, dass das Kernland des Römischen Reiches seinen heute noch an den Resten prächtiger Gebäude ablesbaren Lebensstandard nur aufrechterhalten konnte, weil Getreide von der Iberischen Halbinsel, aus Syrien, Ägypten und anderen Gebieten Nordafrikas eingeführt wurde.

Um die Zeitenwende hatten die Germanen im Vergleich zu den Römern einen gewissen Rückstand, mussten sie doch erst die von den Kelten gelichteten Wälder weiter roden, um Felder bestellen zu können. Dabei förderten sie unabsichtlich die Verbreitung von Wildtieren: Die großen germanischen Waldrodungen im 8. Jahrhundert ermöglichten den aus den asiatischen Steppen stammenden Tieren wie Hase oder Rebhuhn die Zuwanderung nach Mitteleuropa. Dasselbe gilt für viele Pflanzenarten, die aus den Steppen des Ostens und aus dem Mittelmeerraum auf die gerodeten Freiflächen, auf entstehende Wiesen, Weiden und Äcker, gelangten. Durch die Verbreitung des Ackerbaus verwandelten die jungsteinzeitlichen Kelten und Germanen die Ur-Naturlandschaft allmählich in eine Kulturlandschaft. Aus natürlichen Ökosystemen entwickelten sich menschlich stark beeinflusste, aber intakte Agrarökosysteme.

Wie Kultur die Natur förderte

Im Laufe der Zeit entwickelten die Bauern ein ausgeklügeltes System für die Bewirtschaftung ihrer Äcker, um diese mit den damals gegebenen Mitteln so lange wie möglich sowohl für das weidende Vieh nutzen zu können als auch Ackerbau betreiben zu können: die Dreifelder- oder Brachefeldwirtschaft. Die Menschen des Mittelalters ließen die Äcker auf einem jeweils wechselnden Teil der Gemarkung, der sogenannten Zelg, brachliegen, auch wenn die einzelnen Grundstücke verschiedenen Besitzern gehörten. Dieser Teil wurde durch Zäune, Mauern, Dornenhölzer, Erdwälle oder Hecken eingegrenzt. Der allen Bauern auferlegte sogenannte Flurzwang ist erstmals in einer Urkunde des Klosters St. Gallen aus dem Jahr 763 erwähnt. Die hauptsächliche Wirtschaftsform des Mittelalters bestand in einer Abfolge von Brache, Winter- und Sommerfrucht. Nach der Brache pflügte der Bauer die Fläche und säte vor dem Winter das Getreide ein. Im Anschluss an die Ernte im folgenden Jahr nutzte man die Stoppelfläche als Viehweide. Im darauffolgenden Frühjahr wurde Getreide eingesät, und im Herbst nutzte man die Fläche wiederum als Viehweide. Im anschließenden Jahr folgte erneut die Brache, womit der nächste Umlauf begann. Die Dreifelderwirtschaft verlangte dabei von dem einzelnen Bauern, dass er sich den im Dorfrat gefassten Beschlüssen fügte und das gleiche Getreide wie die anderen anbaute.

Die Dreifelderwirtschaft konnte sich bis in die Neuzeit hinein erhalten, weil sie Ackerbau und Viehzucht zum Vorteil beider verknüpfte. Auf der Brachweide sorgte das Vieh für eine Düngung des Bodens, andererseits fand es hier besonders eiweißreiche Nahrung. Vor allem aber bewirkte die Brache eine Erholung des Bodens, da ihn die Bodenlebewesen im Verein mit den Futterpflanzen mit Luftstickstoff anreicherten. Diese Form der Bewirtschaftung trug sogar zur Vielfalt der Natur bei, denn sie ließ entsprechende ökologische Nischen. So konnten auf der Brache die Ackerkräuter immer wieder wachsen und aussamen. Zudem transportierte das Weidevieh gemeinsam mit den umherwandernden Schafen und Ziegen an den Hufen, im Fell und über den Kot die Samen und Früchte in andere Gebiete. Diesen Umständen ist es vermutlich zu verdanken, dass sich die Ackerwildkräuter auf den damals noch sehr verstreut liegenden Äckern so rasch in nahezu allen Teilen Europas ausbreiteten.

Die Verhältnisse änderten sich im 18. und 19. Jahrhundert, als die Brache aufgegeben und durch den Anbau von Klee und Luzerne verdrängt wurde. Ende des 18. Jahrhunderts kam bei diesem neuen Fruchtwechsel als »Brachefrucht« noch die Kartoffel und zu Beginn des 19. Jahrhunderts die Futterrübe, später die Zuckerrübe hinzu. Damit erhielten die Haustiere ein neues Futter und konnten nun auch in den Ställen ernährt werden. Andererseits entstand durch die fehlende Ruhephase und Beweidung der Zwang, die Flächen intensiv zu düngen. Die alte Kreislaufwirtschaft bekam damit schon spürbar Schlagseite; allerdings dauerte in verschiedenen Regionen Europas – etwa in Teilen Spaniens – der Brachefeldbau bis Mitte der Achtzigerjahre des 20. Jahrhunderts fort und existiert zum Teil in Abwandlung noch heute.

Die pure Naturidylle hat es nie gegeben

Freilich, auch wenn es sich so liest: Die pure Naturidylle hat es nie gegeben. Schaut man sich in den Freilandmuseen um, die meist Situationen präsentieren, wie sie bis zur Wende vom 19. auf das 20. Jahrhundert bestanden haben, so sieht man oft kleinste Schweineställe, in denen die Tiere meist einzeln und im Dunkeln gehalten wurden. Solche Formen der Tierhaltung existierten bis in die Sechzigerjahre des letzten Jahrhunderts hinein und waren bestimmt nicht wünschenswert. Auch die aus heutiger Sicht geradezu unbeschreibliche Artenvielfalt auf den Feldfluren wurde nur dort zugelassen, wo Tiere nicht als Konkurrenz des Menschen oder als Jagdbeute galten. Mit Gewehren, Fallen, Schlagstöcken und Leimruten stellten die Menschen vielen Tierarten nach. Nester von Adlern und Falken wurden ausgenommen, die Altvögel abgeschossen und ausgestopft. Alle möglichen Vogelarten wurden gefangen und verspeist. So gibt es etliche Rezepte, wie man Wacholderdrosseln als sogenannte Krammetsvögel zubereitet. Während aber weitverbreitete Arten wie die Wacholderdrossel oder Stare – deren Jungvögel man früher aus den Nistkästen holte, die Kästen wurden überhaupt erst zu diesem Zweck aufgehängt – wegen der reichen Bestände im Großen und Ganzen die Eingriffe der Menschen wieder ausgleichen konnten, ging es solchen Lebewesen, die auf bestimmte, punktuelle Lebensräume angewiesen waren, schon früh an den Kragen. So scheint der Waldrapp – ein eigentümlich aussehender Ibisvogel – der in Felsgeländen in Deutschland, Österreich, der Schweiz und Frankreich beheimatet war, so gut geschmeckt zu haben, dass die Vogelart wegen der menschlichen Nachstellungen schon im 17. Jahrhundert in Europa ausgestorben war.[11]

Machen wir uns nichts vor: Die Geschichte der Menschheit ist in erster Linie eine Geschichte des Kampfes gegen die Natur. Säbelzahntiger und Höhlenbär wurden ebenso wie das Mammut von altsteinzeitlichen Jägern ausgerottet. Und wo immer der Mensch auftauchte, verschwand schon bald wegen dessen Nachstellungen die Megafauna. Sechshundert Jahre nach der vor zehn- bis zwölftausend Jahren erfolgten menschlichen Besiedlung Südamerikas waren Riesenfaultier und Riesengürteltier ausgerottet. Zuvor mussten im nordamerikanischen Raum Wollhaarmammut und andere Arten daran glauben. Bis zu sieben Meter lange Echsen, kleinwagengroße Schildkröten und wohl bis zu zwei Tonnen schwere Wombats und 500 Kilogramm schwere, drei Meter hohe Laufvögel waren in Australien nach Ankunft der Menschen vor fünfzig- bis sechzigtausend Jahren bald restlos ausgerottet. Für Neuseeland gilt dasselbe: Nach Ankunft der Menschen waren die Riesenstrauße »Moa« und andere Großtiere bald vernichtet. Seefahrer plünderten nicht nur auf Galapagos, sondern auch auf anderen Inseln die Bestände der Riesenschildkröten und stapelten diese oft über Monate hinweg im dunklen Rumpf der Schiffe als lebende Vorräte. Von einst fünfzehn Unterarten der Galapagos-Riesenschildkröte sind fünf Unterarten komplett ausgerottet.

Wo der Mensch nicht selbst den Tieren nachstellte, waren es seine »Mitbringsel« wie Hauskatzen, Wiesel und die unbeabsichtigt eingeschleppten Ratten, die bis heute den seltenen Nationalvogel Neuseelands – den Kiwi – gefährden. Ebenfalls durch die Nachstellungen hungriger Seeleute – was sollten sie auch anderes tun? – war auch der bis zu 85 Zentimeter große Riesenalk, der früher Inseln im Nordatlantik besiedelte, nahezu ausgestorben. Unglaublich, aber traurigerweise wahr: Was Seeleute nicht fertigbrachten, das schafften Ornithologen und Sammler von Vogelbälgen, die für ihre Sammlungen der selten gewordenen Vögel auf ein Präparat nicht verzichten wollten. 1844 wurden im letzten Rückzugsgebiet der Riesenalke, auf der Felseninsel Eldey, die letzten beiden Exemplare der flugunfähigen Vogelart getötet und ihre Bälge an einen dänischen Sammler verkauft.

Jagdleidenschaft, Ignoranz und Fehleinschätzungen führten auch in Mitteleuropa zur Ausrottung von Lebewesen. So soll der letzte bayerische Auerochse schon 1470 im Neuburger Wald unweit von Passau geschossen worden sein. Der letzte Braunbär wurde 1835 bei Ruhpolding erlegt und einer der letzten frei lebenden Wölfe Süddeutschlands bei Cleebronn unweit von Heilbronn im Jahr 1847. Direkte Verfolgung machten auch Bartgeier, Gänsegeier, Wanderfalke, Uhu, Wildkatze und manch attraktiver Großschmetterlingsart – die von Sammlern gefangen, getötet und aufgespießt wurden – den Garaus. Aus heutiger Sicht fast undenkbar: Noch bis in die Fünfzigerjahre haben »Vogelfreunde« die Nester von Rotrückenwürgern (Neuntöter) geplündert, um Singvögel wie Stieglitz und Rotschwanz zu »schützen«. Weshalb? Nun, Neuntöter jagen nicht nur Insekten und kleine Mäuse, sondern schon auch einmal junge Vögel.

Die schlimmsten Auswirkungen auf die heimische Tier- und Pflanzenwelt hatten jedoch die massiven Umweltverschmutzungen in der Wiederaufbauphase nach dem Zweiten Weltkrieg. Noch in den Sechziger- und anfangs der Siebzigerjahre gehörten Schaumberge an den Schleusen vieler Flussstrecken in Deutschland zum gewohnten Bild. An den Bächen, die mal rot, mal blau oder gelb waren, konnte man sehen, welche Farbe die Gerbereien am Oberlauf gerade verwendeten. Fischsterben war an der Tagesordnung, und der Bestand der Graureiher sowie vieler anderer Wasser- und Watvögel war 1970 auf dem absoluten Tiefpunkt angekommen. Diese Umweltbelastungen und der Bau von Kernkraftwerken führten dann ab Ende der Siebzigerjahre zur Entstehung der Umweltbewegung. Aus klassischen Wander-, Heimat- und Naturschutzverbänden wurden Umweltorganisationen; aus regionalen Vereinigungen formierten sich schlagkräftige Verbände wie der Bund für Umwelt und Naturschutz Deutschland (BUND), der Naturschutzbund Deutschland (damals Deutscher Bund für Vogelschutz) und andere (siehe Anhang des Buches). Die Gründung der Partei *Die Grünen* im Jahr 1980 und deren späterer Zusammenschluss mit dem Bündnis 90, das aus der Bürgerrechtsbewegung der ehemaligen DDR entstanden war, war die politisch manifestierte Reaktion auf die massiven Umweltzerstörungen.

Diese gipfelten 1986 in einem Chemieunglück der Firma Sandoz (heute Novartis) bei Basel in der Schweiz. Unmengen von Pflanzenschutzmitteln wurden mit dem Löschwasser in den Rhein gespült und lösten eines der größten Fischsterben aus, bei dem unter anderem die Population der Aale auf einer Strecke von 400 Kilometern vernichtet wurde. Dieses Unglück am 1. November 1986 und zuvor schon die Nuklearkatastrophe von Tschernobyl (26. April 1986) führten letztlich zur Gründung des Bundesumweltministeriums und der Länderumweltministerien. Davor waren Aufgaben des Umwelt- und Naturschutzes auf verschiedene Ressorts verteilt und sollten nun gebündelt werden. Seitdem haben die staatlichen Instanzen ebenso wie die Verbände – oft genug auf deren Druck – durchaus einiges erreicht. Kläranlagen wurden gebaut, Schutzgebiete ausgewiesen und Bestimmungen zum Schutz bedrohter Arten erlassen. Zuvor ausgestorbene Arten sind zurückgekehrt, so etwa Biber und Uhu durch gezielte Wiederansiedlungsmaßnahmen und spätere Zuwanderungen. Die Bestände des Weißstorchs und des Kranichs haben sich erholt, nach langjährigen Überwachungen der Brutfelsen sind auch die Populationen des Wanderfalken wieder stabil, und seit den Neunzigerjahren haben sich die Wildkatze und stellenweise der Luchs manche ihrer alten Lebensräume zurückerobert.

Doch allen Schutzmaßnahmen zum Trotz werden manche Arten weiterhin illegal verfolgt. So werden immer wieder Luchse im Bayerischen Wald getötet. Wie es den zunächst von Osten her über Brandenburg und später auch aus anderen Richtungen zugewanderten Wölfen ergehen wird, ist eine heiß diskutierte Frage. Bringen es Gesellschaften in hoch entwickelten Ländern wie Deutschland, Österreich und der Schweiz fertig, auch solchen Tieren ein Lebensrecht zu gewähren, wie man es von den Menschen in armen Regionen ganz selbstverständlich fordert? Mit welchem Argument sollen etwa Menschen in Afrika, Südamerika oder Asien motiviert werden, Löwen, Tiger, Jaguar oder Elefanten zu schützen, wenn unsere wohlstandsgesättigte Gesellschaft nicht bereit ist, auch Wildtiere ohne Kuschelfaktor zu dulden?

Trotz aller Erfolge: die Natur ist auf dem Rückzug

All die Erfolgsgeschichten um Symbolarten wie den Steinadler, der in den Alpentälern wieder zu Hause ist, oder die Graureiher, die jetzt wieder überall zu beobachten sind, dürfen nicht darüber hinwegtäuschen, dass die Natur auf dem Rückzug ist wie noch nie zuvor. Innerhalb von nur fünfzig Jahren haben wir mehr Arten ausgerottet oder an den Rand ihrer Existenzmöglichkeit gedrängt als unsere Vorfahren in fünftausend Jahren. Neben vielen anderen Faktoren ist es letztlich der Wandel von der bäuerlichen Landwirtschaft zur agrarindustriellen Bearbeitung der Ackerflächen mit immer größeren Maschinen und einem mittlerweile jahrzehntelangen Bombardement unterschiedlichster Chemikalien, welches zum Artensterben führt. Die Intensivlandwirtschaft unterscheidet sich vom traditionellen Ackerbau durch intensive Bodenbearbeitung, Stoppelumbruch nach der Ernte, Frühsaat von Sommergetreide in schneller Bearbeitungsfolge, Spätsaat von Wintergetreide sowie die Aussaat in Reihen und eine hochtechnisierte Saatgutreinigung. Hinzu kommt die massive Mineraldüngung aller Kulturen bei gleichzeitiger Entwicklung leistungsfähiger Getreidesorten mit einer raschen Stickstoffverwertung. Vom biologischen Landbau abgesehen, werden mechanische Pflegemaßnahmen auf breiter Front durch chemische Unkrautbekämpfungsmaßnahmen, Kontakt- und Wuchsstoffmitteln, Boden- und Breitbandherbiziden ersetzt. Eine Vielfalt, wie wir sie noch dort antreffen, wo nicht zuletzt für den Fremdenverkehr verschiedene Haustierarten und -rassen gehalten und auch historische Kulturen gepflegt werden, ist in der Breite heute nicht mehr gegeben.

Und so kommen viele Ursachen für den Verlust von Pflanzen- und Tierarten zusammen. Die Abschaffung von Großvieh (Rinder und Pferde) führt zum Verschwinden der Rauchschwalben aus den Ställen. Außerdem sind die Aufgabe der Viehhaltung und die damit einhergehende Beseitigung offener Dunglagerstätten und Jaucheabflüsse (vor allem wegen der Umweltauflagen) sowie der Rückgang von frei laufendem Federvieh wie Hühner, Enten und Gänse nicht ohne Auswirkungen für Insekten, Spinnentiere, Asseln und andere Klein- und Kleinsttiere und Vögel, die im Bereich solcher Areale lebten. Hinzu kommt der Rückgang hofnaher Abstellflächen mit Holzstapeln, die Beseitigung alter

Obstbäume einhergehend mit der Pflasterung oder Asphaltierung von Zufahrten und Hofflächen. Überall verschwinden auch alte, vielfältige Bauerngärten, die noch nicht überzüchtete Pflanzen beherbergten: Pflanzen, an denen Hummeln und andere Bienen, Schwebfliegen (die für die Läusebekämpfung wichtig sind) und Schmetterlinge Nektar sammeln konnten.

Die Rauchschwalbe – Symbol für den Exodus der Natur auf dem Land

Seit alter Zeit gelten Schwalben auf dem Land als Glücksbringer. Ihre Ankunft ist ein untrügliches Zeichen für das Ende eines langen Winters und den einsetzenden Frühling. Dagegen kündigt ihr Abflug im September den nahenden Herbst an: »An Maria Geburt fliegen die Schwalben furt!« – und das ist der 8. September. Die Aufenthaltszeit der Schwalben ist gleichbedeutend mit der Dauer der Wachstumsphase in der Vegetation. Insbesondere die Rauchschwalben, deren schüsselförmige Lehmnester früher in allen Kuhställen zu finden waren, zählten zum Inventar jedes Gehöfts. Ihr zwitschernder Gesang gehört wohl zu den bekanntesten Vogelstimmen.

Rauchschwalben haben zwei Bruten mit vier bis fünf Jungen. Die erste schlüpft Ende Mai bis Anfang Juni während der sogenannten Schafskälte – für Insektenfresser eine harte Zeit. Allerdings bieten Rinderställe wegen ihres hohen Dunganfalls und den dazugehörenden Dunghaufen ideale Entwicklungsbedingungen für Fliegen und stellen somit eine überaus reichliche Futterquelle dar. Je größer früher Rinderbestand und Dunghaufen auf einem Bauernhof waren, umso mehr Rauchschwalben gab es im Stall. Damit galt eine hohe Rauchschwalbendichte auf einem Gehöft als Zeichen bäuerlichen Wohlstandes – daher der Ruf der Schwalben als Glücksbringer.

Inzwischen hat sich die Rinderhaltung deutlich verändert. Die wenigen im Dorf verbliebenen landwirtschaftlichen Betriebe haben den Rinderbestand aufgegeben oder aufgestockt. Damit einher geht der Umbau von der Festmistwirtschaft zur Güllewirtschaft. In vielen Dörfern gibt es daher den traditionellen Misthaufen nicht mehr! Damit entfällt ein wesentliches Element aus der Nahrungsversorgung für Schwalben, und ihr Rückgang ist dramatisch. Auch matschige Pfützen auf ausgefahrenen Feldwegen und schlecht gepflegten Hofstellen sind im Zeitalter von Asphalt und Beton zur Seltenheit geworden, sodass auch Nistmaterial für den Bau der Lehmnester knapp wird. Die Zahlen über den Rückgang der Rauchschwalben sind alarmierend. Aber auch dies ist ein Zeichen für den Strukturwandel auf dem Land: Wo Bauern knapp werden, sind auch Schwalben und andere ursprüngliche »Kulturfolger« ein knappes Gut. Es wäre wohl naiv, unter diesen Rahmenbedingungen ein »Dunghaufenprogramm« zu fordern. Allerdings wären der Kulturlandschaft einige Probleme erspart geblieben, wenn anstelle von Schwemmentmistung und Güllewirtschaft eine Festmistwirtschaft entwickelt worden wäre.

Rote Listen – Warnung ohne Wirkung?

Man kann ja nur schützen, was man kennt und wenn man weiß, wo was wie lebt. Unsere Kenntnisse über die Verbreitung von Arten sind aber noch relativ jung. Abgesehen von attraktiveren Blütenpflanzen – wie Orchideen und Enziane – und Vogelarten begann die systematische Kartierung, Dokumentation und Bewertung ebenso wie die Erfassung von Biotopen recht spät, nämlich erst in den Siebziger- und Achtzigerjahren. Zum Teil konnte auf regionale Bestandserhebungen von Spezialisten und Liebhabern zurückgegriffen werden, sodass erste Vergleiche und Analysen möglich wurden. All diese Ergebnisse, die laufend ergänzt und fortgeschrieben werden und zu denen zahlreiche ehrenamtliche Helfer im Naturschutz beitragen, sind Grundlage der »Rote Listen gefährdeter Biotop-, Tier- und Pflanzenarten sowie der Pflanzengesellschaften«. Dies sind nach der Definition des Bundesamtes für Naturschutz[12] »...Verzeichnisse ausgestorbener, verschollener und gefährdeter Tier-, Pflanzen- und Pilzarten, Pflanzengesellschaften sowie Biotoptypen und Biotopkomplexe«. Die Roten Listen sollen der Information der Öffentlichkeit über die Gefährdungssituation der Arten und

Biotope dienen, aber auch als ständig verfügbare Gutachten Argumentationshilfe für raum- und umweltrelevante Planungen darstellen. Insbesondere zeigen Rote Listen den Handlungsbedarf im Naturschutz auf.

Dieser Handlungsbedarf ist heute größer denn je, das zeigen die Roten Listen selbst. Diese Verzeichnisse der vom Aussterben bedrohten oder gefährdeten Tier- und Pflanzenarten werden länger und länger, während die zu schützenden Lebewesen still und leise (und oft unbemerkt) aus der Landschaft verschwinden. So sind von den 863 bewerteten Lebensraumtypen, die sich in Deutschland unterscheiden lassen, nahezu zwei Drittel (65,1 Prozent) nach Angaben des Bundesamtes für Naturschutz von unterschiedlich hohem Verlustrisiko gekennzeichnet. Es kommt einem ökologischen Staatsbankrott gleich, wenn nahezu die Hälfte der heimischen Tierarten ausgestorben, verschollen, vom Aussterben bedroht oder nach unterschiedlichen Kategorien stark gefährdet sind. Die Datengrundlage ist erschöpfend. Es wurden von den heimischen rund 45 000 Tierarten mehr als 16 000 Arten – das sind 35 Prozent – hinsichtlich ihrer Gefährdung bewertet. Nicht anders bei den Pflanzen, von denen fast die Hälfte der 28 000 in Deutschland beheimateten Arten im Hinblick auf die Gefährdung untersucht und bewertet worden sind. Von den untersuchten Arten stehen schon rund 40 Prozent auf der Roten Liste; 4 Prozent sind bereits ausgestorben. Ursachen sind die Zerstörung von Lebensräumen durch Anlage von Siedlungen, Industrie- und Gewerbegebieten, Verkehrswege und andere Baumaßnahmen. Aber schon an zweiter Stelle – so das Bundesamt für Naturschutz – »… rangierte landwirtschaftliche Nutzung. Nutzungsaufgabe und -intensivierung sind die Hauptursachen, deren Wirkung anhält, besonders auf bisher extensiv bewirtschaftetem Grün- und Ackerland«.

Nimmt man die Roten Listen als Bilanz unseres Umgangs mit der Natur und unserer eigenen Lebensgrundlagen, so ist der ökologische Staatsbankrott schlicht und einfach Realität. Und damit steht das Wunder der Evolution auf dem Spiel, nichts weniger als die Überlebensgarantie der Menschheit.

Fazit: Bald bevölkern mehr Tier- und Pflanzenarten die Roten Listen als die freie Natur.

Wunder Evolution – warum wir Artenvielfalt brauchen

Manchmal geht einem das Gemecker der Naturschützer ganz schön auf die Nerven. Schon wieder Kampf um irgendeinen Tümpel, ein paar Hecken am Wegesrand, ein Waldstück oder einen Uferabschnitt am Fluss. Na klar, schön grün soll alles sein, man will ja die Natur genießen, mit dem Hund spazieren gehen, seiner »Outdoor«-Sportart nachgehen oder in einem sauberen Fluss schwimmen. Gibt es ein neues Naturschutzgebiet, ist womöglich Schluss mit Mountainbiking und Nordic Walking. Plötzlich passen Ranger auf jeden Grashalm auf und verwarnen ungebetene menschliche Eindringlinge. Mitunter fällt es schwer, das nötige Verständnis dafür aufzubringen.

Nun, es geht nicht darum, via Naturschutz möglichst viele Menschen zu ärgern. Es geht darum, der Natur das zu ermöglichen, was sozusagen ihr Kerngeschäft ist. Nämlich eine dauerhafte, optimale Anpassung an die sich ständig und auch immer schneller verändernden Umweltbedingungen zu gewährleisten. Diesen »Job« kann die Natur nur dann erledigen, wenn wir zulassen, dass es eine größtmögliche Artenvielfalt gibt. Nur dann kann das Wunder der Evolution seinen unersetzlichen Lauf nehmen. Es lohnt, sich ein paar Minuten damit zu befassen. Denn wer die Leistungen der Evolution zu würdigen weiß, der wird auch die Notwendigkeit unserer Artenvielfalt (und ihres Schutzes) verstehen.

Der Begriff *Evolution* wird im Lexikon meist als »Entwicklung« oder »Veränderungen im Lauf der Zeit« definiert. Im biologischen Zusammenhang bezieht sich die Evolution lediglich auf eine ganz bestimmte Veränderung: die genetische Veränderung in einer Gruppe von Individuen.[13] Wir haben schon erwähnt, dass niemand weiß, wie viele Tier- und Pflanzenarten es auf der Erde gibt. Gemeinhin werden Zahlen zwischen drei und 100 Millionen Arten genannt. Natürlich ist es unmöglich, bei einer derartigen Spannbreite überhaupt das Verschwinden der Arten zu quantifizieren. Erst die jüngsten Arbeiten von Prof. Camilo Mora[14] und seinem Team an der Universität von Hawaii haben neue Methoden der Schätzung entwickelt (siehe Prolog - TEIL EINS). Trotzdem:

Es bleiben Schätzzahlen, nur ein Bruchteil der Arten sind bekannt, also die allermeisten noch gar nicht entdeckt. Andere sterben aus, bevor sie überhaupt gefunden worden sind.

Ein ständiges Auf und Ab der Arten ist etwas völlig Normales. Es gehört zum Gesamtsystem Erde und ist für den Blauen Planeten geradezu typisch, vielleicht sogar ein kosmisches Alleinstellungsmerkmal. Viele wissenschaftliche Abhandlungen belegen, dass es beispielsweise im Erdzeitalter des Kambriums eine explosionsartige Evolution im Tierreich gab – also vor über 500 Millionen Jahren. Plötzlich fand eine reichhaltige Entfaltung von Schwämmen, Ringelwürmern, Krebsen, Trilobiten sowie Stachelhäutern statt. Das belegen Fossilien, also Überreste von Tieren, die in verschiedenen geologischen Ablagerungen gefunden wurden. Paläontologen, Molekularbiologen sowie Entwicklungsgenetiker können heute die Millionen Jahre alten Lebensspuren früherer Organismen anhand hochauflösender Röntgenscans entschlüsseln. Und immer wieder machen spektakuläre Funde von sich reden. Ein Beispiel aus jüngster Vergangenheit ist der Fossilienfund eines sibirischen Einhorns im Jahr 2016 in Kasachstan. Nach Abschluss der Untersuchungen konnten die Paläontologen von der staatlichen Universität Tomsk attestieren, dass ihr Fund aus dem Zeitraum zwischen 28 985 und 27 490 vor Christus stammen muss.[15] Dank Hightech also lassen sich die Evolution und die damit verbundenen Veränderungen der Artenvielfalt entschlüsseln.

Das war vor zweihundert Jahren natürlich noch nicht möglich. Bis zum Ende des 18. Jahrhunderts hatten die Menschen die Vorstellung, dass Gott die Erde etwa viertausend Jahre vor Christi Geburt erschaffen habe und seither keine Tier- und Pflanzenart verschwunden oder dazugekommen sei. Schönheit, Vielfalt und Anpassung an die Umwelt galten als Zeugnis der Schöpfungsmacht. Daraus leitete sich folgerichtig die Schöpfungslehre ab. Es galt die weitverbreitete Meinung, dass für die Erhaltung der Art zwei zur Fortpflanzung gelangende männliche und weibliche Individuen genügen würden. Dieser Gedanke lag auch dem Arche-Noah-Prinzip zugrunde. Dass sich die Lebewesen ständig wandeln und damit ständig neue Arten entstehen, die später auch wieder verschwinden, war mit der Schöpfungslehre nicht vereinbar.

Welche Ursachen für die Evolution und damit für die Veränderung von Tier- und Pflanzenarten verantwortlich sind, versuchte erstmals Jean-Baptiste de Lamarck (1744–1829) Anfang des 19. Jahrhunderts zu ergründen. Der französische Biologe stellte die Theorie auf, dass sich Tiere und Pflanzen durch Gebrauch oder Nichtgebrauch ihrer Organe oder anderer Körperteile an die Bedürfnisse anpassen und dass sich eine solche erworbene Anpassung auf die Nachkommen vererbt. Ein Beispiel der Lamarck-Theorie: Der lange Giraffenhals sei dadurch entstanden, dass ihre Vorfahren als Laubfresser den Hals immer höher nach den Baumzweigen strecken mussten. So sei der Hals immer länger geworden, und damit sei im Laufe der Generationen das Tier in seiner heutigen Form entstanden. Umgekehrt sollte der Nichtgebrauch eines Organs zur Verkümmerung führen; ein Beispiel bei Lamarck waren die beinlosen Schlangen. Die Umbildung eines Organs als Anpassung an die jeweiligen Erfordernisse – daraus leitete der Biologe Lamarck eine Kausalkette ab. An deren Anfang stehen die verschiedenen Gegebenheiten der natürlichen Umwelt. Davon ausgehend stellt sich heraus, welche Körperfunktion und damit welches Organ oder welche Extremität nicht gebraucht werden und somit langsam verkümmern. Diese neu erworbene Eigenschaft wird dann vererbt, was schließlich als Vervollkommnung des Tieres angesehen wird. Verändert sich die Umweltsituation und damit das Bedürfnis, setzt sich die Veränderung und damit die Evolution fort.[16]

Mitte des 19. Jahrhunderts revolutionierte der britische Forscher Charles Darwin (1809–1882) mit seiner Evolutionstheorie die Naturwissenschaften. Begeistert von Naturkunde und Geografie, begab er sich 1831 auf eine fünfjährige Schiffsreise und umsegelte die Welt. Während dieser Zeit registrierte er die Vielfalt der Tier- und Pflanzenarten und sammelte viele davon ein, um sie später zu sezieren und zu zeichnen. Charles Darwin brachte aber auch Fossilienfunde mit und versuchte sie zu entschlüsseln. Seine erste Feststellung: Die Arten der Jetztzeit unterscheiden sich ganz wesentlich von denen der Vergangenheit. Daraus ergab sich der Schluss: Die Arten konnten nicht unveränderlich sein. »Es ist, als gestehe man einen Mord«, so fasst er seine Erkenntnisse in seinem Brief an einen befreundeten Wissenschaftler in Worte.

Seine Antithese zu den bisher bestehenden Ansichten fasste der Naturwissenschaftler in seinem 1859 erschienenen Buch *On the Origin of Species by Means of Natural Selection* (Von der Entstehung der Arten mit Hilfe der natürlichen Zuchtwahl) zusammen. In diesem Werk nahm er auch eine einleuchtende Ursachenbeschreibung für die Evolution der Organismen vor. Die Darwin'sche Abstammungslehre stieß erwartungsgemäß auf Kritik, nicht zuletzt beim Klerus. Mediziner, Zoologen und Philosophen jedoch, darunter Ernst Haeckel und August Weismann, verhalfen der Lehre zum Durchbruch. Heute gilt Darwins Evolutionstheorie als eine der wichtigsten wissenschaftlichen Theorien, auf die sich Populationsgenetiker sowie Molekularbiologen weltweit berufen.[17]

Aus der Fülle der paläontologischen Betrachtungen, der Erkenntnisse der vergleichenden Anatomie und der Erforschung der Tiergeografie hat Charles Darwin abgeleitet, dass die Artenbildung auf Selektion basiert. Er führt zur Begründung seiner Evolutionstheorie mehrere Thesen an:

- Die Natur hat sich nicht auf einen Schlag entwickelt, sondern ganz allmählich. Dies wird durch die Belege untermauert, die Charles Darwin während seiner Schiffsreise gesammelt und nach seiner Rückkehr nach England ausgewertet hat.
- Alle Arten auf der Erde haben sich aus verschiedenen Urformen entwickelt.
- Um die Wahrscheinlichkeit des Überlebens zu erhöhen, erzeugen Lebewesen viel mehr Nachkommen, als zur Erhaltung der Art notwendig sind. Da die Ressourcen in jedem Lebensraum begrenzt sind, können nicht alle Organismen überleben.
- Die Nachkommen eines Elternpaares variieren untereinander in Bezug auf ihre Erbmerkmale. Es herrscht ein Zufallsprinzip, was die Ausprägung der Merkmale betrifft.
- Die Arten verändern sich ständig. Es findet ein andauernder Kampf um die günstigsten Bedingungen hinsichtlich Nahrung, Lebensraum und Geschlechtspartner statt. Diese Veränderung ist das Ergebnis einer natürlichen Selektion. Beim Kampf ums Dasein – Darwin nennt das »struggle for life« – überleben nur die Individuen, die sich am besten

an ihre Umweltbedingungen anpassen. Dazu zählt der Unempfindliche, der sich an Trockenheit anpassen kann, ebenso wie der Bestgeschützte, der gegen Kälte gewappnet ist. Charles Darwin bezeichnet das als »survival of the fittest«. Gemeint ist: Nur die am besten angepassten Individuen gewinnen den Wettbewerb und können sich fortpflanzen. Weniger Angepasste dagegen haben weniger Nachkommen oder können gar keine neue Generation hervorbringen. Charles Darwin stellt dabei aber eines klar: Nicht der Stärkste, sondern der Fitteste, also der am besten Angepasste, überlebt.

- In einer ökologischen Nische können sich Konkurrenzen zwischen verschiedenen Arten entwickeln. Der Wettbewerb kann so weit gehen, dass sich auf Dauer nur eine Art behaupten kann. Darwin charakterisiert das als »natural selection«.[18]

Stellschraube der Evolution ist das sich verändernde Gen. Gene sind wichtige Funktionsträger, die Erbmerkmale enthalten. Diese werden bei der Fortpflanzung dem Nachwuchs mitgegeben. Paaren sich Männchen und Weibchen innerhalb einer Population, werden die Gene durchmischt, das genetische Erbgut bleibt aber homogen. Es besteht allerdings auch die Möglichkeit, dass sich ein Männchen einer Population mit dem Weibchen einer anderen, benachbarten Population paart. In diesem Fall werden die Gene der beiden Populationen durchmischt. Solange die Lebensbedingungen der beiden Populationen annähernd gleich sind, ist das kein Problem. Genetisch gesehen lassen sich die Unterschiede der beiden Populationen letztendlich kaum unterscheiden. Sind aber die Bedingungen innerhalb der Population, in der das Männchen lebt, stark unterschiedlich zur benachbarten Population des Weibchens, dann ergeben sich genetisch gesehen Probleme. Der Grund: Die Genmerkmale der beiden Partner sind nicht mehr kompatibel, denn es fehlt die genetische Ähnlichkeit der Populationen. Der Nachwuchs wird immer schwächer, die Unfruchtbarkeit nimmt zu, und am Ende sind die Individuen nicht mehr fit genug, um zu überleben. Daraus lässt sich ableiten, dass eine reproduktive Isolation benachbarte Populationen mit unterschiedlichen Lebensbedingungen entzweit.

Für die Bildung einer neuen Art gibt es ganz unterschiedliche Auslöser. Der bedeutendste ist die physikalische Barriere. Das kann beispielsweise eine Gebirgskette oder ein Ozean sein. Aber auch das Temperaturniveau, das Wasserangebot sowie ein möglicher Nahrungsmangel bestimmen Wohl und Wehe einer Art. Mit der Eroberung neuer Gebiete (Amerika und Australien) brachten die Menschen einige ihrer Haustiere und Nahrungspflanzen mit. Aus diesen Gründerpopulationen entwickelten sich in den Siedlungsgebieten langsam neue Arten. Da es in der neuen Heimat andere Räuber und Beutetiere sowie ein verändertes Nahrungsangebot gab, stellte sich eine natürliche Selektion ein. Nur die Fittesten kamen durch und bildeten eine neue Art. Auch Inseln treiben den Artbildungsprozess voran, sind sozusagen ein »hot spot« der Artenbildung. Die Galapagos-Inseln sind ein ganz besonderer Schauplatz der Evolution. Rund 1000 Kilometer vor der Westküste Ecuadors gelegen, besaß die Inselgruppe vulkanischen Ursprungs nie eine Verbindung mit dem Festland. Diese geografische Isolation hat dazu geführt, dass sich Tier- und Pflanzenarten ansiedelten und entwickelten, die nirgendwo sonst auf der Welt vorkommen. Charles Darwin hat während seiner Weltreise festgestellt, dass die Lebensbedingungen auf den Inseln sehr unterschiedlich sind, wodurch die Selektion, also die natürliche Auslese, in Gang gesetzt wurde.

Die Artbildung der Galapagos-Finken verdeutlicht diesen Prozess: Man nimmt an, dass die ersten Finken durch Stürme auf eine der Inseln getrieben wurden. Diese Gründerpopulation hatte keine Konkurrenz, und es gab ein ausreichendes Nahrungsangebot. So konnten sich die Singvögel fortpflanzen und verbreiten. In der Folge wurde jedoch die Population zu groß, und es entstand ein Konkurrenzkampf. Einige Finken wichen auf die benachbarte Insel aus. Auch dort stellte sich mit der Zeit Übervölkerung ein. Letztlich siedelten sich die Finken auf weiteren Inseln des Archipels an. Verbunden mit der geografischen Selektion mussten sie sich auf den neu besiedelten Inseln aber an die veränderten Lebensbedingungen anpassen, wodurch am Ende vierzehn verschiedene Arten entstanden.[19] Sie sind zwar eng miteinander verwandt, unterscheiden sich aber im Aussehen und in ihren Gesängen. Zudem ist durch die Isolation eine Fortpflanzung unter den Finkenarten nicht mehr möglich, da sich über die Zeit auch der Genpool jeder einzelnen Art geändert hat. Die Wissenschaft bezeichnet diesen Verlauf als reproduktive Isolation.

Ein weiteres Paradebeispiel für natürliche Auslese ist der Birkenspanner. Die Flügel dieser Schmetterlingsart sind hell gefärbt, durchzogen von einer feinen Fleckenzeichnung. Diese dient der Tarnung und schützt den Falter vor Fressfeinden. Setzt sich der Birkenspanner auf die helle Birkenrinde, ist er für Vögel kaum zu erkennen. Mit Beginn der Industrialisierung in Deutschland, England und Amerika wurde jedoch der Birkenspanner von Vögeln fast ausgerottet. Ein Grund dafür war der Rußniederschlag aus den Industrieschloten, der die Birkenrinde dunkel färbte, sodass die hellen Schmetterlinge besser sichtbar waren. Um 1850 stellten Wissenschaftler jedoch eine neue Birkenspanner-Morphe fest. Die Luftverschmutzung hatte zur Selektion geführt und einen Anpassungsprozess in Gang gesetzt. Überlebensfähig waren nur solche Birkenspanner, die ein dunkles Falterkleid ausbilden konnten. Das war durch die Bildung des dunkelbraunen Farbstoffs Melanin möglich. Das Melanin beeinflusst das Aussehen des Falters und führt dazu, dass der Schmetterling besser getarnt ist. Die Information, das Melanin auszubilden, liegt auf einem phänotypischen Gen. Eine Mutation, das heißt eine Veränderung der Erbinformation, hat dazu geführt, dass fortan die Melaninbildung stattfand. Die Population der neuen Art konnte sich ungestört von Fressfeinden fortpflanzen.[20]

Eine Tarnfärbung sichert auch anderen Tieren das Überleben. Die Farbe Weiß dominiert bei Polartieren wie Eisbär, Eisfuchs und Polarhase. Ein grünes Kleid tragen Tiere, die im Gras leben (z. B. das grüne Heupferd). Kamel, Antilope, Wüstenfuchs oder Wüstenviper sind Wüstentiere, die gelblich gefärbt sind wie der Sand.

Dass auch heftiger Wind zur natürlichen Selektion führt und damit einen Artbildungsprozess in Gang setzt, ist verblüffend. Auf stürmischen Inseln ist es für Insekten von Vorteil, keine Flügel auszubilden, denn durch den Wind könnten sie weit hinaus auf das Meer getragen werden. Eine Genmutation hat für die Verkümmerung der Flügel gesorgt und damit zur Bildung einer neuen Art geführt.

Im Ökosystem lässt sich sogar eine Ko-Evolution feststellen. Hierbei stützt sich die Artbildung auf die Wechselwirkung zwischen Organismen aus der Tier- und Pflanzenwelt. Ein Beispiel: Bildet eine Pflanze einen Bitterstoff aus, führt das dazu, dass ihre Fressfeinde auf eine andere Pflanze ausweichen. In der Folge nimmt die Population der Pflanze mit dem Bitterstoff stark zu, das Angebot an Pflanzen ohne Bitterstoff dagegen verringert sich. Wollen die Fressfeinde überleben, müssen sie sich notgedrungen an die Pflanze mit dem Bitterstoff anpassen. Dazu wird im Verdauungstrakt eine gewisse Verträglichkeit ausgebildet – eine Genmutation macht's möglich. Wechselbeziehungen bestehen auch zwischen Blüten und Insekten. Die Blüte liefert mithilfe von Farbe, Duft und Form die Anforderungen. Das Insekt muss sich im Bau der Sinnesorgane (Farbe und Duft) sowie der Mundwerkzeuge (Form) anpassen.

Ein Blick auf die Pflanzenwelt macht deutlich, dass extreme Trockenheit und hohe Temperaturen Evolutions-Trigger darstellen. Beide stellen für die Pflanzen große Herausforderungen dar. Eine extreme Anpassung erfordern Wüstengebiete. Die Landoberfläche der Erde wird zu etwa 20 Prozent von Wüste bedeckt. Dazu zählen Hitze- und Trockenwüsten sowie Kälte- und Eiswüsten. Erstgenannte ziehen sich wie ein Gürtel rund um den Äquator. Kälte- und Eiswüsten bedecken die Antarktis sowie weite Teile Grönlands. Ihr gemeinsames Merkmal: die Trockenheit. Um dem eigenen Wasserverlust durch Verdunstung entgegenzuwirken, verkleinern die Pflanzen in Trockenwüsten und Savannen ihre Blattoberfläche. Beispielhaft: die Akazie. Heute gibt es in der subtropischen Klimazone etwa 1300 Akazienarten.[21]

Neue Pflanzenarten entstehen aber auch in Gebieten mit außergewöhnlichen Umweltgiften. Das Umfeld von Gold- oder Zinnminen ist zum Teil hochgradig mit Schwermetallen kontaminiert und daher lebensfeindlich für Pflanzen. Einige von ihnen können in der Umgebung trotzdem wachsen. Gene mutieren, wodurch die Pflanze in die Lage versetzt wird, hohe Blei- oder Quecksilberkontaminationen zu tolerieren.

Zusammenfassend lässt sich daraus ableiten, dass Evolution, also die Anpassung der Arten bis hin zur Neubildung von Arten, das Resultat sich ständig verändernder Umweltbedingungen ist. Dafür hat die Natur ein einzigartiges System entwickelt: die Fähigkeit, Erbinformation zu verändern, die Mutation der Gene. Doch dieser komplexe Vorgang vollzieht sich nicht über Nacht, sondern verläuft stufenweise über etliche Generationen einer Art. Ist die Artenvielfalt insgesamt groß, ist auch die Auswahl passender Gene ausreichend. Je mehr aber die Biodiversität abnimmt, desto geringer werden die Anpassungsfähigkeit und damit auch die Überlebenschancen einer Art. Das gilt auch für die angeblich schlaueste Art auf Erden: den Menschen.

VERNICHTUNGSFAKTOREN

»Dieselben Naturkräfte, die uns ermöglichen,
zu den Sternen zu fliegen, versetzen uns auch in die Lage,
unseren Stern zu vernichten.«

Wernher von Braun (1912–1977)

Der Verlust der Arten, das Zusammenbrechen der Ökosysteme und das Verschwinden der Biodiversität: Verantwortlich dafür sind eine Reihe von – sagen wir es ruhig einmal drastisch – Vernichtungsfaktoren. Gegenseitige Schuldzuweisungen sind in der öffentlichen Diskussion längst Standard – ohne Lösungsangebote im eigenen Sektor zu unterbreiten. Jahrelang ließ und lässt »die Politik« dies bis heute durchgehen. Dabei lässt sich die Problemlage mit relativ einfachen Fragen umreißen: Wie wird sich unsere Landnutzung entwickeln? Wird es gelingen, die ständige Flächenversiegelung auf ein naturverträgliches Maß zu reduzieren? Was ist mit der Zersiedlung unserer Landschaft? Brauchen wir wirklich immer mehr Gewerbegebiete und Einkaufszentren mit riesigen Parkplätzen? Und vor allem: Wie sieht die Zukunft der sogenannten modernen Landwirtschaft aus?

Die industrielle Landwirtschaft ist ohne Zweifel einer der bedeutendsten Vernichtungsfaktoren. Schaut man auf die bisherigen Erfolge, jedenfalls auf die, die von den Funktionären der »klassischen« Landwirtschaft als solche bezeichnet werden, dann kann man schon ins Grübeln kommen: Auf Höchstleistung gezüchtete Turbo-Kühe geben 10 000, 12 000, in der Spitze sogar 16 000 Liter Milch pro Jahr. In den Fünzigerjahren lag die Jahresmilchleistung bei 5 000 bis 6 000 Litern. Mit natürlicher Ernährung ist das nicht zu erreichen. Proteinreiches Kraftfutter ist für den Turboeffekt notwendig. »Normales«, artenreiches Grünland bietet dieses Powerfutter nicht, ist also für viele Landwirte unrentabel. Deswegen wurden viel zu viele Hektar einstiger Wiesen in Äcker umgewandelt. Mittlerweile werden auf rund 60 Prozent der Ackerflächen Futtermittel für die Intensivtierhaltung angebaut.

Dennoch wird die deutsche Intensivlandwirtschaft mit rund sechs Milliarden Euro im Jahr unterstützt. Wenn man so will: Artenvernichtung finanziert mit unseren Steuermilliarden. Gleichzeitig nehmen wir damit Tierquälerei in Kauf: gigantisch vergrößerte Euter, Krankheiten, kurzes Leben der Milchkühe. Alles für billige Milch. Ist das zukunftsfähig?

Beim Futtermischen im Stall hilft längst Kollege Computer. Die Digitalisierung macht es möglich und zieht auch auf dem Acker ein. Präzisionsfarming heißt das neue Zauberwort, angeblich die Lösung aller ökologischen Probleme, die die Landwirtschaft hervorruft. Mit modernster Technik ausgestattet, fahren die Traktoren GPS-gesteuert von selbst über die Äcker, der Computer kennt jeden Quadratmeter und verteilt exakt die Menge Dünger oder Pflanzenschutzmittel, die an dieser Stelle notwendig ist. Natürlich ist das deutlich umweltschonender als die frühere Pi-mal-Daumen-Methode. Aber Präzisionsfarming kostet viel Geld. Ein solches Investment lohnt sich nur, wenn höchst effektiv gewirtschaftet werden kann. Das wiederum heißt: Je größer und je rechteckiger die Flächen, desto besser. Und genau das belohnt ja auch die aktuelle EU-Agrarpolitik mit ihren an die Größe der Flächen gebundenen Subventionen.

Dabei wird außer Acht gelassen, dass eine derartige Bewirtschaftung die letzten Biotope zerschneidet. Zudem werden Kühe und Schweine zum ganz überwiegenden Teil massenhaft in Ställen gehalten, sie bewegen sich also nicht mehr, wie in der bäuerlichen Landwirtschaft früher üblich, zwischen Stall und Weideland auf sogenannten Triften, den Verbindungswegen. Auch Schafherden gibt es so gut wie überhaupt nicht mehr in unserer Landschaft. Schon gar keine, die mit dem Wanderschäfer unterwegs sind und Biotope vernetzen. Die Tiere, wenn sie denn unterwegs wären, funktionieren als kostenloses Taxi für Pflanzensamen, die in ihrer Wolle und ihren Klauen hängen bleiben und so von Ort zu Ort transportiert werden. Fehlen die Triften und die Tiertaxis, so können Samen nicht mehr von einem Biotop zum anderen gelangen.

Lebensräume für Vögel, Amphibien und Insekten werden immer knapper, die genetische Vielfalt kann dauerhaft nicht mehr gewährleistet werden. Die Natur aber kann nicht anders, sie passt sich dauernd an, ein immerwährender Prozess. Es ist das Gesetz des Überlebens. »Man kann sich über dieses System genauso wenig ungefährdet hinwegsetzen, wie ein Mensch, der hoch oben am Rande eines steilen Felsens sitzt, ungestraft dem Gesetz der Schwerkraft trotzen kann. Das Gleichgewicht der Natur ist nicht ein *status quo*, es ist fließend, es verlagert sich ständig und passt sich dauernd neuen Gegebenheiten an«,[22] hat schon die Biologin und Zoologin Rachel Carson 1962 in ihrem Buch *Der stumme Frühling* ausgeführt.

Eine moderne Landwirtschaft, betrieben im Rahmen der viel zitierten guten fachlichen Praxis (wobei niemand so richtig weiß, was das eigentlich genau ist), kann nur dann zukunftsfähig sein, wenn sie der Natur gestattet, sich dauernd den neuen Gegebenheiten anzupassen. Doch seit vielen Jahren verändern sich die Agrarlandschaften zu schnell, die Natur kommt sozusagen evolutionär nicht mehr mit. Und das Tempo nimmt noch zu. Ja, moderne, hocheffektive Landwirtschaft ist die Basis unserer Ernährung. Ihr zweites Gesicht aber ist der Exitus der Ökosysteme. Doch die intensive Landwirtschaft ist nur einer von vielen Vernichtungsfaktoren, die unsere Natur immer mehr verstummen lassen.

Bauern, Boden, Bienen – wie ein uraltes System aus den Fugen gerät

Spätestens seit die Biene Maja als freches Zeichentrickfilminsekt über Millionen Bildschirme flimmerte, sind Bienen den allermeisten Menschen sehr sympathisch und geradezu zum Botschafter einer intakten Natur geworden. Und es ist ja auch wirklich so: Unsere Bienen machen sich auf vielfältige Art und Weise äußerst nützlich. Zuallererst ist da der Honig. Beim Nektarsammeln sind sie bienenfleißig von Blüte zu Blüte unterwegs. Für 500 Gramm Honig müssen Arbeitsbienen rund 40 000 Mal ausfliegen und legen dabei eine Flugstrecke von unvorstellbaren 120 000 Kilometern zurück– dreimal um die Erde! Das hat der Deutsche Imkerbund berechnet. Dabei erstreckt sich das Sammelgebiet eines Bienenvolkes auf annähernd 50 Quadratkilometer. Es ist damit etwa so groß wie das Innenstadtgebiet von Köln. Die Honigproduktion schwankt allerdings erheblich, zwischen 35 000 Tonnen im Rekordjahr 1995 und um die 15 000 Tonnen in den Jahren 1996, 2002, 2008 und 2012. Seitdem steigt die Menge wieder langsam an auf zuletzt (Stand: 31.12.2017) 27 000 Tonnen. Das entspricht bei einem angenommenen mittleren Preis von 13 Euro für ein Kilogramm einem Marktwert von 351 Millionen Euro.

Doch die Bienen erbringen noch erheblich mehr Wirtschaftsleistung. Denn beim Nektarsammeln bleiben Blütenpollen an ihrem Haarkleid hängen und werden beim nächsten Besuch gleichartiger Pflanzen auf die Narbe übertragen. Gleichsam »aus Versehen« bestäuben Bienen so eine Vielzahl unserer Nutz- und Kulturpflanzen. Apfel-, Birn-, Zwetschgen-, Mirabellen- und andere Obstbäume, Gurken, Tomaten, Spargel, Brokkoli, Sellerie, Kürbisse, aber auch Nüsse, Avocados, Zitrusfrüchte, Pfirsiche, Kiwis, Kirschen, Blau- und Erdbeeren und verschiedene Melonensorten.

Kein anderer Bestäuber ist so wirkungsvoll wie die Honigbiene. Wobei ihre wilden Verwandten, die Wildbienen, von denen es über fünfhundertfünfzig Arten in Mitteleuropa gibt, in ihrer Gesamtleistung und Präsenz völlig unterschätzt werden. Doch von ihnen wird später noch die Rede sein. Generell gilt: Bei uns wie weltweit werden etwa

80 Prozent Nutz- und Wildpflanzen von Insekten bestäubt. Von diesen wiederum etwa 85 Prozent von Honigbienen. Bei Obstbäumen sind es sogar 90 Prozent der Blüten, die von Honigbienen besucht werden. Das heißt ganz klar: Ohne die Bienenbestäubung würde der Ertrag bei Äpfeln und Kirschen um gute 60 Prozent pro Jahr sinken, bei Birnen sogar um fast 90 Prozent![23]

Die Liste der Blütenpflanzen, die von Honigbienen bestäubt werden, umfasst etwa 170 000 Arten. Der volkswirtschaftliche Nutzen der Bestäubungsleistung übersteigt den Wert der Honigproduktion um ein Vielfaches und beträgt rund zwei Milliarden Euro jährlich in Deutschland und – vorsichtig geschätzt – 70 Milliarden US-Dollar weltweit. Eine gemeinsame Studie[24] der Wissenschaftler des Nationalen Instituts für Agrarforschung (INRA) und des Zentrums für Wissenschaftliche Forschung (CNRS) aus Frankreich sowie des Helmholtz-Zentrums für Umweltforschung (UFZ) in Leipzig kommt zu dem Ergebnis, dass der Nutzen der bestäubenden Insekten insgesamt rund 150 Milliarden Euro pro Jahr beträgt, etwa ein Zehntel des Gesamtwertes der Weltnahrungsmittelproduktion 2008, zum Zeitpunkt der Veröffentlichung der Arbeit.

Allerdings sind gemäß der Studie die Schäden, die durch das Fehlen der Bestäuber entstünden, weitaus höher einzuschätzen, nämlich zwischen 190 und 310 Milliarden Euro. Ein teilweiser und umso mehr ein kompletter Verlust der Bestäuber würde zu erheblichen Verzerrungen der Weltagrarproduktion führen, weil die Erntemengen dann teils dramatisch einbrechen würden. Die Länder auf der Nordhalbkugel wären dabei verwundbarer als die Länder im Süden. Die Forscher betonen aber auch, dass der Komplettverlust an Insektenbestäubern nicht zu einem völligen Zusammenbrechen der Weltagrarproduktion führen würde. Allerdings wäre mit teils erheblichen betriebs- und volkswirtschaftlichen Einbußen zu rechnen.

Honigproduktion und Bestäubungsleistung: Damit hört die Ökosystemleistung der Bienen jedoch nicht auf, denn die bestäubten und damit fruchtbringenden Pflanzen sind ihrerseits ein Teil des großen Nahrungsnetzes: Ihre Früchte dienen Vögeln und Kleinsäugern als Nahrung, die wiederum von anderen größeren Tieren gefressen werden.

Nicht nur Bienen sind Bestäuber

Durch den Besuch von Blütenpflanzen, das Aufsuchen der nächsten Pflanze, tragen nicht nur die über 500 Wildbienenarten sowie die Honigbiene zum Bestäuben von Wild- und Nutzpflanzen bei, sondern auch andere Lebewesen. Dazu gehören Fliegen, Schwebfliegen, Wespen, Käfer, Schmetterlinge und – daran denken die wenigsten – Nachtschmetterlinge. In den Tropen kommen noch Vögel dazu, etwa Kolibris und Nektarvögel. Und natürlich die Fledermäuse.

Mit dem Rückgang der Blütenpflanzen in den Fluren und Siedlungen durch zu frühes Mähen, die Umwandlung von Wiesen in Maisäcker und die dadurch bedingten langen Perioden ohne Blüten als Nahrungsbasis wurden die Bestände der Insektengruppen in Europa erheblich dezimiert.

Bienen zu bewahren und zu schützen ist also mehr als eine Herzensangelegenheit. Bienenschutz ist für das Überleben der Menschheit unabdingbar. Diese Grundtatsachen sind seit Jahrzehnten bekannt. Deshalb ist es ein Skandal, dass verantwortliche Agrarpolitiker etlicher Regierungen und auch auf EU-Ebene viel zu lange nichts oder doch fast nichts für den Bienenschutz getan haben.

Insofern war der 27. April 2018 einer der wenigen besseren Tage unserer jüngeren Agrargeschichte, jedenfalls für die Bienenvölker Europas. Am späten Vormittag fiel in Brüssel ein Beschluss mit weitreichenden Folgen. Ort des Geschehens war der ständige Ausschuss für Pflanzen, Tiere, Lebens- und Futtermittel,[25] der der EU-Generaldirektion Gesundheit und Lebensmittelsicherheit zugeordnet ist. Der Ausschuss ist eines von vielen Beratungsgremien, die der EU-Kommission in fachlichen Fragen zuarbeiten. Insgesamt vierzehn verschiedene Sektionen hat der Ausschuss, allesamt besetzt mit Experten aus den Mitgliedsländern. Da gibt es beispielsweise die Sektion »Gentechnisch verändertes Essen, Tierfutter und Umweltrisiken« oder die Sektionen »Pflanzengesundheit«, »Allgemeines Lebensmittelrecht« und »Biologische Sicherheit in der Nahrungskette«. Jedenfalls stimmte der Ausschuss an jenem 27. April mit knapper Mehrheit von sechzehn Jastimmen für ein Verbot der Pflanzenschutzmittelwirkstoffe Imidacloprid, Thiamethoxam und Clothianidin im Freiland. Die Wirkstoffe gehören zur Gruppe der Neonicotinoide. Und um diese wird seit Jahren heftig gestritten, denn sie stehen im Verdacht, eine Todesursache auch für Bienenvölker, Wildbienen und zahlreiche andere Insekten zu sein.

Allerdings gibt es noch weitere Neonicotinoide. Viele davon sind nicht nur nach Angaben des Umweltinstituts München auch in kleinsten Mengen tödlich. Ein Teelöffel eines Wirkstoffes mit einem Gewicht von fünf Gramm würde schon reichen, um 1,25 Milliarden Bienen – ja, Sie lesen richtig – zu töten. Und es gibt noch andere Mittel, die sehr gefährlich für die Vielfalt der Arten sind, auch wenn sie nicht zu den Neonicotinoiden zählen. So etwa Fipronil, Methiocarb und Cyantraniliprol. Der gesamte Agrarchemiemix – über Jahre hinweg ausgebracht – kann ganz einfach nicht gut für unser hochsensibles Ökosystem sein, sagt auch Dr. Christof Schenck von der Zoologischen Gesellschaft Frankfurt am Main. So sind die Neonicotinoide nach vorsichtigen Angaben eintausend Mal giftiger als das von den meisten westlichen Industrieländern schon in den Siebzigerjahren verbotene DDT. Außerdem verbleiben die Stoffe bis zu zehn Jahre in der Landschaft und sind damit eine tickende Zeitbombe für unzählige Organismen. Angesichts dieses jahrelangen Chemiebombardements auf die Agrarflur erscheint das Verbot von drei Neonicotinoiden wie ein kleiner Hoffnungsschimmer für eine längst fällige Trendwende.

Über den Verbotsbeschluss gefreut haben sich nicht nur Naturschützer, sondern auch solche Landwirte, die auf die Bestäubungsleistung der Bienen angewiesen sind, Obst- und Gemüsebauern zum Beispiel. Gäbe es keine Bienen mehr, dann würden entweder die Erträge deutlich zurückgehen, oder es müsste viel Geld für die gezielte Bestäubung investiert werden. So wie derzeit in Kalifornien. Wanderimker bringen dort jedes Jahr rund eine Million Bienenvölker in die Kulturen, zum Beispiel zu den Mandelbaumplantagen. Nach drei Wochen zieht die Karawane aus Bienen, Bienenstöcken und Imkern weiter zum nächsten Kunden mit Obstbäumen oder Gemüsepflanzen. Drei Wochen Bestäubungsflüge kosten umgerechnet rund 100 Euro – pro Bienenvolk. Die Ausgabe lohnt sich offenbar, denn dank der Leihbienen lässt sich eine Ertragssteigerung von 25 bis 30 Prozent erzielen – mit entsprechend höheren Gewinnen.

In einigen Provinzen Chinas wie etwa in der Region Sezuan gibt es keine Insekten als Bestäuber mehr, auch keine Wanderimker. Hier müssen die Kulturen per Hand von Menschen befruchtet werden. Heerscharen von Arbeitern klettern, ausgerüstet mit kleinen Büscheln aus Entenfedern, in die Bäume und verteilen die Pollen von Blüte zu Blüte. Das ist leider schon lange keine schräge Science-Fiction-Vision mehr. Unterhalb des Himalaja müssen die Bauern notgedrungen schon seit einigen Jahren so verfahren. Der unkontrollierte Einsatz von Pestiziden, Düngemitteln und sonstiger Agrarchemie hat gründlich gewirkt. Der Ökologe Yang Yao von der Universität Sichuan macht einzig den unkontrollierten Einsatz von Pestiziden für das nahezu komplette Aussterben der Insekten verantwortlich. »Zuerst wurden Pestizide verwendet, die fast alle Insekten in der Region töteten. Zusätzlich verseuchten sie die Böden und die natürlichen Bestäuber. Ein neuer Weg zum Bestäuben musste her, ansonsten hätte es keine Ernte mehr gegeben, und keine Ernte bedeutet kein Einkommen. Deshalb entwickelten wir die Idee mit den menschlichen Bienen.«[26]

Pestizide als eine Todesursache für das Bienen- und Insektensterben: Das bestätigt erstmals im Zuge des Verbots der drei Neonicotinoide offiziell eine Bewertung der europäischen Behörde für Lebensmittelsicherheit (EFSA). Die im italienischen Parma ansässige Institution legte im Februar 2018 einen Bericht vor, der im Kern besagt: Die Mehrzahl der Anwendungen von neonicotinoidhaltigen Pestiziden stellt ein Risiko für Wild- und Honigbienen dar. Dieser Bericht war die Grundlage für die Entscheidung des ständigen Ausschusses für Pflanzen, Tiere, Lebens- und Futtermittel, die drei genannten Wirkstoffe aus der Gruppe der Neonicotinoide nun völlig für das Ausbringen im Freiland zu verbieten. Mit den neuen Schlussfolgerungen aktualisiert die EFSA ihre früheren Ergebnisse aus dem Jahr 2013, nach deren Veröffentlichung die Europäische Kommission die Verwendung der besagten Substanzen kontrollieren ließ.

Diesmal hat die EFSA sich bei der neuen Bewertung auf Wildbienen (dazu gehören auch Hummeln), Solitär- sowie Honigbienen konzentriert. Der Studie liegen eine umfassende Datenerhebung, eine gezielte Literaturauswertung sowie eine Vielzahl neuerer wissenschaftlicher Veröffentlichungen zugrunde. Die Daten stammen von Hochschulen,

Imkerverbänden, Chemieunternehmen, Bauernverbänden, Nichtregierungsorganisationen und nationalen Behörden. Mehr als fünfzehnhundert Studien wurden vor Beginn der Bewertungen von der EFSA gesichtet.

Dabei muss die EFSA extrem sorgfältig vorgehen. Die Behörde selbst erlässt zwar keine Verbote, ihre Bewertungen aber sind, wie auch in diesem Fall, eine wichtige Entscheidungsgrundlage für die EU-Kommission. José Tarazona, Leiter des EFSA-Referats Pestizide, erklärt anlässlich der Veröffentlichung des Berichts: »Dank der beträchtlichen Datenmenge, die uns zur Verfügung stand, sowie der Leitlinien konnten wir sehr detaillierte Schlussfolgerungen ziehen. Die Schlussfolgerungen variieren aufgrund von Faktoren wie der Bienenart, der beabsichtigten Verwendung des Pestizids und dem Expositionsweg. Einige Risiken wurden als gering angesehen, insgesamt aber wurde das Risiko für die drei von uns untersuchten Bienenarten bestätigt.«[27]

Was sind Neonicotinoide eigentlich? Und wie wirken sie? Der Wortbestandteil »Nikotin« gibt einen Hinweis darauf, dass die ursprüngliche Wirkungsweise auf das natürliche Nikotin in Tabakpflanzen zurückgeht, die erstmals nach der Entdeckung Amerikas Ende des 15. Jahrhunderts nach Europa mitgebracht wurden. Der französische Gelehrte Jean Nicot hörte von der heilenden Wirkung der Tabakpflanze, schickte um das Jahr 1560 herum einige Samen an den Hof nach Paris und sorgte so in Frankreich für eine frühe Verbreitung des Tabaks als Heilpflanze. 1828 isolierten die Heidelberger Chemiker Karl Ludwig Reimann und Christian Wilhelm Posselt erstmals das in der Tabakpflanze wirksame Alkaloid[28] und nannten es Jean Nicot zu Ehren »Nicotin«. Es wirkt wie ein »eingebauter« Insektenschutz: das Nikotin schädigt das Nervensystem der Schadinsekten, führt zu Fehlentwicklungen bzw. zum Absterben.

Ab Ende des 18. Jahrhunderts fand Nikotin als Bestandteil von Pflanzenschutzmitteln eine weite Verbreitung. Allerdings hatten die Mittel deutliche Nachteile: Die Wirkungsdauer war relativ kurz, dafür waren die Präparate derart toxisch, dass es immer häufiger zu Vergiftungen bei Hunden, Katzen und auch Menschen kam. In den 1970er-Jahren ging die Verwendung zurück, schließlich wurden nikotinhaltige Pflanzenschutzmittel von der damaligen Biologischen Bundesanstalt für Land- und Forstwirtschaft[29] verboten.

Da aber die insektenschädigende Wirkung von Nikotin für den Pflanzenschutz in der Landwirtschaft hochinteressant war, kam die Idee auf, neuartige Präparate zu entwickeln, die genauso gut wirkten, ohne schädliche Nebenwirkungen für Warmblüter aufzuweisen – es entstand die Stoffgruppe der Neonicotinoide. Die neuen Präparate, die etwa ab 1985 systematisch weiterentwickelt wurden, wirken gezielt und stärker auf die Nikotinischen Acetylcholinrezeptoren von Insekten und weniger auf die von Säugetieren. Bei Insekten verursachen die Neonicotinoide eine dauerhafte Störung des Nervensystems, was schließlich einer Totalschädigung des Organismus gleichkommt.

Neonicotinoide werden zumeist als Beizmittel eingesetzt, das heißt, bereits das Saatgut wird mit dem Pflanzenschutzmittel benetzt. Dadurch soll der Kontakt mit Nichtinsekten vermieden werden. Die Wirkstoffe verteilen sich dann in der gesamten Pflanze von der Wurzel bis zu den Blattspitzen und finden sich schließlich auch in der Blüte, speziell im Nektar und in den Pollen. Es entsteht eine Art Rundumschutz der Kulturpflanze in allen Wachstumsphasen. Daher müssen Neonicotinoide ihre Wirkung lange Zeit entfalten, und sie müssen wasserlöslich sein, damit die Wirkstoffe über das Wurzelwerk aufgenommen werden können.

Bereits im Januar 2013 berichtete die EU-Behörde für Lebensmittelsicherheit (EFSA) über einen offenbar immer stärker werdenden Verdacht: Einige Wirkstoffe aus der Gruppe der Neonicotinoide stellten möglicherweise ein Risiko für Bienen dar, so die Behörde. Die betroffenen Präparate werden von den Unternehmen Bayer und Syngenta hergestellt. Ein Sprecher von EU-Gesundheitskommissar Tonio Borg spricht von »ziemlich beunruhigenden Schlussfolgerungen«. Die Bayer-Tochter CropScience bezeichnet die Mittel hingegen als sicher und effektiv. Damaliger Hintergrund: Europa erlebt seit Jahren ein ungewöhnlich starkes Bienensterben. Vor allem die Imker hatten schon Jahre zuvor auf einen möglichen Zusammenhang mit Neonicotinoiden hingewiesen.

So wie Bernhard Heuvel. In einem Fachaufsatz[30] hat der Imker schon 2008 die Situation analysiert. Er berichtet über die Kontamination tausender Bienenvölker mit dem Neonicotinoid Clothianidin:

Allein in Deutschland wurden vom Bundesamt für Verbraucherschutz und Lebensmittelsicherheit (BVL) 11 000 kollabierte und kontaminierte Bienenvölker erfasst und bestätigt. Wie eine anschließende Untersuchung ergab, waren bei der Aussaat von Mais freigesetzte Beizstäube durch Einsatz von pneumatischen Sämaschinen auf andere blühende Pflanzen gelangt, wodurch die Honigbienen den Beizstaub mit dem Blütenpollen dieser Pflanzen aufnahmen. Die Folge waren massive Verluste der Flugbienen, da diese beim Sammeln des Pollens durch die hohe Konzentration des Beizstaubes an Clothianidin bereits im Felde verendeten.

Die Vorfälle zeigen, dass sich die Pflanzenschutzmittel sehr wohl in der Umwelt unkontrolliert verbreiten können – entgegen den Herstellerangaben, die ja die Anwendung der Neonicotinoide als »sicher« eingestuft haben, und entgegen den Beteuerungen der Politik, die das massive Bienensterben als »bis dahin nicht vorstellbare Verkettung unglücklicher Umstände« darstellte. Heuvel berichtet weiter:

Einige Flugbienen schafften es trotz Kontamination zurück in den Stock, wo anschließend junge Bienen und Bienenlarven durch Verzehr der mit Beizstäuben kontaminierten Nahrung starben. Vor den Bienenstöcken waren ganze Flächen mit verendeten Bienen zu verzeichnen. Zudem waren Bienen zu beobachten, die mit Flügelzittern und ausgestrecktem Rüssel eine ausgeprägte Desorientierung zeigten. Diese Bienen verendeten bald an den Folgen der Intoxikation. Die betreuenden Imker bemerkten und diagnostizierten aufgrund der Schnelligkeit und der Art der Erscheinung sehr bald eine Intoxikation, worauf die Völker am 13. Mai 2008 an andere Standorte verbracht wurden. Die Ursache selbst, die Abdrift von Beizstäuben, wurde ebenfalls recht schnell erkannt. Diese Beizstäube waren in die Bienenstöcke verbracht worden, wodurch Wachs, Bienenbrot und Nektar/Honig kontaminiert wurden. Um die Völker zu retten, wurden die Waben dieser Beuten entsorgt. Dazu wurden die gesamten Waben in Containern gesammelt und anschließend in der Müllverbrennungsanlage thermisch zerstört.[31]

Mittlerweile ist ja sozusagen amtlich durch die EFSA anerkannt, dass Pestizide wie die Neonicotinoide eine wesentliche Ursache für das Bienen- und Insektensterben sind. Die Entscheidung darüber, endlich ein

Verbot auszusprechen, hat sich trotzdem jahrelang hingezogen. Immer wieder wurden Ausflüchte ins Feld geführt wie eine unzureichende Datenlage oder das Heraufbeschwören erheblicher wirtschaftlicher Verluste, wenn Landwirte die Pestizide nicht mehr einsetzen könnten. Damit aber Pflanzenschutzmittel die Gesundheit der Bienen nicht gefährden, dürfen diese generell nur dann zugelassen werden, wenn umfassend deren Wirkung auf Bienen bewertet worden ist. Leider werden die teilweise verheerenden Auswirkungen auf andere Organismen wie Laufkäfer, Heuschrecken und Schmetterlinge nicht in umfassender Weise in solche Untersuchungen einbezogen.

Natürlich haben die Pestizidhersteller beim Antrag auf Zulassung entsprechende Unterlagen zur »Bienenverträglichkeit« ihrer Produkte eingereicht. Hier stellt sich die dringende Frage, ob nicht die Zulassungskriterien deutlich verschärft werden müssten und die Zulassungsverfahren generell neu zu regeln sind. Denn ganz offenbar sind nicht alle Auswirkungen der Wirkstoffe erfasst bzw. berichtet worden. Ein Kritikpunkt ist seit Langem die Finanzierung der wissenschaftlichen Studien zum Nachweis der Unbedenklichkeit derjenigen Wirkstoffe, die in Umlauf gebracht werden sollen. Die deutsche Forschungslandschaft leidet unter chronischem Geldmangel. Daher finanzieren zumeist genau die Firmen, welche die neuen Mittel herstellen und in den Markt bringen wollen, auch die Unbedenklichkeitsstudien. Ob dadurch eine Einflussnahme auf die Ergebnisse gegeben ist, wird seit Längerem diskutiert. Um größtmögliche Neutralität zu gewährleisten, könnten die Studien zum Beispiel über einen Fonds oder eine Stiftung finanziert werden, gespeist mit Geldern derjenigen Unternehmen, die Agrarchemikalien produzieren. So wäre im Einzelfall nicht zurückzuverfolgen, woher das Geld für eine bestimmte Studie stammt. Die Wahrscheinlichkeit der Einflussnahme durch den Geldgeber würde sich so reduzieren.

In seinem Aktionsprogramm Insektenschutz hat der Deutsche Naturschutzring weitere Forderungen erhoben. Langfristige Risiken müssten gründlicher geprüft, die Kombinationswirkung der Mittel und ihrer Metaboliten (Stoffwechselprodukte) in der Praxis müsse untersucht werden. Der Nationale Aktionsplan Pflanzenschutz müsse durch eine Reduktionsstrategie für Agrarchemikalien abgelöst und die sogenannte gute fachliche Praxis im Pflanzenschutz um die Priorisierung der vorbeugenden und nicht-chemischen Mittel ergänzt werden. Zudem werden im Rahmen der Zulassung gegebenenfalls Auflagen festgelegt, die die Landwirte einhalten müssen, um die Gesundheit der Bienen nicht zu gefährden. Inwieweit sich einzelne Landwirte exakt daran halten werden, ist in der Fläche so gut wie nicht kontrollierbar. Auf vielen Höfen scheint immer noch die alte Bauernregel »Viel hilft viel« zu gelten.

Ökologisch gesehen ist es völlig unerheblich zu wissen, wie viele Bienenarten und wie viele Bienenvölker von den Schadstoffen exakt bedroht sind. Denn es ist unsinnig, so lange zu forschen und neue Daten zu erheben, bis das Ergebnis lautet: »Stimmt: Fast alle Wildbienen und viele andere Insekten sind ausgerottet.« Schon die Erkenntnis, dass eine Bedrohung existiert, sollte eine vorsorgende Politik zum Handeln bewegen. Davon konnte allerdings bis zum April 2018 nicht wirklich die Rede sein – im Gegenteil. Gerade die deutschen Bundeslandwirtschaftsminister präsentierten sich als verlängerter Arm des Bauernverbandes und der agrarchemischen Industrie. Erst als auch medial das Bienensterben zu einem Leitthema wurde, fing die Front an zu bröckeln.

Das Verbot der Neonicotinoide ist ein sehr wichtiger Schritt in Richtung naturerhaltende Landwirtschaft. Dabei aber wird schnell übersehen, dass es noch eine Reihe weiterer Gründe gibt, warum es die Bienenvölker schwer haben. Der Biologieprofessor Jürgen Tautz von der Universität Würzburg führt an, dass durch Überzüchtung die Bienen deutlich anfälliger für Parasitenbefall wie zum Beispiel der Varroamilbe geworden sind. Die Honigbienen, so das Zuchtziel, sollen fleißig und sanftmütig sein, also viel Ertrag bringen und keine Gefahr für Menschen darstellen. Tautz ist der Ansicht, dass dabei Aspekte der Krankheitsanfälligkeit zu stark außer Acht gelassen worden sind. Beim bundesweiten Massensterben der Bienenvölker 2008 gab es regional Totalverluste bis zu 100 Prozent. Im Schnitt haben rund 30 Prozent aller Völker in Deutschland diesen Winter nicht überlebt. Normal ist unter natürlichen Bedingungen ein Winterverlust von etwa 10 Prozent.

Tatsächlich hatte die Gesamtzahl der Bienenvölker in Deutschland mit dem Jahr 2008 ihren bisherigen Tiefpunkt erreicht. Allein im

Rheintal sind damals innerhalb kurzer Zeit über elftausend Bienenvölker stark geschädigt worden oder ganz abgestorben. Über den Verlust der Wildbienen liegen keine verlässlichen Zahlen vor. Der Vergleich macht die Dimension deutlich: Gab es in den frühen Neunzigerjahren des vergangenen Jahrhunderts noch rund 1,2 Millionen Honigbienenvölker, so betrug ihre Gesamtzahl im Krisenjahr 2008 nur noch rund siebenhunderttausend. Der Abwärtstrend zeichnete sich schon gute zehn Jahre früher ab, ungefähr seit 1998. Das passt ganz gut zum parallel steigenden Einsatz der Neonicotinoide. Seit 2013 nimmt die Zahl der Bienenvölker wieder kontinuierlich zu. Und wieder drängt sich eine Vermutung auf: Seit 2013 gilt bereits ein EU-Teilverbot der Neonicotinoide. Ende 2017 verzeichnete der deutsche Imkerverband wieder knapp neunhunderttausend Bienenvölker.

Auf den ersten Blick ist das ein erfreulicher Trend. Doch der Teufel steckt auch hier im Detail. Denn alle Bienenarten ernähren sich ausschließlich von Blütenprodukten wie Nektar, Pollen oder Blütenölen. Auch die Wildbienen.

Und jetzt kommt's: Weil das Nahrungsangebot an Pollen und Nektar immer knapper wird, treten Honigbienen und Wildbienen mittlerweile in Konkurrenz. Sie streiten sich sozusagen um den letzten Tropfen Nektar. Das heißt unter dem Strich: Nimmt die Anzahl der Honigbienenvölker weiter zu, bleibt also der geschilderte Trend ungebrochen, dann wird das die Zahl der Wildbienen dezimieren, weil es nicht mehr genug Nahrung für alle gibt. Hinzu kommt, dass rund ein Fünftel der fünfhundertfünfzig deutschen Wildbienenarten in Mitteleuropa oligolektisch sind, das heißt, auf Pollen bestimmter Pflanzenarten als essenzielle Eiweißquelle für die Larvenaufzucht spezialisiert. Bei Ausfall der spezifischen Nahrungspflanzen ist kein Ausweichen auf andere Pollenquellen möglich, die Art stirbt lokal aus.

Von der Wirtschaftsleistung der Honigbienen war bereits die Rede. Die Bestäubung der Wildpflanzen durch Bienen und hier vor allem durch Wildbienen wird bislang in den Bilanzen gar nicht berücksichtigt. Diese Leistung ist aber für den Erhalt der Biodiversität noch von weitaus größerer Bedeutung. Die Wildbienen haben in den letzten Jahren Rückgänge in ihrer Artenvielfalt zu verzeichnen, vor allem durch die

Fragmentierung und Isolation ihrer Lebensräume, Intensivierung der Landwirtschaft und Landnutzungsänderungen, sodass den Wildbienen Nahrungsquellen und Nistmöglichkeiten fehlen. Kein Wunder, dass Wildbienen namentlich kaum noch bekannt sind. Hier eine kleine Auswahl[32] von Arten, die auch deutsche Namen aufweisen; andere haben »nur« wissenschaftliche Artbezeichnungen:

Zweizellige Sandbiene (*Andrena lagopus*)
Senf-Blauschillersandbiene (*Andrena agilissima*)
Luzerne Blattschneiderbiene (*Megachile rotundata*)
Spargel-Sandbiene (*Andrena chrysopus*)
Ackerhummel-Königin (*Bombus pascuorum*)
Rotschopfige Sandbiene (*Andrena haemorrhoa*)
Rote Mauerbiene (*Osmia bicornis*)
Rote Fingerkraut-Sandbiene (*Andrena potentillae*)
Ziest-Schlürfbiene (*Rophites algirus*)
Mohnbiene (*Hoplitis papaveris*)

Zur Erzeugung eines einzigen Wildbienennachkommens werden im Durchschnitt fünfundsiebzig Blüten als Larvenproviant benötigt. Der Nahrungsbedarf von Wildbienen ist enorm. Verschiedene Studien zeigen nun aber eine signifikante Abnahme von Wildbienen und anderen Blütenbesuchern im Umfeld von Honigbienenstöcken während der ganzen Flugsaison.[33] Daraus ergibt sich die Erkenntnis, dass die Honigbienendichte von rund 3,5 Völkern pro Quadratkilometer angesichts des knappen Blütenangebots zumeist viel zu hoch ist. Also muss ein Weg gefunden werden, den Besatz mit Bienenvölkern an einem Ort auf ein Höchstmaß zu beschränken, und zwar so lange, bis wieder ein ausreichendes Nahrungsangebot zur Verfügung steht. Mit Pestizidverboten allein ist es also nicht getan. Um den Verlust der Arten zu stoppen und eine stabile Vielfalt wiederherzustellen, ist ein ganzes Bündel von Maßnahmen erforderlich. »Die Bienen finden keinen bunten Speiseteller mehr«, sagt der Biologieprofessor Jürgen Tautz. Der Wissenschaftler plädiert dafür, Wegränder seltener zu mähen und weniger zu spritzen. Zudem sollte das rigorose Ausschneiden von früh blühenden Bäumen und Sträuchern wie Weiden oder Haselsträuchern zeitlich etwas später erfolgen, um den Bienen eine Chance auf vielfältigere Nahrung zu geben.

Auch der Schmetterlingsexperte Dr. Robert Trusch vom Staatlichen Museum für Naturkunde in Karlsruhe verweist auf die seit Mitte der Neunzigerjahre zunehmend ausgebrachten systemischen Insektizide der Neonicotinoide als eine Hauptursache für das Verschwinden von Schmetterlingen, Wildbienen und vielen anderen Insektengruppen.

Was wir jetzt beklagen, ist nicht über Nacht eingetreten. Seit Jahrzehnten hat sich unsere Umwelt, zum Teil vom Menschen unbemerkt, speziell für Bienen, Schmetterlinge und andere Insekten, aber in der Folge auch für Vögel, Kleinsäugetiere und viele Wildpflanzenarten dramatisch verändert. Die Industrialisierung der Landwirtschaft nimmt unentwegt zu, weil der Preisdruck steigt. Viele Landwirte glauben, nur über mehr Masse noch ein einigermaßen zufriedenstellendes Einkommen zu erwirtschaften. Natürlich müssen dafür alle Arbeitsabläufe so effizient und kostengünstig wie möglich gestaltet werden. Alles, was nicht normgerecht funktioniert, kostet unter dem Strich Geld. Also sehen wir immer größere, meist auch noch von Steuergeldern bezuschusste Maschinen auf immer größeren landwirtschaftlichen Flächen. Die Flurbereinigungen haben jahrzehntelang fast alle Hindernisse wie Hecken, Feldgehölze, kleine Tümpel oder verbliebene Waldstreifen aus dem Weg räumen lassen. Unsere Felder haben zumeist geometrische Formen, damit die Bearbeitung mit Großmaschinen leichter fällt. Um das zu erreichen, tauschen Landwirte Flächen und legen diese zusammen. Dabei werden auch Wegrandstreifen untergepflügt; frühere Raine entfallen, und Stück um Stück verschwinden auch Strukturen, wie sie Rebhuhn, Feldhase und andere Ackerbewohner eigentlich brauchen. »Wir wissen als Gemeinde, die ja auch kommunale Grundstücke verpachtet, nicht mehr, wer an welcher Stelle welche unserer Äcker bewirtschaftet«, klagt Bürgermeister Christian Langfeld (Name geändert). So wie ihm geht es vielen Verantwortlichen in Städten und Gemeinden. Aber mit der Bauernlobby will man sich ja nicht anlegen, und so müssen Gemeinden in vielen Regionen schon bei den Landwirten darum betteln, wenn sie letztlich auf eigenem – also den Bürgern gehörenden – Grund und Boden Blühstreifen für Wildbienen und Schmetterlinge und damit letztlich auch wieder »Feldapotheken« für Rebhuhn, Fasan, Wachtel und Feldhase anlegen wollen. Da und dort stimmen dann manche Bauern zu, lassen sich noch Entschädigungen für die »entgangene Produktionsfläche« bezahlen, um angesichts der öffentlichen Diskussionen um das Artensterben »guten Willen zu zeigen«.

Viele Höfe haben sich auf ein kleines Nutzpflanzenspektrum spezialisiert, um möglichst effektiv wirtschaften zu können. Darunter leidet der Wechsel in der Fruchtfolge; Monokulturen wie beim Mais und Raps sind die Folge. Eine derart betriebene Landwirtschaft kann nur unter Einsatz von künstlichem Dünger und von Pflanzenschutzmitteln funktionieren. »Die heute verwendeten züchterisch vereinseitigten Kulturpflanzensorten verlangen geradezu nach einer agrochemischen Rundumversorgung«, stellt der Umweltaktivist und Publizist Michael Beleites in seinem Buch *Land-Wende* fest.[34] Die Böden haben keine Chance, sich auf natürliche Art und Weise zu regenerieren. Und Nebenpflanzen, die früher am Acker- oder Wegesrand gang und gäbe waren, oder gar wunderbar vielfältige Wiesen mit einer üppigen Blütenpracht – dieses Bild ist in der Agrarlandschaft so gut wie nicht mehr zu finden.

Eine dürftige Ökobilanz stellt auch das Umweltbundesamt (UBA) der Landwirtschaft aus. In der neuen Publikation Umwelt und Landwirtschaft,[35] erschienen im Juni 2018, stellt das UBA beispielsweise fest, dass zahlreiche Studien einen Zusammenhang zwischen Insektensterben und dem Einsatz von Pflanzenschutzmitteln belegen. Offenbar bauen sich die Mittel nicht so schnell ab wie von den Herstellern behauptet. Denn selbst im Grundwasser, so das UBA, werden regelmäßig Rückstände von Pflanzenschutzmitteln nachgewiesen. Zwischen 1994 und 2015 stieg der Absatz in Deutschland von knapp 30 000 auf über 40 000 Tonnen an. Den größten Anteil daran hat mit 34 Prozent die Gruppe der Herbizide, zum Beispiel Glyphosat. Um die schädlichen Auswirkungen der Herbizide zu kompensieren, braucht es mehr Flächen in der Landschaft, auf denen keine Pflanzenschutzmittel eingesetzt werden: Brachen und Blühstreifen, um bedrohten Vogel- und Insektenarten Lebensraum und Nahrungsgrundlage zu erhalten. Vögel und andere Wildtiere sind auf intakte Lebensräume angewiesen. Die Landwirtschaft nutzt die meiste Fläche in Deutschland – und ist daher besonders gefordert. Ein Blick auf die Entwicklung der für Agrarland charakteristischen Vogelarten wie Feldlerche, Kiebitz oder Steinkauz zeigt einen deutlich negativen Trend: Der Indikatorwert sank im Jahr 2014 auf 57 Prozent (Zielwert für das Jahr 2030: 100 Prozent). Im Jahr 1975 lag der Wert noch bei rechnerischen 117 Prozent. Auch der Anteil der Flächen mit hohem Naturwert, zum Beispiel artenreiches Grünland, Brachflächen oder Streuobstwiesen, sinkt. Im Jahr 2009 lag er bei 13,1 Prozent, 2015 waren es nur noch 11,4 Prozent. Fast die Hälfte aller auf Grünland vorkommenden Arten ist gefährdet oder bereits verschwunden. Zudem kommt es vor allem in Regionen mit intensiver Tierhaltung teils zu massiven Nährstoffüberschüssen, kritisiert das UBA weiter. Über die Gülle gelangt der Stickstoff als Nitrat ins Grundwasser sowie in Seen und Flüsse. Nitrat im Grund- und Oberflächenwasser wirkt überdüngend (eutrophierend) und verursacht Kosten bei der Trinkwassergewinnung. Als Ammoniak und Lachgas entweicht Stickstoff aber auch in die Luft. Die Folgen sind u.a. Bodenversauerung und Artenschwund sowie eine Verschärfung des Klimawandels, denn Lachgas ist noch viel klimaschädlicher als CO_2. Insgesamt gehen die Stickstoffeinträge der Landwirtschaft zwar zurück – von 118 Kilogramm pro Hektar 1993 auf 97 Kilogramm/Hektar im Jahr 2013. Allerdings hat sich der Trend in den letzten zehn Jahren deutlich verlangsamt. Deutschland ist daher noch weit von dem selbst gesetzten Ziel entfernt, den Stickstoffüberschuss auf 70 Kilogramm pro Hektar/Jahr zu reduzieren (im fünfjährigen Mittel der Jahre 2028 bis 2032). Als Konsequenz fordert UBA-Präsidentin Maria Krautzberger, die EU-Agrarpolitik stärker an Umweltkriterien auszurichten. Es dürften nicht mehr die größten Betriebe das meiste Geld bekommen, sondern diejenigen, die etwa durch gezieltes Düngen oder Schutzräume für Insekten die Natur schonten. »Mehr Ökologie darf kein Nischenthema sein«, fordert Krautzberger. »Wir brauchen mehr Umweltschutz auch in den konventionell arbeitenden Betrieben.« Der Deutsche Bauernverband (DBV) wiederum bestreitet die Zahlen des Umweltbundesamtes. Zum Beispiel seien die Auswirkungen des neuen Düngerechts nicht berücksichtigt worden. Überhaupt ignoriere das UBA die Weiterentwicklung der Landwirtschaft, heißt es aus den Reihen des DBV.

Natürlich hat sich die Landwirtschaft weiterentwickelt, bzw. – und das trifft wohl eher zu – ist durch schärfere Gesetze wie die Düngeverordnung weiterentwickelt worden. Immer wieder aufflammende Diskussionen in der Öffentlichkeit haben dazu geführt, dass das Bewusstsein für Umweltschutz und Biodiversität bei den Landwirten gestiegen ist. Dennoch: Man kann sich des Eindrucks kaum erwehren, dass der DBV sich einmal mehr in der gelernten Abwehrrhetorik versucht. Zumindest kann man zu diesem Eindruck gelangen, wenn man die Debatten um mehr Umweltschutz in der Landwirtschaft zurückverfolgt. Denn der Deutsche Rat für Landschaftspflege hat alle die jetzt vom UBA aufgeführten Zusammenhänge schon 1983 zur Diskussion gestellt. In einer ausführlichen gutachterlichen Stellungnahme[36] zu den Folgen einer intensiven Landbewirtschaftung heißt es:

Die moderne Landwirtschaft hat Naturhaushalt und Landschaftsbild in einem nicht unerheblichen Umfang verändert. Der Einsatz von Großmaschinen erfordert eine Zusammenlegung von Flurstücken, wobei in aller Regel geometrische Formen bevorzugt werden. Gliedernde Elemente, wie Hecken und Raine verschwinden, zu feuchte Flächen werden drainiert, und auch das früher übliche Konturpflügen wird zunehmend durch eine Bearbeitung in Gefällsrichtung ersetzt. Die Umwandlung von Grünland zu Ackerland ist vor allem mithilfe von Entwässerungsmaßnahmen in großem Ausmaß vorgenommen worden. Vor allem in Gebieten mit hohem Dauergrünlandanteil hat die Entwicklung widerstandsfähiger Maissorten zu einer starken Ausweitung des Maisanbaues geführt. (…) Aber auch im Futterbau wurden Runkelrübe, Klee, Gras und Luzerne weitgehend durch Silomais ersetzt. Diese Entwicklung, die mit einer Vergrößerung der Maisanbaufläche allein in Bayern von 1950 mit 20 000 ha auf 1981 mit 336 000 ha – dies entspricht einer Steigerung um das 15-Fache – eindrucksvoll belegt wird, ist vor allem deswegen problematisch, weil einerseits bodenstabilisierende Kulturarten (Klee, Kleegras) verdrängt wurden und andererseits die Bodenerosion bei Mais beim 50- bis 60-Fachen von Grünland liegt und immer noch 4–5 Mal so hoch ist wie bei Getreide.

Rückblickend kann man sich nur die Augen reiben und feststellen, dass die Auswirkungen der intensiv betriebenen Landwirtschaft nicht nur vom Deutschen Rat für Landespflege, sondern vor allem auch von den Natur- und Umweltschutzverbänden und teils von Politikern des Bündnis 90/Die Grünen jahrelang gebetsmühlenartig thematisiert worden sind. Echte, tief greifende Veränderung hat es bisher trotzdem nicht gegeben. Es ist verblüffend, wie genau die für die Artenvielfalt schädlichen Auswirkungen schon damals im Gutachten des Rates für Landespflege dargestellt worden sind:

»Mineraldünger, Pestizide und auch Gülle können durch Anhäufung im Ackerland leicht zur Verunreinigung des Bodens, des Grundwassers und der Oberflächengewässer einschließlich ihrer Wirkbereiche führen. Eine enge Fruchtfolge wiederum führt dazu, dass dem Boden Nährstoffe entzogen werden. Eine intensive Bodenbearbeitung kann die Bodenfauna und -flora stören, deren Erneuerung teilweise von den Rändern der Waldbestände und Flurgehölze sowie von Feld und Wegrainen und Brachland vor sich geht. Sind diese nicht mehr ausreichend vorhanden, weil die Ackerschläge zu groß und diese naturnahen Elemente beseitigt sind, so geht dies zulasten des Bodenlebens und der Bodenstruktur. Alle diese Eingriffe bewirken im Boden je nach seinen Eigenschaften mehr oder weniger stark auch einen Schwund an Arten der im Boden befindlichen Lebensgemeinschaften. Eine Artenverarmung im Boden bedeutet eine Schwächung der Widerstandskraft des künstlich aufrechtzuerhaltenden Ökosystems Acker, führt zu einer erhöhten Anfälligkeit der Kulturpflanzen gegen Pflanzenfresser und Erreger von Krankheiten und macht einen erhöhten Aufwand an Korrekturen (Düngung, Einsatz von Pflanzenschutzmitteln, Bodenbearbeitung) notwendig. (…) Durch den Einsatz von Pflanzenbehandlungsmitteln sollen in erster Linie Schädlinge ferngehalten werden. Leider lässt sich in der Praxis noch immer nicht ausschließen, dass bei unsachgemäßer Anwendung der Mittel auch Nützlinge, bei der Anwendung von Insektiziden z. B. Bienen, die besonders wichtig für die Bestäubung zahlreicher Nutzpflanzen sind, gefährdet werden. Im Falle der Herbizidanwendung auf Ackerstandorten ist die Artenzahl der Ackerwildkräuter beträchtlich vermindert worden. Diese Verminderung kann bei ungünstigen Bodenverhältnissen die Erosionsgefahr erhöhen; außerdem geht durch diese Minderung des Ackerwildkrautbestandes eine Anzahl von speziell an diese Pflanzen gebundenen Tierarten, die auch Nützlinge sein können, zurück.«

Diese vom Deutschen Rat für Landespflege exakt zutreffend beschriebene schleichende Veränderung hält mehr oder weniger unvermindert an. Abhilfe könnte eine Ausweitung der Biolandwirtschaft sein, denn deren Bewirtschaftungsregeln zwingen dazu, deutlich schonender und damit artenerhaltend zu arbeiten. Das wird wohl bis auf Weiteres pures Wunschdenken bleiben; aktuell beträgt der Anteil der Anbauflächen im ökologischen Landbau gerade etwas mehr als acht Prozent[37] der gesamten landwirtschaftlichen Nutzfläche in Deutschland. Die Landwirte selber bzw. deren größte Lobbyorganisation, der Deutsche Bauernverband, scheinen eine generelle, tief greifende Veränderung der Wirtschaftsweise nicht anzustreben. Man bleibt dem alten System treu, gerne mit dem Verweis sowohl auf die Einkommenslage der Bauern als auch auf die Notwendigkeit, preiswerte Nahrungsmittel in ausreichenden Mengen herstellen zu müssen. Richtig ist allerdings, dass der Landwirtschaft stetig Flächen verloren gehen. Den amtlichen Liegenschaftskatastern zufolge hat die Landwirtschaftsfläche von 1992 bis 2016 um etwa 1 247 500 Hektar abgenommen. Im gleichen Zeitraum erfolgte eine Zunahme der Siedlungs- und Verkehrsfläche um 1 049 400 Hektar. Das ist mehr als die landwirtschaftlich genutzte Fläche des Landes Schleswig-Holstein (988 000 Hektar). Dieser Trend hat sich zwar verlangsamt, ist aber nicht gestoppt. So liegt das Ziel der Bundesregierung, bis 2020 den Flächenverbrauch für Wohnen, Mobilität und Arbeiten auf 30 Hektar pro Tag zu begrenzen, in weiter Ferne. Aktuell sind es 66 Hektar.[38] Rund die Hälfte dieser Flächen ist zudem versiegelt.

Parkplätze, Shoppingmalls und Autobahnkreuze stehen gemeinhin für einen Austausch mit der Biosphäre nicht zur Verfügung und dienen demnach auch nicht der Artenvielfalt. Mit der Versiegelung gehen vor allem die Fruchtbarkeit und die Wasserdurchlässigkeit des Bodens verloren. Zu den Folgen zählen der Verlust der Bodenfauna, örtliche Überschwemmungen bei starken Regenfällen, niedrige Grundwasservorräte sowie städtische Wärmeinseln durch fehlende Verdunstungskälte. Mit den unbebauten Flächen und unversiegelten Böden als endliche Ressource muss also sparsam umgegangen werden, meint auch

Henry Wilke, Referent für Siedlungsentwicklung beim Naturschutzbund Deutschland (NABU). Um die Nachhaltigkeitsziele für die Jahre 2030 – und möglichst auch für das Jahr 2020 – doch noch zu erreichen, sollte deshalb die konsequente Weiterentwicklung von zielführenden planerischen, rechtlichen und ökonomischen Instrumenten zum Flächensparen und deren Umsetzung in der Praxis vorangetrieben werden, empfiehlt das Umweltbundesamt.

Welche Natur, welche Landschaft wollen wir?

Schaut man auf die Informationsstände mit den bunten Plakaten bei der Grünen Woche[39] in Berlin, neben der Anuga[40] in Köln die größte Lebensmittel- und Verbrauchermesse der Welt, dann ist sie heil, die Welt der Äcker und Felder, der Höfe und Ställe. Geworben wird mit glücklichen Kühen auf saftigen Wiesen, stolz auf dem Mist krähenden Hähnen und idyllischen Landschaften. Gerne verkauft sich die Agrarindustrie und die in der Erzeugerfolgekette damit verbundene Lebensmittelindustrie mit den schönen, romantischen Bildern, wie sie die herkömmliche, traditionelle bäuerliche Landwirtschaft geliefert hat, die es auf den meisten landwirtschaftlich bewirtschafteten Flächen längst nicht mehr gibt. Und wohlgemerkt: Auch biologische Landwirtschaft bedeutet nicht automatisch Idylle. Denn auch auf sogenannten organisch oder ökologisch bewirtschafteten Flächen werden Ackerwildkräuter bekämpft, und es gab auch schon manche Ökobetriebe, die alte, landschaftsprägende Obstwiesen mit ihren markanten Apfel- und Birnenbäumen in zwar chemiefreie, aber artenarme Getreidefelder verwandelten. Landbewirtschaftung ist halt seit Sesshaftwerdung des Menschen eine ständige Auseinandersetzung mit der Natur. Das, was von der einst bäuerlichen Landwirtschafts- und der Nebenerwerbslandbewirtschaftung übrig geblieben ist, wird als wertvolles Natur- und Kulturerbe nur von einigen Idealisten am Leben erhalten und bewahrt. Ihnen, den Betreibern sogenannter Archehöfe, manchen Schäfern und Familien, die noch Ziegen, Schafe oder Pferde halten, ist es zu verdanken, wenn es noch die eine oder andere

Überlebensinsel für Distelfalter, Goldammer und Feldhase in der Landschaft gibt.

Je mehr die Verbraucher sich von Tiefstpreisen für Lebensmittel verführen lassen, desto mehr tragen sie zur weiteren Verdrängung kleinerer Betriebe und der Artenvielfalt in der Landschaft bei. Wenn wir mehr Landschaften wollen, die den Heile-Welt-Botschaften auf den Lebensmittel- und Verbrauchermessen und den Aufdrucken auf Massenprodukten entsprechen, müssen wir alle höhere Lebensmittelpreise akzeptieren und gleichzeitig von Politikern wie Großfarmern Veränderungen einfordern. Von nichts kommt nichts. Und so müssen sich nicht nur Politiker und Agrarindustrie, sondern auch wir Verbraucher bewegen.

Die Zersiedlung ist ein weiterer Faktor, der zudem auch noch die Belastung durch die Mobilität nach oben treibt. Derzeit muss möglicherweise sogar von einem wieder steigenden Flächenverbrauch ausgegangen werden. Das Wirtschaftswachstum hält an, die Zinsen sind extrem niedrig, die Baubranche boomt. Das Auffüllen von innerstädtischen Arealen muss zwingend Vorrang haben; es wird allerhöchste Zeit, endlich die vielen noch von den Zerstörungen des Zweiten Weltkrieges stammenden Baulücken zu schließen. Unsere Städte dürfen sich nur in eine Richtung vergrößern: nach oben. Bauen auf der »grünen Wiese« muss zum Tabu erklärt werden. Das fordert auch der Deutsche Bauernverband.

Hier gibt es einen engen Zusammenhang zur Stabilisierung der Artenvielfalt. Denn wenn immer weniger landwirtschaftliche Flächen zur Verfügung stehen, muss auf den verbliebenen noch intensiver gewirtschaftet werden, um die Erträge stabil zu halten. Genau hier verläuft die Konfliktlinie mit den Verfechtern des Ökolandbaus. Die Biolandwirtschaft für sich genommen ist für die Biodiversität ein klarer Gewinn. Aber es ist ein Trugschluss, anzunehmen, dass eine Umstellung auf 100 Prozent Ökolandwirtschaft genug Ertrag bringen kann, um auch nur bei uns, geschweige denn global die Ernährung sicherzustellen. Mit Blick auf die künftigen Anforderungen – bedingt durch das Bevölkerungswachstum – stellt der Agrarökonom Prof. Dr. Matin Qaim (Universität Göttingen) fest, dass Ökolandbau allein global keine nachhaltige Landwirtschaft garantieren kann und daher mit konventionellen Anbautechniken kombiniert werden muss. Hauptgrund ist der höhere Flächenbedarf der Ökolandwirtschaft. Flächen, die nicht mehr als naturnaher Wald oder unbewirtschaftetes Grünland erhalten werden könnten, würden zur Stabilisierung der Biodiversität fehlen. Qaim verweist auf die UN-Nachhaltigkeitsziele (Sustainable Development Goals, SDGs). Im Ziel Nummer zwei wird von nachhaltiger Intensivierung gesprochen. Das heißt, so Qaim, produktiv mit guten Erträgen, aber einem möglichst geringen ökologischen Fußabdruck zu wirtschaften. Dies erfordere lokal angepasste Lösungen unter Ausnutzung traditionellen Wissens, kombiniert mit neuen wissenschaftlichen Erkenntnissen. Konventioneller und Ökolandbau hätten jeweils gewisse Vorteile und Nachteile. Der Ökolandbau habe vor allem im Hinblick auf organische Bodensubstanz viel Gutes zu bieten, oft aber Probleme mit der angepassten Nährstoffversorgung. Außerdem biete er auch weniger Optionen zur Schädlingsbekämpfung. Nachhaltig wäre es, die agronomischen Bausteine zur Erhaltung der organischen Bodensubstanz aus dem Ökolandbau zu nutzen, aber standörtlich angepasst mit moderaten Düngermengen zu ergänzen. Auch der Einsatz genetisch verbesserter Sorten, die Nährstoffe effizienter ausnutzen und robuster gegen Schädlinge sind, könnte eine sinnvolle Ergänzung sein. Solche Kombinationen erforderten aber eine Überwindung der Schwarz-Weiß-Malerei zwischen ökologischer und konventioneller Landwirtschaft. Generell biete der Ökolandbau vor allem deswegen eine höhere Biodiversität im genutzten Agrarland, weil er weiter gesteckte Fruchtfolgen habe, mehr natürliche oder naturnahe Landschaftselemente integriere und auf chemische Pflanzenschutzmittel verzichte. Weitere Fruchtfolgen und natürliche Landschaftselemente ließen sich aber auch im konventionellen Landbau integrieren. Dabei sollte der Einsatz von chemischen Pflanzenschutzmitteln in intensiv genutzten Systemen reduziert werden, z. B. durch den Einsatz resistenter Sorten und verbesserter pflanzenbaulicher Maßnahmen, meint Prof. Qaim.

Der Deutsche Bauernverband gibt sich durchaus problembewusst, wie man dem Einladungstext zur sechsten Ackerbautagung des DBV Ende Mai 2018 entnehmen kann: »Die Liste der Herausforderungen, aber auch die der Hausarbeiten wird länger und länger. Resistenzen nehmen zu, der Züchtungsfortschritt in einigen Kulturen stagniert, Restriktionen im Düngemanagement gehören genauso dazu wie enger werdende Fruchtfolgen und sich ändernde Biodiversität. Ob ein ›weiter so‹ im Ackerbau in Deutschland möglich ist oder an welchen Stellschrauben mehr oder weniger stark justiert werden muss, werden wir in einer Ackerbaustrategie herausarbeiten und diskutieren.« Eine »sich ändernde Biodiversität«: Merkwürdigerweise scheint die Veränderung aus Sicht des DBV ganz von selbst vor sich zu gehen. Dass die landwirtschaftliche Praxis dafür die Hauptursache ist, wird nach wie vor nicht anerkannt. Viele der ökologischen Vorrangflächen erfüllen die angedachte Funktion einfach nicht. So kritisiert das Bundesamt für Naturschutz (BfN), dass im Rahmen des sogenannten »Greenings« die Landwirte Zwischenfrüchte und Leguminosen anbauen, die keinen Mehrwert für die biologische Vielfalt bringen: »Gemessen an den eingesetzten Finanzmitteln – jährlich werden etwa 1,5 Milliarden Euro als Greening-Prämie für Landwirte in Deutschland vorgesehen – müssen die Vorrangflächen wie auch das Greening als solches daher als weitgehend wirkungslose und gleichzeitig zu teure Fehlentwicklung bezeichnet werden«, so Prof. Dr. Beate Jessel, Präsidentin des Bundesamtes für Naturschutz (BfN) zum *Agrar-Report 2017 – Biologische Vielfalt in der Agrarlandschaft*.[41] In diesem auf fundierte wissenschaftliche Fakten gestützten Report kommt die oberste Naturschutzbehörde Deutschlands zu der erschütternden zusammenfassenden Feststellung: »Was die derzeit vielseitig diskutierte Insektenpopulationen betrifft, lassen die überproportionalen Bestandsrückgänge bei den kleininsekten- und spinnenfressenden Vogelarten indirekt auf einen Rückgang der Nahrungsbiomasse schließen. Auch verschiedene weitere Studien belegen dramatische Rückgänge bei den Biomassen der Insekten in der Kulturlandschaft. Unter allen regelmäßig bewerteten terrestrischen Lebensraumbereichen ist die Artenvielfalt in der Agrarwirtschaft am stärksten rückläufig, bei anhaltend weiter negativem Trend, was Rückschlüsse auch auf die Landschaftsqualität zulässt.« Im Situationsbericht des Deutschen Bauernverbandes für den Zeitraum 2017/2018 wird dagegen positiv herausgestellt, dass »110 000 landwirtschaftliche Betriebe, das sind 40 Prozent aller Betriebe, freiwillig an Agrarumwelt- und Klimaschutzmaßnahmen teilnehmen. Auf etwa 4,4 Millionen Hektar wirtschaften diese Betriebe besonders umwelt- und klimaschonend und/oder fördern die Biodiversität. Für dadurch entstehende höhere Kosten und/oder niedrigere Erträge zahlten EU, Bund und Länder in 2016 723 Millionen Euro.« Was der DBV so positiv darstellt, heißt nichts anderes, als dass die Mehrheit der Betriebe, nämlich 60 Prozent, eben nicht an Agrarumwelt- und Klimaschutzmaßnahmen teilnimmt. Das ist deshalb fatal, weil die Land- und Forstwirtschaft mit 28,9 Millionen Hektar Acker, Wiesen und Wald gute 80 Prozent der Fläche Deutschlands bewirtschaftet.

Was für eine gigantische Möglichkeit, für mehr Biodiversität zu sorgen!

Was wir tun können, was sich ändern muss

Jeder Einzelne

- Regionale und saisonale Produkte einkaufen.
- Statt Billigware zu kaufen, nachhaltige, möglichst biologische (ökologische, organische) Landwirtschaft fördern.
- Bei der Gemeinde und Stadtverwaltung darauf drängen, dass öffentlicher Grund und Boden nicht weiter von der Agrarwirtschaft zweckentfremdet und bearbeitet wird. Stattdessen sollen die Kommunen auf ihren Flächen – die letztlich den Bürgerinnen und Bürgern gehören – beharren und dafür sorgen, dass wieder bunte Ackersäume entstehen.
- Fragen stellen, wo immer es geht. Bei der Gemeinde oder Stadt, bei Bauern, beim Lebensmittelhandel und – mindestens genauso wichtig – bei Gemeinde- und Stadträten, Kreisräten, Landtags- und Bundestagsabgeordneten. Massiv auf Änderungen drängen.

Politik und Zivilgesellschaft

- Kommunen müssen den Pächtern ihrer Grundstücke klare Vorgaben machen, dass Wegrandstreifen und andere öffentliche Flächen nicht intensiv bewirtschaftet und mit Chemie behandelt werden dürfen. Auch das Abmähen und Abspritzen von Wegrandstreifen (dies ist zunehmend gängige Praxis, mit der Landwirte die Ränder ihrer Getreidefelder »sauber« halten) muss unterbunden werden.

- Auf der Basis von kommunalem Besitz und über freiwillige Pachtverträge müssen Vorrangflächen für die Wiederbelebung der Fluren und Vernetzung entsprechender Zonen ausgewiesen werden.

Wirtschaft

- Die Verantwortlichen in allen mit der Agrarproduktion zusammenhängenden Wirtschaftszweigen müssen endlich erkennen, dass es ein »weiter so« einfach nicht geben kann und dass die Agrarwirtschaft nicht den Ast absägen darf, auf dem wir alle gemeinsam sitzen.

Fazit: Die Agrarwende ist überfällig.

Vom Menschsein, menschlichen Dasein und Humanität – ein Gespräch mit Prof. Dr. Wolfgang Haber

Die Natur ist höchst komplex und hat ihre eigenen Gesetze, die wir nicht beeinflussen können, aber beachten sollten. Ob und wie wir vielleicht dem Dilemma zwischen Naturnutzer und Naturschützer entkommen können, wollten wir von Prof. Dr. Wolfgang Haber erfahren, einem der Väter der noch jungen Disziplin der Landschaftsökologie. Ein Gespräch über Artensterben, Grenzen der Naturnutzung und mögliche Auswege.

Zur Person: Prof. Wolfgang Haber hatte bis zu seiner Emeritierung 1993 den Lehrstuhl für Landschaftsökologie an der TU München (Freising-Weihenstephan) inne. Innerhalb seiner Lehr- und Forschungstätigkeit beschäftigt er sich schon seit den 1960er-Jahren mit Grundfragen der allgemeinen Ökologie, vor allem mit der Fragestellung, wie ökologische Erkenntnisse auf die Praxis der Landnutzung übertragen werden können. Haber engagierte sich in vielfacher Weise, etwa bei der Entwicklung, Planung und Betreuung von Naturschutzgebieten, Biotopen, Natur- und Nationalparken. So war er entscheidend am Zustandekommen der ersten deutschen Nationalparke (Nationalpark Bayerischer Wald, Nationalpark Berchtesgaden) beteiligt.

Wolfgang Habers Expertise wurde stets hoch geschätzt. So war er in vielen Beiräten und Gremien vertreten, unter anderem war er Mitglied des Beirates für Naturschutz und Landschaftspflege beim Bundesministerium für Ernährung, Landwirtschaft und Forsten bzw. später beim Bundesministerium für Umwelt, Naturschutz und Reaktorsicherheit; 1979 bis 1990 war er Präsident der Gesellschaft für Ökologie; 1985 Vorsitzender des Rates von Sachverständigen für Umweltfragen der Bundesregierung (SRU) und 1990 bis 1996 Präsident der International Association of Ecology, des Dachverbandes der nationalen Fachverbände zur Ökologie. Er ist seit 1980 Mitglied des Deutschen Rates für Landespflege und war von 1991 bis 2003 auch dessen Sprecher.

Prof. Haber gehört zu den ersten Preisträgern des Deutschen Umweltpreises, verliehen von der Deutschen Bundesstiftung Umwelt (Osnabrück). Die Auszeichnung wurde ihm 1993 verliehen.

Haber vertritt die These, dass Nachhaltigkeit nur gelingen kann, wenn wir die Ökologie nicht verklären, uns vielmehr auf die Wirklichkeit besinnen und unseren Blick auf die Schlüsselprobleme des 21. Jahrhunderts richten. Diese sieht er in der Endlichkeit der Ressourcen und dem globalen Bevölkerungswachstum. Er fordert die Menschen auf, diese faktischen Prozesse als menschliches Handeln zu begreifen und zu akzeptieren.

Herr Professor Haber, warum müssen wir uns um den Erhalt der Artenvielfalt sorgen?
Die Arten existieren auf der Erde in einer großen Vielfalt, die in einer langen Evolution von drei Milliarden Jahren entstanden ist. Der Beginn war mit Mikroorganismen, Bakterien, Archaeen und wie sie alle heißen, die bis heute übrigens sehr wenig bekannt sind und deshalb das Ausmaß der Artenvielfalt sehr schwierig erfassen lassen. Dann hat sich das Leben weiterentwickelt von einzelligen in vielzellige Arten, in Pflanzen und Tiere und Pilze und andere wichtige Gruppen aufgegliedert, die dann ein Beziehungsnetzwerk bilden. Die Wissenschaft nennt das ein System. Wir sprechen also von dem ökologischen System. Und in dieses System sind wir Menschen auch eingebunden. Nur, wir haben als einzige Lebewesen ein Bewusstsein. Wir sind nicht ganz sicher, ob andere Lebewesen auch so etwas wie ein Bewusstsein haben, aber es spricht nicht viel dafür. Wir sind uns bewusst, dass wir abhängig sind. Wir brauchen andere Lebewesen als Nahrung, als Struktur, zur Behausung und für viele andere Zwecke. Und wir sind uns auch bewusst, dass, wenn diese Abhängigkeit gestört wird, wir darunter leiden, krank werden oder sogar sterben müssen. Das wissen wir. Das ist uns bewusst. Und dieses Bewusstsein ist ein Antrieb für uns, das zunehmende Aussterben von Arten zu verhindern oder mindestens zu bremsen.

Woran lässt sich dieses Artensterben erkennen?
Das Artensterben erkennen wir an der genauen Beobachtung der Natur, in den Ökosystemen, in dem Zusammenspiel der Arten. Da stellen wir in immer größerem Ausmaß Störungen und Unterbrechungen fest. Und wenn wir denen nachgehen, dann finden wir, dass bestimmte Arten zunächst seltener werden und dann ganz verschwinden. Damit

kommen auch wichtige Funktionen und Zusammenhänge im Ökosystem zum Erliegen.

Laut UN verschwinden hundertdreißig Arten täglich. Was ist von solchen Zahlen zu halten?

Von solchen Zahlen halte ich nicht viel, weil wir überhaupt nicht genau wissen, wie viele Arten es auf der Erde gibt. Daher kann man auch nicht statistisch berechnen, so und so viel sterben pro Tag oder pro Jahr aus. Also das sind vage Befürchtungen, die man damit zum Ausdruck bringt, aber keine gesicherten Zahlen. Das betrifft vor allem das sogenannte Mikrobiom, also die ungeheure Menge der Mikroorganismen, der Bakterien in allen möglichen Formen, für die der Artbegriff zum Teil gar nicht richtig brauchbar ist, um sie voneinander abzugrenzen. Wir können einen Wolf von einem Bären sehr gut unterscheiden. Bei Bakterien ist das sehr viel schwieriger. Man macht das heute mit einem genetischen Barcoding, wie der Fachausdruck lautet. Aber damit ist immer noch nicht gesagt, welche Rolle diese Art im Ökosystem spielt.

Wie steht es um die Artenvielfalt in Deutschland?

Die Situation in Deutschland ist dadurch gekennzeichnet, dass wir ein hoch entwickeltes Land sind, seit zweihundert Jahren durchindustrialisiert in allen Bereichen und jetzt auf dem Weg in eine digitalisierte Zukunft. Daraus ergibt sich ein immer krasser werdender Stadt-Land-Unterschied, der die Artenzahl und Artenvielfalt ganz entscheidend beeinflusst. Die Mehrzahl der Menschen lebt heute in Städten. Sie wollen, dass die Städte lebenswerter werden, durchgrünt werden. Das heißt also, in die Städte werden viel mehr naturnahe Elemente aufgenommen, als das vor hundertfünfzig Jahren noch der Fall war. Und dadurch ermöglichen wir vielen Pflanzen und Tierarten, sich auch in den Städten anzusiedeln. In vielen Städten nimmt also die Artenvielfalt gerade zu.

Auf der anderen Seite verschwinden auf dem Land immer mehr Arten. Das Umland ernährt ja die Stadtbewohner, versorgt sie mit Rohstoffen. Die Zahl der Landwirte nimmt aber immer mehr ab. Das ist das Phänomen Landflucht, das wir schon lange beobachten können. Immer weniger Bauern müssen also immer mehr Menschen ernähren.

Und das können sie nur mit technischen, industriellen Mitteln. Das ist eine der Ursachen für die Verminderung der Artenvielfalt auf dem Lande. Viele Arten sind dort schon ausgestorben. Nicht nur regional, sondern auch in größeren Maßstäben.

Arten sind ja in der Erdgeschichte immer schon ausgestorben. Was ist jetzt das Besondere?
Wir wissen aus der Evolutionsforschung, dass mehr als 98 Prozent aller Arten, die jemals auf der Erde gelebt haben, wieder verschwunden sind. Wir kennen sie nur als Fossilienfunde. Wenn wir die Erdgeschichte betrachten, hat es fünf große Artensterben gegeben, wo nahezu auf einen Schlag etwa durch Naturkatastrophen, Klimaveränderungen, Meteoriteneinschläge oder was auch immer eine große Anzahl von Arten verschwunden ist. Wenn jetzt wieder ein großes Artensterben eintritt – und dafür spricht manches –, dann sind wir Menschen mindestens die Mitverursacher. Das ist das Besondere am aktuellen Artensterben. Damit einher geht die große Befürchtung, das neue Artensterben werde uns selber betreffen, als Organismen, sicher zunächst aber »nur« in unseren Lebensumständen.

Was sind die Ursachen für dieses Artensterben?
Die zentrale Ursache, die zunächst einmal etwas merkwürdig klingt, ist das Menschsein an sich, das menschliche Dasein. Wir Menschen sind durch unser Bewusstsein die einzigen Lebewesen, die für sich entschieden haben, dass jedem neuen Erdenbürger, der auf die Welt kommt, auch ein langes, gutes Leben ermöglicht werden muss. Das sehen wir als eine humanitäre und ethische Pflicht. Die gibt es aber in der Natur, in der natürlichen Evolution nicht. Sonst wären ja nicht jene 98 Prozent der Arten ausgestorben, wenn jedes Lebewesen ein Existenzrecht hätte. Nehmen wir die technisch-industriellen Entwicklungen hinzu, die unser Leben bereichern, erleichtern und für Wohlstand sorgen, wenn auch in unterschiedlicher Verteilung, nehmen wir die Fortschritte der Medizin, der Hygiene und dergleichen, dann müssen wir feststellen, dass das zu einem extremen Anwachsen der Menschheit geführt hat. Diese Vermehrung ist zunächst sehr langsam verlaufen. Mit Beginn der Industrialisierung geht sie aber exponentiell in die Höhe. Man rechnet

für die Mitte dieses Jahrhunderts mit etwa neun bis zehn Milliarden Menschen auf der Erde. Wenn jeder von ihnen, jedes Individuum, wirklich gut leben und optimal versorgt werden soll – wovon wir weit entfernt sind –, bedeutet das eine massive Beanspruchung der endlichen Ressourcen. Das wiederum nimmt vielen Pflanzen- und Tierarten den Raum zum Leben. Längst geht es um Flächenkonkurrenz: Lebensraum für die natürliche Entwicklung oder Flächen für die menschliche Entwicklung.

Aber warum lässt sich eine arterhaltende Landwirtschaft nicht durchsetzen?

Weil es sich hier um ein unlösbares Grunddilemma der Menschheit handelt. Irgendwann ist der *Homo sapiens* sesshaft geworden und hat angefangen, bestimmte Arten, die zum Beispiel für die Ernährung geeignet waren, in direkter Nachbarschaft anzubauen. Nun hat die Natur aber keine Äcker vorgesehen. Mitteleuropa war nahezu vollständig von Wald bedeckt. Also entstanden die ersten Äcker durch Naturzerstörung, durch Waldrodung. Natürlich muss der Ertrag auf dem Acker möglichst hoch sein. Also wurden Nutzpflanzen am besten in Reinkultur angebaut. Dieser menschliche Ur-Eingriff in die Natur hat Folgen bis heute. Denn ein Acker ist ja auch ein Lebensraum, der von anderen Pflanzen und Tierarten als solcher angenommen wird. Diese Arten bezeichnen wir heute als Kulturfolger. Das hat zunächst einmal dazu geführt, dass mit dem Beginn der Landwirtschaft der Artenreichtum und die Artenvielfalt zugenommen haben. Denn im Wald gibt es keine Feldhamster oder Feldlerchen oder Wiesenweihen und dergleichen. Die konnten erst einwandern, als die Menschen waldfreie Lebensräume geschaffen hatten. Und da ja die frühe Landwirtschaft nur auf körperlicher Arbeit mit tierischer Hilfe beruhte, war es eine Landwirtschaft mit kleinen Feldern, weil man mehr gar nicht am Tag bewirtschaften konnte. Davon zeugen noch die alten Flächenmaße, ein »Morgen« oder ein »Tagwerk«. Die ersten Landwirte versuchten, möglichst viele verschiedene Getreidesorten und andere Nutzpflanzen anzubauen. Es gab durchaus eine Vielfalt der Kulturen. Deshalb haben die Bauern ihre Felder gegeneinander abgegrenzt, indem sie Hecken gepflanzt oder Gräben gezogen oder Wälle aufgeworfen haben und dergleichen mehr. Es entstand also eine vielfach gegliederte Kulturlandschaft, die auch eine gewisse Artenvielfalt beinhaltete.

Weil aber irgendwann die Landwirtschaft mehr produzierte, als die Menschen auf dem Land selber brauchten, konnte sozusagen eine neue Menschheitsgruppe entstehen: die Städter mit ihrer neu begründeten Kultur. Und diese neue Kultur hat den Stadt-Land-Gegensatz hervorgebracht. Ein Verhältnis, das ich als asymmetrisch bezeichne. Die Städte sind Sitz von Kultur und Zivilisation, aber sie sind abhängig von der Versorgung aus dem umgebenden Land. Und dieses umgebende Land reicht heute mit den Transport- und Verkehrsmöglichkeiten unserer Zeit bis in alle Erdteile. Wenn wir also Rindfleisch aus Argentinien importieren oder Äpfel aus Neuseeland, das ist alles ländlicher Raum, der die Städte versorgt, auch in Europa.

Das ist das Paradoxe: Heute wird der Landwirtschaft die Industrialisierung und Intensivierung vorgeworfen, aber die ist ja eigentlich von den Städten ausgegangen. Und wir sehen, dass es immer weniger Bauern gibt. Jeder einzelne muss mehr Land bewirtschaften, um die Städte zu versorgen, und umso mehr Maschinen brauchen sie, mehr Industrialisierung – die Intensivierung nimmt zu. In diesem Dilemma stecken wir also, und das führt dazu, dass im ländlichen Raum nur noch wenige Bereiche bleiben, wo man Artenschutz aktiv betreiben kann. Das sind vor allen Dingen die weniger produktiven, weniger fruchtbaren Standorte, zum Beispiel in den Mittelgebirgen oder in den Alpen, wo es keine Böden gibt, auf denen Getreide gut gedeiht. Das sind dann die Refugien für den Artenschutz und die Regionen, in denen bevorzugt Naturschutzgebiete und Nationalparks errichtet werden.

Es gibt doch aber weitreichende Naturschutzauflagen und Gesetze. Warum geht denn das Artensterben trotzdem weiter?

Das liegt an der gesetzgeberischen und gesellschaftlichen Positionierung des Naturschutzes. Der Naturschutz ist eine relativ junge Bewegung, Ende des 19. Jahrhunderts erst entstanden, und war in Deutschland eng mit dem Heimatschutz verbunden. Damals empfand ein Teil der Stadtbevölkerung die fortschreitende Industrialisierung, die Intensivierung, die Mechanisierung der Landwirtschaft als einen Verlust von Lebensqualität. Daraus entstand die Naturschutzbewegung. Für mich ist immer noch bemerkenswert, dass der Naturschutz nicht dort entstand, wo wir Natur vorfinden, also auf dem Land, sondern in den Städten. In den Köpfen der Stadtmenschen.

1906 wurde in Deutschland eine staatliche Stelle für Naturdenkmalpflege errichtet, allerdings personell ganz schwach ausgestattet. Dieser staatliche Naturschutz erhielt keinerlei Einfluss auf die Entwicklung der Landwirtschaft. Der Naturschutz kam dann nach dem Ersten Weltkrieg sogar in die Weimarer Verfassung. »Denkmäler der Natur und der Kultur genießen den Schutz des Staates«, so hieß es damals. Aber das hatte nicht die Wirkung, die Nutzung der Natur wirklich tief greifend zu beschränken. Auch das erste deutschlandweite Naturschutzgesetz, das 1935 erlassen wurde, hat auf die landwirtschaftliche Nutzung und deren Intensivierung keinerlei Einfluss gehabt. Nicht einmal das Wort Landwirtschaft kommt in dem Gesetz vor. Das heißt also, der Naturschutz hatte von Anfang an Rücksicht zu nehmen auf die Naturnutzung. Das ist bis heute so geblieben, nachzulesen in Paragraf 2 des aktuellen Bundesnaturschutzgesetzes von 2009. Danach sind die Ziele des Natur-, Arten-, und Biotopschutzes abzuwägen gegen andere Interessen und Anforderungen des gesellschaftlichen Lebens. Nirgendwo, in keinem Land, hat der Naturschutz politische Priorität erhalten, obwohl das heute sogar auf UN-Ebene gefordert und festgelegt ist.

Welche Handlungsoptionen sehen Sie, um das Artensterben zu bremsen?
Die Europäische Union hat große Zuständigkeiten für Natur- und Umweltschutz erhalten und besitzt eine eigene Generaldirektion dafür. Nur, es fehlt die Verknüpfung zu den anderen Sektoren, vor allem zur Agrarpolitik. Es gibt längst Konzepte für eine umweltverträgliche und naturschutzverträgliche Landwirtschaft. Ich habe selbst eines entwickelt, schon vor längerer Zeit: die differenzierte Landnutzung, die darauf abzielt, dass die Felder nicht zu groß werden, so im Mittelwert 25 Hektar. Dass sie wie früher durch Hecken oder Wälle oder Gräben oder Bäche, also durch natürliche Strukturen abgegrenzt werden. Dass man die Wasserläufe, die durch das Land fließen, renaturiert, also alte Regulierungen und Begradigungen zurücknimmt und an den Ufern Randstreifen belässt, die nicht bewirtschaftet werden. Sodass also die Natur selbst in fruchtbaren Gebieten zu fünf bis zehn Prozent der Flä-

che mit natürlichen Strukturen angereichert wird. Und die bilden dann auch Biotope, Habitate für viele andere Pflanzen- und Tierarten, die sonst in der intensiven großflächigen Landwirtschaft keine Existenz mehr hätten. Diese kleinen Flächen, die sich wandartig, linienartig durch die intensiv genutzte landwirtschaftliche Natur hindurchziehen, für die kann man die Landwirte entschädigen. Die Landwirtschaft wird ja sowieso subventioniert. Man müsste die Subventionen viel stärker als bisher an solche Strukturen binden. Die EU-Agrarpolitik ist mit dem sogenannten Greening durchaus auf dem Weg dorthin. Aber eben noch nicht konsequent genug. Und doch sehe ich darin eine realistische Möglichkeit, welche in Zukunft unsere Landwirtschaft etwas naturverträglicher macht. Aber, das sage ich ausdrücklich, unter den Rahmenbedingungen der Ansprüche und Bedürfnisse der heutigen Menschheit bleibt eine hundertprozentig natur- und umweltverträgliche Landwirtschaft eine Utopie.[42]

Herausforderung Klimawandel

»Das Verbreitungsgebiet des Bergpiepers umfasst die Gebirge Mittel- und Südeuropas, in Asien reicht es ostwärts bis zum Baikalsee. In Mitteleuropa kommt die Art nur in den Alpen, im Schwarzwald und Böhmerwald vor«, so heißt es noch in der Enzyklopädie der Brutvögel Europas.[43] Doch viele Standardwerke über die Verbreitung von Tier- und Pflanzenarten veralten leider schneller, als es Autoren und Lesern lieb sein kann. Der Bergpieper ist dafür nur ein Beispiel. Dieser scheue, von der Größe her mit der Bachstelze vergleichbare Vogel besiedelte als letztes Brutvorkommen im Schwarzwald ein Areal am Feldberg. Dort brütete der Vogel mit den auffallend langen, dunklen Beinen im Bereich der Bergwiesen und in der Nähe kleiner Schneetälchen. »Plötzlich waren die Bergpieper weg. Über viele Jahre hinweg war der Bestand stabil; dann waren es nur noch zwei Brutpaare, und seit 2017 haben wir hier gar keine Bergpieperbruten mehr«, erzählt uns Achim Laber, Naturschutzranger am Feldberg.

Der Klimawandel? Niemand weiß es genau; doch manches deutet darauf hin. Denn Bergpieper brüten in Regionen oberhalb von 1200 Höhenmetern. Der Feldberg im Schwarzwald ist mit 1493 Metern ü. NN zwar der höchste Berg Baden-Württembergs, aber vom Habitatanspruch des Bergpiepers aus betrachtet ein Grenzgebiet. Das Bergpiepervorkommen kann als Reliktbesiedlung aus früheren, kühleren Zeiten gesehen werden. Wenn nun eine Tierart aus einer Region verschwindet, die sie seit Langem besiedelt hat, sind dies Anzeichen für Veränderungen, die bedenklich stimmen. Denn hinsichtlich der Bewirtschaftung und Pflege des Areals gab es am Feldberg keine negativen Veränderungen. Reagieren die Vögel aufgrund ihrer Lebensraumansprüche bereits auf den Klimawandel? Solche Änderungen, die es in der Natur immer gegeben hat, wirken sich zuerst in Grenzbereichen des eigentlichen Verbreitungsgebietes aus. So auch auf die isolierten Vorkommen wie den Bergpieper, von dem die meisten Menschen wohl nicht einmal wissen, dass es ihn gibt.

Doch auch in anderen Bereichen mitten in den Kernarealen verschiedener Vogelarten gibt es Veränderungen. So wandern Schneehuhn und Schneeammer in den Alpen bereits in höhere Lagen ab. Wie lange sie sich dort halten können, ist fraglich; schreitet die Klimaerwärmung voran, werden solche Arten vielleicht nach Skandinavien ausweichen oder ganz verschwinden.

Ist dies für die eine oder andere Vogelart noch machbar, so wird es für viele Insekten problematisch. Viele Schmetterlinge sind an bestimmte Nahrungspflanzen angepasst. Arten, die kühlere Klimate bevorzugen, finden aber in höheren Lagen ihre »Wirtspflanzen«, die etwa die Raupen dieser Falter für die Entwicklung brauchen, noch nicht vor. Die Ursache ist einfach erklärbar: Pflanzen brauchen viel länger, um allmählich in höhere Lagen zu gelangen. Dort sind aber durch den Klimawandel und die Erwärmung viele ökologische Nischen bereits durch andere, flexiblere Arten besetzt, die durch die Verdriftung der Samen über den Wind dorthin gelangen.

Über Jahrtausende hinweg hat es im Laufe der jüngeren Erd- und Naturgeschichte immer wieder solche klimatischen Veränderungen gegeben. Die Natur konnte sich anpassen und neue Areale besiedeln. Mit der Geschwindigkeit des von uns Menschen verursachten oder zumindest verstärkten Klimawandels bekommt die Natur jedoch immer weniger Möglichkeiten der Anpassung.

Einzig großflächige Wildnisgebiete, in denen die Natur die Chance hat, sich anzupassen, in denen Tiere und Pflanzen sich ausbreiten können, können helfen, den Artenverlust zu begrenzen. Für die Auswirkungen des Klimawandels auf die Tier- und Pflanzenwelt gibt es vielerlei Hinweise – so kehren Mehlschwalben früher als sonst aus ihren Winterquartieren zurück und beginnen auch früher mit der Brut. Manche Mönchsgrasmücken ziehen nicht mehr in den Mittelmeerraum, andere Arten ziehen gar nicht mehr weg. Wenn sie wärmebedingt früher mit dem Nestbau und der Brut beginnen, fehlt für die Insektenfresser aber oftmals noch die Nahrung, da es viele Insekten aufgrund deren Entwicklungszyklus erst später gibt. Für viele Jungvögel endet dies tödlich, zumal Kälteeinbrüche und Dauerregen als weitere Gefahren hinzukommen.

Probleme macht der Klimawandel gerade den Langstreckenziehern unter den Zugvögeln, die in Afrika südlich der Sahara überwintern. Dazu gehören unter anderem Nachtigall und Gartenrotschwanz. Bis sie in ihre Sommerheimat nördlich der Alpen zurückkommen, sind viele potenzielle Brutreviere durch andere, nicht ziehende Arten besetzt. Hinzu kommt der katastrophale Landschaftswandel in Afrika, einmal durch den

Klimawandel und den sich ausdehnenden Saharagürtel und zum anderen durch die intensive Landwirtschaft, den Einsatz von Chemikalien und den massiven Vogelfang. Dass sich der Klimawandel auf die Natur für alle bemerkbar auswirkt, zeigt das Beispiel der Apfelblüte. Langzeituntersuchungen der Landesanstalt für Umwelt Baden-Württemberg (LUBW) und Auswertungen früherer Aufzeichnungen haben gezeigt, dass der Beginn der Apfelblüte im deutschen Südwesten schon jetzt rund zehn Tage früher einsetzt. Wie sich dies auf die Insektenwelt auswirkt, ist noch nicht absehbar. Da manche Arten erst später im Jahr »Saison« haben, stehen dann, wenn ihr Jahreszyklus beginnt, viel weniger Blüten als früher zur Verfügung. Dies gefährdet einhergehend mit der Zerstörung von Lebensräumen zusätzlich den Fortbestand vieler Arten. Mehr denn je brauchen wild lebende Tier- und Pflanzenarten deshalb Arealausbreitungs-, Vernetzungs- und Anpassungsflächen.

Was wir tun können, was sich ändern muss

Jeder Einzelne

- Bewusst durch die Landschaft gehen und keine sterilen Einheitsflächen mehr akzeptieren. Auf Landwirtschaftsverbände, Europa-, Bundes-, Landes- und Lokalpolitiker zugehen und massiv eine Änderung der bisherigen politischen Praxis fordern.
- Bei Raumplanungen – etwa bei den Flächennutzungsplänen – als aktive Bürger durch Einbringen von Ideen und Einfordern von Wildnisgebieten und Vernetzungsbereichen mitwirken.
- Gebiete, in denen Tiere wie Rinder, Schafe und Ziegen noch weiden dürfen, sind oftmals wichtige Lebensräume der Kulturlandschaft und Trittsteine für die Biotopvernetzung. Wer Produkte aus regionaler Weidetierhaltung kauft, hilft beim Klimaschutz und mittelbar auch dem Artengefüge bei der Klimafolgenanpassung.

Politik und Zivilgesellschaft

- Weg vom rein konservierenden, punktuellen Naturschutz der staatlichen Behörden, hin zu großzügigen Prozessschutzgebieten, in denen natürliche Dynamik zugelassen wird.

- Abkehr von einem staatlichen Naturschutz, der auf Randflächen begrenzt ist.
- Bei aller Begründbarkeit der Grundlagenforschung müssen Forschungsgelder in Sachen Klimawandel und dessen Auswirkung auf die Tier- und Pflanzenwelt weit mehr als bislang in den Praxistransfer gelenkt werden. Was nützen Datenfriedhöfe, wenn sie schon nach kürzester Zeit überholt sind? Wir brauchen eine stärkere Verknüpfung von Wissenschaftsmanagement und konkreter Klimafolgenanpassung, gerade auch, was das Naturerbe anbelangt.
- Förderung von Kommunen, die zusammen mit ihren Partnergemeinden konkrete Klimaschutz-, Nachhaltigkeits- und Naturschutzprojekte durchführen. Einrichtung eines entsprechenden Fonds.

Wirtschaft

- Auch kleine Firmen können wichtige ökologische Trittsteine für eine Natur ohne Grenzen, für Lebensraumvernetzungsgebiete legen und so einen effektiven Beitrag leisten.
- So wie sich Wirtschaftsunternehmen innerhalb ihrer jeweiligen Branche verständigen, wenn es um gemeinsame Interessen geht, sollte auch bei der Rettung unserer natürlichen Lebensgrundlagen eine Kooperation erfolgen.
- Durchaus positive PPP (Private Public Partnership)-Projekte haben oft gute Ansätze, beschränken sich aber zu sehr auf die Entwicklungszusammenarbeit und belegen eher Nischenthemen. Sie sollten ausgeweitet werden.[44] Dazu gibt es neue Anregungen im Projekt »Unternehmen Biologische Vielfalt«.

Fazit: Durch den Klimawandel werden die durch den Raubbau an der Natur ohnehin schon großen Gefahren für die wild lebende Tier- und Pflanzenwelt noch mehr verschärft. Der bislang viel zu statisch angelegte Naturschutz muss mehr Dynamik und damit Anpassungsmöglichkeiten für Fauna und Flora über Prozessschutz– und Wiederausbreitungsgebiete ermöglichen.

Wissenserosion gefährdet Leben und Demokratie

Der Bürgermeister – es könnte überall in Deutschland, Österreich, der Schweiz oder in Luxemburg sein – gibt sich bei Fragen der Ökologie und der Nachhaltigkeit offen und engagiert. So unterstützt er eine Lokale Agenda 21-Gruppe, in der sich Bürgerinnen und Bürger mit Fragen der Gerechtigkeit in der Welt ebenso beschäftigen wie mit der Installation von Solarpaneelen auf dem Kindergarten oder der alljährlich im Herbst stattfindenden Markungssäuberung, bei der allerlei Müll, Unrat und andere Hinterlassenschaften unliebsamer, weil schlecht erzogener Zeitgenossen eingesammelt werden. Der Bürgermeister, nennen wir ihn Christian Reichbauer, hat sogar seine Stadträte davon überzeugt, dem »Klima-Bündnis« beizutreten: der internationalen Organisation von Kommunen, die bei der Energieeinsparung und damit bei der CO_2-Vermeidung besonders engagiert sind. Natürlich wird auch bei den Gemeinderatssitzungen fair gehandelter Kaffee ausgeschenkt. Würde man den Mann jedoch fragen, ob es auf seiner Gemarkung noch Braunellen gibt, käme er schon ins Schleudern. Ist das eine Pflanze oder ein Vogel? Tatsächlich ist eine solche Frage gemein. Es kann nämlich eine Pflanze, ein Vogel oder gar ein Insekt sein. Es gibt dreierlei Arten von Braunellen: Lippenblütlergewächse, die am Rand von Wäldern, Hecken oder Weiden gedeihen, die Heckenbraunelle, ein gar nicht so seltener heimischer Singvogel, und ein Insekt mit dem Namen Braunelle. Es ist eine uralte, ursprünglich aus Tirol stammende Bienenrasse, die wegen der Neigung der Imker zur Zucht immer leistungsfähigerer Bienenvölker ähnlich wie andere uralte Nutztierrassen vom Aussterben bedroht ist.

Nun müssen Bürgermeister angesichts ihrer vielfältigen Aufgaben wirklich keine Ersatzbiologen sein. Es ist jedoch eine Tatsache, dass nicht nur bei Mandats- und Entscheidungsträgern, sondern auch in der breiten Bevölkerung das Wissen über Tier- und Pflanzenarten, über die Natur, über die Landschaft und die Landwirtschaft sowie über die Ernährung immer mehr schwindet. Wir haben es mit einer regelrechten Wissenserosion zu tun, die seit etwa Mitte der Siebzigerjahre um sich greift und das individuelle Wissen der einzelnen wie auch das kollektive ökologisch-kulturelle Gedächtnis unserer Gesellschaft zerfrisst wie ein bösartiges Geschwür.

Leider ist die Wissenserosion in Sachen Natur als eine der größten Herausforderungen für die Bildungspolitik so gut wie nicht erkannt worden. Die zuständigen Politiker scheinen schon mit dem generellen Absinken des Bildungsniveaus und dem von kritischen Journalisten und Pädagogen kritisierten generellen Bildungsnotstand in Deutschland überfordert. Nun ist es für sich alleine genommen schon eine Tragödie, wenn die Wählerinnen und Wähler von morgen des einstigen Volkes der Dichter, Denker und Erfinder nicht mehr richtig schreiben und rechnen können. Dies gefährdet mittelfristig den Forschungs- und Entwicklungs- sowie Produktions- und Exportstandort Deutschland und hat ein Absinken des nach dem Zeiten Weltkrieg mühsam erarbeiteten Wohlstandes zur Folge. Doch die Wissenserosion wird noch tiefere Auswirkungen auf den Staat, jeden Einzelnen und unsere natürlichen Lebensgrundlagen haben. Denn heute kennen Kinder längst mehr HandyApps als Vogelstimmen und mehr Influencer-Plattformen auf Instagram und anderen Portalen als Wildpflanzen. Nun wird leider immer wieder damit argumentiert, dass das Wissen über Tier- und Pflanzenarten verzichtbar sei, da ja Kinder und Jugendliche heute anderes kennen und wissen: Wissen, das vorangegangene Generationen noch nicht hatten. Was das Naturwissen anbelangt, ist dies jedoch eine gefährliche Entwicklung. Denn wer eine Tier- oder Pflanzenart nicht kennt, der vermisst sie auch nicht, wenn sie aus der eigenen Umgebung verschwindet. Dann stirbt die Natur still und leise vor sich hin, ohne dass es bemerkt wird. Dann aber sind die Menschen auch nicht mehr in der Lage, ihre urdemokratischen Rechte wahrzunehmen, auf Verantwortliche in der Kommunal-, Regional-, Landes-, Bundes- und Europapolitik zuzugehen und die Bewahrung der durch Grundgesetz und Landesverfassungen garantierten Unversehrtheit der natürlichen Lebensgrundlagen einzufordern.

Für die Demokratiefähigkeit einer Gesellschaft ist dies eine bedenkliche Entwicklung. Wird aus den mündigen Bürgern der Umweltbewegungen der 70er- und 80er-Jahre der müde Mensch, dem um sich herum alles egal ist? Hauptsache, er hat Essen und Trinken und vor allem, was unsere Gesellschaft immer mehr kennzeichnet: Freizeit, Spaß und Entertainment? Brot und Spiele waren schon die Insignien beim Niedergang des dekadent gewordenen römischen Imperiums.[45]

Das Wissen über Tier- und Pflanzenarten, ihre Lebensweise, Zusammenhänge in der Natur und vor allem Gefährdungsfaktoren ist eine Grundvoraussetzung für jegliche Maßnahmen gegen das Artensterben. »Dafür haben wir ja Spezialisten«, heißt es oft. Doch nicht nur das Wissen um die Natur in der Bevölkerung schwindet, sondern auch die Spezialisten werden zur Seltenheit. Nicht nur Anne Benett-Sturies, Leiterin des Bildungszentrums für Natur, Umwelt und ländliche Räume des Landes Schleswig-Holstein und Vorstandsmitglied des bundesweiten Arbeitskreises der Umweltakademien in Deutschland (BANU), beklagt, dass heute ein Biologiestudium bestritten werden kann, ohne gelinde gesagt eine Amsel von einem Spatz unterscheiden zu können. An vielen Universitäten werden die Grundlagen der Zoologie und der Botanik nicht mehr vermittelt und fast keine Spezialisten mehr herangebildet. Damit fehlen zunehmend Taxonomen, also solche Menschen, die sich mit den verschiedenen Tieren und Pflanzen beschäftigen und die in der Lage sind, Eingriffe in die Landschaft zu beurteilen. Schließlich gilt es ja, die Auswirkungen der unterschiedlichen Landschaftseingriffe wie Straßenbauten, Gewerbegebiete und Windenergieanlagen zu beurteilen, um entsprechende Ausgleichsmaßnahmen festlegen zu können. Doch die hierfür zunehmend beauftragten Gutachterbüros tun sich immer schwerer, entsprechende »Artenkenner« zu finden, die den Schutz der bedrohten Arten beurteilen könnten. Dies hat fatale Auswirkungen, weil Unkenntnis falsche Beurteilungen und Entwicklungen nach sich zieht. Es ist grotesk, dass der Biologieunterricht an Realschulen und Gymnasien als eigenständiges Fach in verschiedenen Bundesländern abgeschafft wurde und in den Schulbüchern Artenkenntnis kaum mehr stattfindet. Der Verband Biologie, Biowissenschaften und Biomedizin in Deutschland e. V. (VBIO) lief – u.a. unterstützt von der Nobelpreisträgerin Prof. Dr. Christiane Nüsslein-Volhard – Sturm dagegen und appellierte an Politiker, den Umgang mit den natürlichen Lebensgrundlagen ernst zu nehmen und nicht aus den Lehrplänen und Schulbüchern der Gymnasien zu verbannen. Erfolglos. Stattdessen wurde auf die fächerübergreifende Relevanz der Biologie verwiesen. Es ist unbestreitbar, dass jede Oma, die vielleicht »nur« die Möglichkeit hatte, eine einfache Volksschule zu besuchen, mehr Kenntnisse über wild wachsende Pflanzen und Wildtiere sowie Nutzpflanzen und -Tiere und deren »Verwendung« hatte als heutige Abgänger von Gymnasien oder sogar studierte Biologen mit einem Diplom oder Masterabschluss. Und das, obwohl damals noch keine gesellschaftlichen Herausforderungen wie der Verlust der biologischen Vielfalt und der Klimawandel zu bewältigen waren.

Der Wandel zeigt sich schon in den Schulbüchern. Wurde die Kartoffel mit allem Drum und Dran in Lehrbüchern der Fünfziger- und Sechzigerjahre noch auf mehreren Seiten behandelt, wird dem Thema heute vielleicht noch eine Randspalte gewidmet. Wissen über Tiere und Pflanzen, deren Lebensweise, deren Abhängigkeiten voneinander und zu den verschiedenen Lebensräumen bedeutet aber in unserer heutigen Zeit mehr denn je Lebenskompetenz und ist so wichtig wie das – ebenfalls in den vergangenen Jahren sträflich vernachlässigte – Erlernen von Schreiben und Rechnen. Wenn eine Gesellschaft maßgeblich für die Zukunft des Einzelnen und der ganzen Staatengemeinschaft erforderliche Kompetenzen nicht mehr vermittelt, werden Bürgerinnen und Bürger und die Steuerzahler von morgen zur politischen Unmündigkeit verdammt. Ein gefährlicher Irrweg von allen, die das Bildungssystem für allerlei Experimente und »nice to have«-Themen missbrauchen.

Was für die Schulen gilt, lässt sich getrost auf die Universitäten übertragen. Das Wissen über Evolution und Natur, über Lebensräume und Arten und über ökosystemische Zusammenhänge müsste längst zum Besuch einer Pflichtvorlesung innerhalb eines Studium Generale geführt haben, besonders bei angehenden Betriebs- und Volkswirten. Denn viele Akademiker besetzen später im Berufsleben Positionen mit Managementaufgaben, sind selbst Geschäftsführer oder sogar als Vorstände in großen Unternehmen tätig. Wie kann man erwarten, dass diese Menschen Entscheidungen treffen, die ihre betriebswirtschaftlichen Ziele mit dem Erhalt der Ökosysteme unter einen Hut bringen? Der Mangel an ökologischem Wissen ist gerade in einer sich immer mehr globalisierenden Wirtschaft eine bedeutende Ursache für massive Fehlentwicklungen.

Und noch etwas kommt hinzu, das die kollektive Wissenserosion in Sachen Natur und damit die Gefährdung vieler Tier- und Pflanzenarten verstärkt: der Generationenwandel. Denn wenn die heute Siebzig- und Achtzigjährigen nicht mehr unter uns sind, wird viel traditionelles

Wissen über Natur, Landnutzung, Ernährung und Gesundheit verloren sein. Schon bald steht diese Generation nicht mehr zur Verfügung.

Die beschriebene Wissenserosion steht in einem überraschenden Gegensatz zur Vielzahl von Materialien und Informationsmöglichkeiten der heutigen Medien- und Informationsgesellschaft. Vielleicht ist es aber gerade die Bandbreite des medialen Angebots, die zur Abstumpfung führt. Anzunehmen ist ein ursächlicher Zusammenhang zwischen der Industrialisierung unserer Landwirtschaft, dem damit einhergehenden Rückgang der arbeitenden Bevölkerung in diesem Wirtschaftssektor sowie dem zunehmenden Grad der Verstädterung und damit Naturentfremdung in der postindustriellen Gesellschaft des westlichen Mitteleuropa. Nur noch zwei Prozent der Erwerbstätigen sind in Deutschland in der Land- oder Forstwirtschaft tätig. Anfang des letzten Jahrhunderts waren es noch 38 und in den Fünfzigerjahren 24 Prozent.[46] Landschaft und Natur sind heute allenfalls grüne Kulisse für Freizeitbeschäftigung ohne Heimatbezug und Bodenhaftung.

Menschen mit mangelnden Naturkenntnissen ...

- kennen kaum mehr den eigenen Heimatraum,
- kennen kaum mehr Tiere, Pflanzen, Namen der Fließgewässer, der verschiedenen Flurnamen etc. der Heimat,
- vermissen fehlende Arten nicht, da sie diese Arten der Bioindikatoren gar nicht kennengelernt haben. Ist es früher aufgefallen, dass etwa die Störche aus einer Landschaft verschwunden sind, so wird heute kaum bemerkt, wenn Arten wie Grauschnäpper oder Heckenbraunelle verschwinden, weil diese niemand mehr kennt.
- sind nicht in der Lage, Veränderungen in der Landschaft zu erkennen und zu bewerten,
- können sich nicht für Landschaftsvielfalt und Erhaltung der Biodiversität einsetzen,
- kennen Nutzpflanzen als Basis für umweltverträglich erzeugte regionale Lebensmittel nicht mehr,

- kennen Zusammenhänge zwischen umweltverträglicher Landwirtschaft, deren Produkten und deren Verarbeitung, dem eigenen Lebensstil, der Erhaltung der eigenen Gesundheit, dem Erhalt bäuerlicher Strukturen und der Biodiversität in der Landschaft nicht mehr. Naturwissen in den genannten Zusammenhängen ist jedoch Voraussetzung, um im Sinne einer nachhaltigen Naturnutzung handeln zu können und damit für die Bewahrung der natürlichen Lebensgrundlage.

Untersuchungen zum Vergleich von Biologieschulbüchern, die zwischen 1950 und 2004 veröffentlicht wurden, haben gezeigt, dass die Nennung und Darstellung von Arten um mehr als die Hälfte abgenommen hat. Der Biodiversitätsverlust beginnt also schon in den Schulbüchern. Eine fatale Entwicklung. Eine Gesellschaft, die über ihre Daseinsgrundlagen nichts oder immer weniger weiß, ist nicht zukunftsfähig.[47]

Es bedarf wirklich keiner Kommissionen und langwieriger Studien, um ganz einfach festzustellen, dass jeder Mensch wenigstens zwölf Arten von Bäumen und Sträuchern, von Blumen und Gräsern, von Vögeln, Säugetieren und je sechs Arten von Amphibien, Reptilien, Schmetterlingen sowie wenigstens dem Grunde nach Heuschrecken, Ameisen, Libellen und Käfern kennen sollte. Die Vermittlung ist angesichts der Fülle von Materialien denkbar einfach. Man muss es nur wollen, und man muss es auch tun.

Was wir tun können, was sich ändern muss

Jeder Einzelne

- Eltern und Großeltern sollten mit Kindern und Enkeln wieder mehr rausgehen und spielerisch Natur vermitteln.
- Wissen weitergeben. Im Leben gibt es nur ein kurzes Zeitfenster, in dem Wissen über Natur, Tiere, Pflanzen, Landschaft und Landwirtschaft weitergegeben werden kann. Mit jedem Tag wird dieses Zeitfenster kleiner, da mit dem Generationenwandel immer weniger Menschen zur Verfügung stehen, die noch traditionelles Wissen vermitteln können.

- Kinder ermutigen, im Garten oder auf dem Balkon ein eigenes Stück Natur – etwa durch die Anlage einer Wildblumen- und Kräuterecke – zu gestalten, zu betreuen und zu erleben.

Politik und Zivilgesellschaft

- Wir können uns eine weitere Wissenserosion in Sachen Natur und Ökologie nicht mehr leisten. Am ehesten wird noch in den Kindergärten spielerisch Wissen über Tiere und Pflanzen weitergegeben. Alle, die mit der Erziehung von Kleinkindern betraut sind, sollten ermuntert werden, Artenwissen weiterzugeben.
- Für alle Schulbereiche muss zwingend wieder die Vermittlung von Artenwissen eingeführt werden. Was früher beim Dorfschullehrer die »Lerngänge« waren, sollte als modern interpretierbare Naturexkursionen ganz selbstverständlich auf den Lehrplänen stehen und zum Schulalltag gehören. Bildung sollte Naturthemen in allen Bereichen einen Logenplatz einräumen.
- Die Heranbildung von Zoologen und Botanikern wurde an den Universitäten seit etwa 1985 sträflich vernachlässigt und so gut wie nicht mehr gefördert. Doch wissenschaftlicher Nachwuchs wird mehr denn je in diesem Bereich gebraucht, damit Landschaftseingriffe fachgerecht beurteilt und durch sinnvolle Maßnahmen ausgeglichen werden können.
- Die Vermittlung von Artenwissen ist genauso wichtig wie die Vermittlung von Schreiben, Lesen und Grundrechenarten.

Wirtschaft

- Viele Wirtschaftsunternehmen veröffentlichen mittlerweile regelmäßig Nachhaltigkeitsberichte. Maßnahmen für Fauna und Flora und Unterstützung von Bildungsmaßnahmen sind darin neben anderen Umweltkennzahlen noch Mangelware. Dies muss sich ändern.
- In jedem größeren Betrieb, in dem es eine Mittagsverpflegung gibt, kann durch Einkauf ökologisch und regional produzierter Ware ein Beitrag für die heimische Artenvielfalt geleistet werden. Kantinen wären bestens geeignete Begegnungsstätten, um ganz nebenher Zusammenhänge zwischen den einzelnen Zutaten, der Landschaft und insbesondere der darin lebenden Tier- und Pflanzenwelt zu vermitteln.

Fazit: Wir setzen im Biologieunterricht falsche Prioritäten. Was nützen internationale und nationale Nachhaltigkeitsziele für die Sicherung kommender Generationen, wenn die Wissensvermittlung über das wichtigste Thema – nämlich die Tier- und Pflanzenwelt als Basis unserer Lebensgrundlagen – sträflich vernachlässigt wird?

Das stille Sterben – wie wir vernichten, was wir lieben

Wir Menschen sind voller Widersprüche. Das zeigt sich etwa nach Festtagen wie Weihnachten oder Ostern, wenn wir nach Zeiten von leckerem und vor allem viel zu üppigem Essen eigentlich innehalten und auf kalorienarme, gesündere Kost umschwenken wollen. Eigentlich! Doch der innere Schweinehund ist gar nicht so einfach zu besiegen. Ein anderes Beispiel: Wieder einmal rät uns der Arzt zu mehr Bewegung oder noch besser zu sportlicher Betätigung, um den Bauchansatz nicht noch weiter anschwellen zu lassen und um den erhöhten Blutdruck zu senken. Ein paar Mal raffen wir uns am Wochenende oder nach Feierabend auf, greifen zu den Sportschuhen und drehen eine Laufrunde. Doch dann wird es spät im Büro, und wir haben nach dem harten Tag keine Lust mehr. Auch der einsetzende Regen erleichtert die Entscheidung zwischen Straßenjogging und Sofa. Und so verschieben wir unser eigenes Fitnessprogramm auf das nächste Wochenende. Doch da melden sich Freunde an; automatisch steht ein guter Wein und wiederum leckeres Essen auf dem Programm. Wieder nichts mit Laufen! So vergehen Tage und Wochen. Ein, zwei Mal schaffen wir es, unsere eigenen Vorsätze einzuhalten, bevor wir dann beim nächsten Arztbesuch feststellen, dass schon wieder ein Jahr vergangen ist und wir weit davon entfernt sind, unsere eigenen Planungen zu erfüllen.

Geht es um unsere eigene Fitness und Gesundheit, so ist jeder von uns – abgesehen von der Belastung des Gesundheitssystems – ganz allein betroffen. Geht es jedoch um Mitlebewesen, um unser Naturerbe und damit um unsere natürlichen Lebensgrundlagen, führen unsere Widersprüchlichkeiten zum vieltausendfachen, ja millionenfachen stillen Tod. Ein Tod, mit dem wir uns – meist ungeplant und unbewusst – unserer natürlichen Grundlagen berauben. Sie können sich nicht vorstellen, dass ausgerechnet Sie eine Mitschuld am stillen Sterben der Natur tragen? Schließlich kaufen Sie dann und wann Biomilch und haben auch schon an Greenpeace gespendet, und sie lieben Naturdokumentationen und ärgern sich, wenn in Brasilien, im Kongo oder in Indonesien Regenwald abgeholzt wird und die Welten von Jaguar, Gorilla und Orang-Utan immer mehr schrumpfen? Aber sind wir wirklich viel besser? Viele Menschen fahren in die Cinque Terre, in die Toskana oder nach Apulien oder andere Gegenden mit pittoresken Ortschaften. Dort freuen sie sich an alten Gemäuern, aus deren Ritzen Zimbelkraut und filigrane Kleinfarne quellen. Sie fotografieren mittelalterliche Pflasterflächen und andere romantische Ecken. Im Frühsommer leuchten aus so manchen Fugen die gelben Blüten des Scharfen Mauerpfeffers; hier und da gedeihen Kartäusernelken; an sonnigen Stellen geben dicke Büschel der ledrig wirkenden Schwertlilienblätter schattigen Schutz für Eidechsen, die schon bald wieder zum Vorschein kommen, wenn sie instinktiv merken, dass von den weinseligen Touristen keine Gefahr ausgeht.

Ordnungswahn und Bequemlichkeit vernichten Leben

Ob irgendwo in Italien, in Frankreich, Spanien, Portugal oder Griechenland: Überall schätzen wir das scheinbar urige Nebeneinander von uralter Kultur und Natur. Wir lieben das ungeordnete, das Wilde im Kleinen, genießen die traditionelle Küche und stellen uns Fotoalben zusammen und schauen gemeinsam mit Freunden in Hochglanzzeitschriften Bilder von solch heilen Welten an. Und auch zu Hause suchen wir die behüteten wilden Ecken. Zeitschriften *wie Landlust, LandIdee, Mein schönes Land, LandGenuss, Hörzu Heimat* und wie sie sonst alle heißen, erreichen Millionenauflagen. Ein klares Zeichen für die tiefe Sehnsucht der Menschen nach der heilen Welt aus Omas Zeit, nach Ruhe und Natur in immer hektischeren Zeiten.

Doch was tun wir dafür? Überall, wohin man schaut, wird das erste Grün, das sich in der Vorfrühlingssonne gegen den blauen Himmel reckt, sofort aus Fugen und Ritzen entfernt, Mauerfugen werden verputzt, damit kein Erdkrümel auf die Terrasse rieselt. Terrassen, Hofeinfahrten, Wege und Plätze werden im Kleinen wie im Großen asphaltiert und betoniert. Ganze Heerscharen von Haus- und Gartenbesitzern, Hausmeistern, Facilitymanagern, Gartenpflegediensten, Mitarbeitern kommunaler Bauhöfe und Stadtgärtnereien stürzen sich auf alles, was nicht geplant und gepflanzt ist. Sie machen allem Wilden den Garaus.

Wo früher noch selbst in kleinen Vorgärten schon im Januar die Schneeglöckchen als erste Blumenboten die Siedlungen belebten, wo schon bald darauf gelbe, weiße und lilafarbene Krokusse erste Bienen anlockten, wo später auf engstem Raum Narzissen und Tulpen den Frühling einläuteten und dazwischen so manche Wildpflanze wie Veilchen, Schlüsselblumen, Vergissmeinnicht und Buschwindröschen gediehen – manches davon hatte Oma oder Uroma sogar vom Waldrand »importiert« –, finden sich heute sterile Schotterhaufen, aus denen gerade noch zwei oder drei zum Sterben verurteilte Buchsbaum- oder Lavendelbüsche hervorlugen. An vielen Stellen geht das Vertreiben der Natur noch perfekter, indem der Boden gleich unter Betonplatten mit unterschiedlichster Form und Farbe verschwindet. Mit einem Pseudoterrakottakübel aus Kunststoff und irgendeiner Pflanze mit dicht gefüllten Blüten wird dann versucht, etwas südliches Flair ans Haus zu holen. Doch wir betrügen die Natur und uns selbst, weil wir nicht mehr wissen, was eigentlich Natur ist. Die Blüten können noch so bunte Pracht vortäuschen; Schmetterlinge, Honigbienen, Wildbienen und andere Insekten werden dort weder Pollen noch Nektar finden. Mit jedem Vorgarten, mit jeder öffentlichen Fläche, die so umgestaltet wird, verschwindet Quadratmeter für Quadratmeter wertvoller, nicht zu unterschätzender Kleinlebensraum. Alle zusammengenommen sind ein vollkommen unterschätztes, weil nicht erkanntes Netzwerk für biologische Vielfalt in den Dörfern und Städten. Das gilt nicht nur für Vorgärten, sondern auch für Haus- und Obstgärten, etwa 17 Millionen davon allein in Deutschland, deren Gesamtfläche nicht einmal bekannt ist. Zusammengenommen könnten sie ein riesiges Netz von kleinen Privatnaturschutzgebieten sein. Keine totale Wildnis, wie man sich dies von Nationalparks oder streng geschützten Naturschutzgebieten vorstellt und wünscht, sondern nutzbare, mehr oder minder große Areale, in denen die Natur und damit Wildpflanzen und Wildtiere neben den Nutzpflanzen ganz einfach eine Chance haben.

Doch auch hier stecken Haus- und Gartenbesitzer voller Widersprüche. Denken wir nur an den vor allem im deutschen Sprachraum so gehätschelten Einheitsrasen. Baumärkte und Gartencenter werben ebenso wie landwirtschaftliche Einkaufsgenossenschaften für unterschiedlich robuste Grassorten, Spezialdünger und vor allem Geräte, mit denen alles schön kurz, dicht und sattgrün gehalten werden kann. Und so hat in den vergangenen vierzig Jahren eine maschinelle Aufrüstung stattgefunden, die milliardenschwere Umsätze beschert, aber zugleich milliardenfaches Verschwinden der Natur mit sich bringt. Auf dem stets kurz geschorenen Einheitsrasen kann vielleicht noch die eine oder andere Amsel vor allem nach Regenschauern Würmer aufspüren, aber ansonsten ist diese Fläche im Vergleich zu einem Stück blumenbunter Wiese so gut wie tot. Hier finden Pfauenauge, Bläulinge und andere Schmetterlinge ebenso wenig Nahrung wie die Wildbienen. Und so ist das viel gepriesene scheinbare Gartenparadies eine schlichte Nahrungswüste. Hier hüpfen keine Heuschrecken, krabbeln keine Zikaden und Wanzen, gehen keine Feldwespen und Libellen auf Insektenjagd. In der dunkelgrünen Wüste gibt es keine Käfer, keine Spinnen, keine Fliegen und Hummeln – die wilden Verwandten der Bienen.

Und durch die ach so praktischen Mähroboter, die ja so umweltfreundlich mit Solarzellen ausgerüstet sind und sich nach getaner Arbeit von allein in ein kleines Häuschen zurückziehen, wird der Garten erst recht zur Todeszone für Tiere, weil die Geräte vor der Kröte oder dem Frosch oder dem noch langsameren Molch, die sich vom kunstvoll angelegten Gartenteich auf das sterile Grün verirren, nicht haltmachen. Auch andere Kleintiere – darunter auch Käfer oder Hummeln, die vor allem bei kühler Witterung vielleicht auf dem Gras sitzen und erst bei entsprechender Wärme in Fahrt kommen – werden einfach zerschreddert. Zerschreddert mit umweltfreundlicher Solarenergie!

Zurück zum Paradox: Gleichzeitig hängen die Deutschen, Österreicher und Schweizer massenweise Insektenhotels in ihre Gärten. Schöne Idee, doch es ist ein wenig, als würde man eine Universität betreiben, bei der die Studenten ein Dach über dem Kopf haben, aber weder eine Küche noch Mensa noch Kioske mit Lebensmitteln zur Verfügung stehen. Oder denken wir nur an unsere eigenen Wohnungen. Was wären diese als reine Schlafstätte ohne Küche, Kühlschrank, Vorratsschrank, Herd oder Mikrowellengerät? So geht es aber Insekten, die zwar ein »Hotel« über dem Kopf, aber keine Nahrung vorfinden.

Wildbienenarten wie die Graue Sandbiene (*Andrena cineraria*) und Fuchsrote Sandbiene (*Andrena fulva*), die eben nicht in sogenannten

Insektenhotels nisten, sondern seit Jahrhunderttausenden auf andere Lebensräume angewiesen sind, leiden besonders unter dem Gestaltungswahn der Gartenbesitzer. Sie brauchen offene Bodenstellen, die es früher in vielen Gärten oder entlang von nicht asphaltierten Feldwegen noch gab. Dort können sie ihre oft bis zu 55 Zentimeter tiefen Gänge graben. An deren Ende wird Pollen verstaut, der dann der aus dem Bienenei schlüpfenden Larve als Nahrung dient, bis diese sich nach dem Verpuppungsstadium und einer Ruhephase in ein spezialisiertes Bienchen verwandelt. Von rund 650 Wildbienenarten, die es in Mitteleuropa gibt, gehören rund 70 Prozent zu den bodenbewohnenden Arten.

Doch aus dem Puzzle eines Netzwerks geeigneter Kleinlebensräume sind in den vergangenen Jahrzehnten immer mehr Teile herausgerissen worden. Und mit jedem Tag verschwinden mehr von ihnen. Dabei sind die Tierchen nicht nur als Bestäuber vieler Wildpflanzenarten, sondern eben auch unserer Obstbäume und anderer Nutzpflanzen unentbehrlich. Unter dem Verlust geeigneter Lebensräume leiden auch verschiedene Grabwespenarten wie die Kreiselwespe (*Bembix rostrata*) und die Feld-Sandwespe (*Ammophila campestris*). Sie fangen zum Teil Insekten und tragen die gelähmte Beute in Erdröhren, wo sie als »lebende« Nahrungsdepots für die über Ei- und Larvenstadium heranwachsende nächste Generation dienen. Auf diese Art und Weise sind diese Tiere natürliche Regulatoren im Naturkreislauf.

Der Schutz dieser Arten wäre auch außerhalb der für den Artenschutz problematisch gewordenen landwirtschaftlichen Flächen mit ihrer viel zu intensiven Bodenbearbeitung, fehlenden ökologisch wichtigen Landschaftselementen und dem ständigen Chemiebombardement relativ einfach. Aber Gedankenlosigkeit und Ignoranz führen zur Zerstörung faszinierender Natur im Kleinen. Und in der Summe hat diese Zerstörung eine sehr große Wirkung. So bevölkern immer mehr Wildbienen, Schlupfwespen, Schmetterlinge, Heuschrecken und andere Insekten die Rote Liste der gefährdeten oder vom Aussterben bedrohten Tierarten statt ihrer ursprünglichen Lebensräume. Die Zahlen sind erschreckend. Nach der maßgeblich auf den Tübinger Wildbienenforscher Dr. Paul Westrich zurückgehenden Roten Liste der Bienen Deutschlands sind allein seit 1989 achtunddreißig Arten ausgestorben oder verschollen, fünfundzwanzig Arten vom Aussterben bedroht und zweihundertsechsunddreißig Arten gefährdet oder stark gefährdet. Von den rund fünfhundertfünfzig Wildbienenarten sind nur noch zweihundertsechs Arten, also weit weniger als die Hälfte, gegenwärtig nicht bedroht.

Wildbienen – die große, unbekannte Tierfamilie

Beim Stichwort Biene denken die meisten an die bekannte Honigbiene, den Honig und vielleicht noch an die Bedeutung der Bienen als Bestäuber in der Natur. Weniger bekannt sind die Wildbienen, von denen manche Arten so winzig klein sind, dass sie beim ersten Betrachten aussehen wie kleine Fliegen. Auf der Erde existieren rund 20 000 Wildbienenarten; viele davon haben nur wissenschaftliche Namen. In Europa gibt es rund 2 000 Arten und in Mitteleuropa ungefähr 700. Für Deutschland sind mehr als 550 Wildbienenarten nachgewiesen; die meisten davon sind vom Aussterben bedroht. Sehr viele Bienenarten bilden keine Staaten, sondern leben solitär. Dabei sorgen die Weibchen allein für den Nachwuchs. Dieser wird in Brutzellen – die je nach Art im Altholz, in den Gängen von Holz bohrenden Käfern beziehungsweise deren Larven oder in Erdröhren angelegt werden – mit Pollenproviant versorgt, an den das Ei als Basis für die nächste Generation gelegt wird.

Wir zerstören Natur, weil wir ihre komplexen Zusammenhänge nicht kennen und Natur nicht mehr Natur sein lassen

Weil weder Wildbienen noch Käfer noch Schmetterlinge weinen oder schreien, wenn wir ihnen die Lebensgrundlage entziehen, bemerken wir deren leises Verschwinden im Einzelnen nicht. Insektenforscher wie Dr. Paul Westrich und Naturschützer haben schon in den Achtzigerjahren des letzten Jahrhunderts Alarm geschlagen, dass die Natur durch rücksichtslose Ausbeutung einerseits und Gedankenlosigkeit andererseits aus den Fugen gerät. Aber vor allem die Komplexität der Lebensweise verschiedener Arten und deren Zusammenspiel mit anderen Arten innerhalb verschiedenster Lebensräume macht es uns schwer, in unserer Unwissenheit das Richtige zu tun.

Warum selbst früher häufige Insektenarten leise verschwinden, zeigen die folgenden Beispiele, die die überaus komplexe und oft bizarre Lebens- und Fortpflanzungsweise sehr vereinfacht erklären.

Als blinde Passagiere in der Kinderstube

An sonnigen Tagen im Mai kann man mitunter plump wirkende, bis vier Zentimeter große, schwarzbläulich glänzende Käfer auf Wegen und Wegrainen umherkriechen sehen. Es sind weibliche Tiere des Ölkäfers »Meloe« – auch Pflasterkäfer oder Maiwurm genannt – auf der Suche nach geeigneten Stellen für die Eiablage. Der gewölbte Hinterleib ist enorm aufgedunsen; kein Wunder, denn ein einzelnes Ölkäfer-Weibchen legt zwischen 2000 und 5000 Eier in kleinen Päckchen an sonnigen und trockenen Stellen in ein bis zwei Zentimeter tiefe Erdmulden, die der Käfer selbst gräbt. Die hohe Eizahl ist die einzige Chance zur Erhaltung der Art. Denn bis aus einem Ei ein »erwachsener« Ölkäfer wird, wird eine merkwürdige und äußerst gefahrvolle Entwicklung durchlaufen. Schon bald nach der Eiablage schlüpfen aus den Eiern der Ölkäfer kleine, nicht einmal einen Millimeter große Larven. Sie sind recht flink und erklettern mithilfe von drei »Klauen«, die an jedem der sechs Beinchen sitzen, die am schnellsten erreichbaren Blütenpflanzen des Magerrasens am Wegrain oder der Blumenwiese. Schon mit dem Erklettern der Pflanzen entscheidet sich, welche Larven Überlebenschancen haben. Ölkäferlarven sind nämlich auf bestimmte Bienenarten angewiesen, um in ihre eigentliche »Kinderstube« zu gelangen. Die weitere Larvenentwicklung kann nur im Nest bestimmter Wildbienen erfolgen. Es sind solitär lebende Bienenarten wie Erdbiene, Langhornbiene, Mauerbiene und Mörtelbiene, in deren Erdröhren die Meloe-Larven schmarotzen. Und Bienen wählen eben fast immer Blüten als Landeplatz. Die Natur trifft eine Zufallsauslese: Die kleinen »Dreiklauer« können Wildbienen nicht von Wespen, Schwebfliegen oder Schmetterlingen unterscheiden, sondern klammern sich an den ersten behaarten Blütenbesucher. Larven, die das »falsche« Insekt erwischt haben, werden schon bald eingehen. Meloe-Larven, die den richtigen »Blütenjet« bestiegen haben und mit der Wildbiene in deren Bodennest gelangen, »springen« dort in dem Moment ab, wenn die Biene ihr Ei in eine mit Pollen gefüllte Brutzelle legt. Zunächst frisst die Larve das Bienenei auf und macht sich anschließend nach einer ersten Verwandlung in ein anderes Larvenstadium an den Nektar- und Pollenvorrat. Bei dieser Kost wächst die jetzt nur noch mit Stummelbeinen versehene Ölkäferlarve rasch heran und häutet sich ein zweites Mal. Schließlich verlässt sie den Bienenbau, um sich vor einer weiteren Häutung in die Erde einzugraben. In diesem dritten Larvenstadium verbringt das Tier in einer Art Ruhestarre auch den Winter. Im Frühjahr erfolgt eine weitere Häutung, der bald die Verpuppung folgt. Erst jetzt schlüpft nach einer weiteren Ruhezeit das fertige Insekt – der neue Ölkäfer – aus. Bei dieser komplizierten und gefahrvollen Jugendzeit der Ölkäfer ist es eigentlich nicht verwunderlich, dass nur eine ungewöhnlich hohe Eizahl die Nachkommenschaft sichern kann. Ölkäfermännchen wird man übrigens seltener entdecken; sie sind nicht einmal einen Zentimeter groß.

Die jeweils unfreiwillig bewirtende Biene indessen kann sich gegen die Eindringlinge nicht wehren. Sie wird nicht einmal bemerken, dass der eigene Nachwuchs dezimiert wurde. Ein Beispiel für die unzähligen Abhängigkeiten, Verflechtungen und Gesetzmäßigkeiten in der Natur. Fehlt nur ein Element – wie etwa entsprechende Blüten von Wildblumen, auf denen Wildbienen landen –, gibt es keinen Nachwuchs des Ölkäfers. Wo jedoch Mais statt Wiesenblumen wächst oder Wiesen in reine Grasäcker umgewandelt wurden, können solche Lebensgemeinschaften nicht existieren.

Unbekannte Helfer

Ein anderes Beispiel: Wo es noch offene Bodenstellen gibt – etwa unmittelbar neben einem Gartenweg oder zwischen Trittplatten –, nisten mitunter spezialisierte Wildbienen, die wichtige Arbeit im Garten tun. So die nur zwölf Millimeter große Fuchsrote Sandbiene, die einzeln nistet. Die Weibchen graben einen bis zu dreißig Zentimeter langen, schrägen Gang in die Erde, von dem mehrere Zellen seitlich wegführen. Die Wände der Zellen sind zur Stabilisierung mit Speichel durchtränkt. Die Brutzellen werden nach dem Eintragen von Pollen und der Eiablage mit Erdklümpchen verschlossen. Ende März/Anfang April, wenn die ersten warmen Sonnenstrahlen locken, fliegen auch die Honigbienen aus. Sie haben aber meist etwas Besseres zu tun, als die dann blühenden Stachel- und Johannisbeersträucher im Garten zu bestäuben, denn sie bevorzugen zu dieser Zeit meist Pollen und Nektar von Löwenzahn und Wiesenschaumkraut. Zum Glück für unsere spätere Ernte ist jetzt aber auch die Zeit der Fuchsroten Sandbiene gekommen. Sie bevorzugt Stachel- und Johannisbeerblüten und sorgt so dafür, dass wir im Sommer ernten können.

Noch mehr oft unbeachtete Helfer kann es im Garten geben, wenn wir die Natur ein bisschen mehr sich selbst überlassen. So trägt die Sächsische Wespe Blattläuse als Futter für ihre Larven in den Bau, und biologisch orientierten Gartenfreunden ist schon längst bekannt, dass Marienkäfer, Florfliegen und Ohrwürmer sowie deren Larven fleißige Blattlausvertilger sind.

Gut getarnter Räuber

Reichen asphaltierte oder gepflasterte Bereiche eines Weges nicht unmittelbar bis an eine angrenzende Mauer oder den benachbarten Zaun, kann sich an regengeschützten Stellen eine kleine Miniatursteppe bilden – vorausgesetzt, man lässt der Natur ihren Lauf. Weil diese sehr schmalen Streifen wegen der unmittelbaren Nähe zu Mauer oder Zaun nicht begangen werden, können dort Schwarznesseln, Breit- und Spitzwegerich, Ackerwinden, Disteln, Löwenzahn, Klee und andere Pflanzen einen grünen Mauer- oder Zaunfuß bilden. An warmen, sonnenexponierten und unbewachsenen Stellen mit lockerem feinem Sand oder Erdsubstrat kann man mit etwas Glück im Sommer kleine, regelmäßige ca. zwei Zentimeter breite Vertiefungen finden. Bei genauer Betrachtung sieht man, dass sich die Vertiefungen nach unten verjüngen und wie Trichter oder Krater im Miniformat aussehen. Mit viel Geduld und einer guten Lupe kann man am Grund des kleinen Trichters zwei kleine, krumme Stäbchen erkennen. Es sind die geöffneten Fangkiefer des Ameisenlöwen. Der Rest des nur knapp einen Zentimeter großen Tieres ist im lockeren Substrat eingegraben. So lauert der Ameisenlöwe perfekt getarnt auf Beute. Wenn kleine Insekten – vor allem Ameisen – an den Rand des Trichters kommen, rutschen sie in die Falle. Dort werden sie von den gezähnten Saugzangen des Ameisenlöwen ergriffen. Nachdem er das Opfer mit einem Biss gelähmt hat, saugt der Ameisenlöwe die Beute aus. Wollen die überlisteten Ameisen wieder aus dem Trichter klettern, bevor der Wegelagerer zuschlagen konnte, schleudert der Ameisenlöwe gezielt Sandkörnchen auf sein Opfer, die es wieder in den Fangtrichter reißen. Damit er von kräftigeren Insekten, die versehentlich in den Trichter fallen, nicht herausgezogen wird, verankert sich der Ameisenlöwe fest im Boden und versucht sich dann noch tiefer einzugraben, um so die unerwartet große Beute festhalten zu können.

Der Trichter wird stets sauber gehalten, indem der Ameisenlöwe die Reste der ausgesaugten Beutetiere mit den Zangen hinauswirft. Diese Zangen dienen dem Ameisenlöwen auch als Wurfschaufel für den nachrutschenden Sand. Ameisenlöwen sind keine »fertigen« Tiere, sondern Larven, die sich oft erst nach drei Jahren verpuppen. Aus der Puppe schlüpft dann ein Insekt, das man leicht für eine kleine Libelle halten könnte; man nennt es Ameisenjungfer. Auch sie leben räuberisch und fangen kleine Insekten. Man sieht sie jedoch recht selten, weil sie vorwiegend in der Dämmerung aktiv sind und sich tagsüber regungslos in niedrigem Gebüsch versteckt halten.

Beute im Brombeerstängel

An Zäunen und Mauern mit Brombeerranken lebt mitunter die Lehm-Pillenwespe (*Odynerus laevipes*). Dieses interessante Insekt zeigt eine den Mauerbienen ähnliche Nestbauweise. Im Gegensatz zu den Wildbienen trägt sie für die Brut keinen Pollen, sondern gelähmte Beutetiere ein. In eine Brutzelle im hohlen Brombeerstängel bringt die Lehm-Pillenwespe zwischen fünf und sechs Raupen. Die Beute wird nicht getötet, sondern durch einen Stich lediglich gelähmt. So wird der Nahrungsvorrat für die Larven konserviert und bleibt frisch. In dem hohlen Brombeerstängel werden die einzelnen zylinderförmigen Zellen ganz aus Lehm gebaut. Insektenforscher vermuten, dass diese Wespenart – wie es andere Arten auch heute noch tun – vor Urzeiten ihre Nester im Freien gebaut hat. Im Laufe der Evolution hat die Lehm-Pillenwespe dann ihre Lebensweise geändert und für ihre Nester die schützenden Brombeerstängel ausgewählt. Bis heute hat diese »Strategie« der Art genützt. Wenn aber im Frühjahr außerhalb der Ortschaften die Vegetation an Mauern, Böschungen und Rainen vernichtet wird und im besiedelten Bereich naturnahe Elemente sterilen Einheitsgrünflächen, Asphalt und Beton weichen müssen, sieht es für die Zukunft der Tiere und vieler anderer Kleinlebewesen düster aus.

Was wir tun können, was sich ändern muss

Jeder Einzelne

- Mut zur Natur zeigen – wilde Ecken rund ums Haus und im Garten dulden und gezielt anlegen.
- Vorgärten und andere Bereiche nicht in Steinwüsten verwandeln – bodenbewohnende Insekten brauchen Nistplätze, sonst können sie keine Blüten bestäuben.
- An Gebäuden und in deren Umgebung einen Todesfallencheck vornehmen und Gefahren für Tiere beseitigen. Lichtschächte und Gullys mit feinmaschigen Gittern abdecken. Entlang von Gehwegen und Straßen die Gemeinde zu Maßnahmen auffordern.
- Keine Mähroboter einsetzen.
- Werden Gartentümpel angelegt, müssen zugleich Tierfallen beseitigt werden.

Politik und Zivilgesellschaft

- Bei Planungen von Wohn- und Gewerbegebieten von vornherein tierfreundlich denken. In die Satzungen von Bebauungsplänen muss aufgenommen werden, Lichtschächte so hoch anzulegen, dass sie nicht zu Tierfallen werden.
- Bordsteine schräg gestalten, damit sie von Tieren überwunden werden können.
- Gemeinden und Städte sowie alle, die für Infrastruktur verantwortlich sind (zum Beispiel Straßenmeistereien und Stadtgärtnereien), sollten ihre Mitarbeiter sensibilisieren und Tierfallen wie Gullys und Schächte »entschärfen«.

Wirtschaft

- Ob Betriebs- oder Bürogebäude: Generell sollten Firmenareale tierfreundlich gestaltet werden. Dies muss bei der Planung beginnen und bei schon bestehenden Gebäuden im Rahmen einer ökologischen Nachrüstung – die nicht aufwändig und schon gar nicht teuer ist – erfolgen.

Fazit: Mehr Mut zur Natur und mehr Achtsamkeit kann millionenfachen Tiertod verhindern.

Tod in der Tonne und andere Tierfallen

Die junge Blaumeise hat keine Chance. Beim Versuch, an einem trocken-heißen Tag ans Wasser zu gelangen, kommt der kleine Vogel nicht mehr aus dem Wasserfass heraus. Da helfen alle Flügelschläge und die Lockrufe der Meisenmutter nicht. Jämmerlich ertrinkt das Tier wie viele Tausend andere Geschöpfe alljährlich in ähnlichen Situationen. Tatsächlich werden Regentonnen vielfach zu Todesfallen. Am Haus, an Gartenhütten und -lauben aufgestellt, sind Regentonnen wichtige Utensilien für Gartenfreunde. Zum einen hilft das Sammeln von Regenwasser Kosten zu sparen, zum anderen soll das Regenwasser letztlich für das Wässern von allerlei Gemüse und Blumen besser sein als manches Leitungswasser.

Nun sind dic allermeisten Hobbygärtner ja durchaus Naturfreunde und wollen nicht, dass Tiere zu Schaden kommen. Aber die Wasserbehältnisse werden nicht nur für Vögel zu Tierfallen, sondern auch für Eidechsen, die auf Futter- und Wassersuche hineinfallen und die meist glatten Wände nicht mehr emporklettern können. Auch Abertausende von Wildbienen und Honigbienen, Schwebfliegen und andere Insekten wollen vor allem während Hitzeperioden an den Regenfässern Wasser aufnehmen, können sich jedoch an den glatten Wänden der grünen oder blauen, meist aus Kunststoff bestehenden Tonnen nicht halten und ertrinken ebenfalls elendiglich. Ja, selbst Tiere, die zumindest einen Teil ihres Lebens nahe am oder im Wasser verbringen wie etwa Frösche und Kröten, können bei der Suche nach dem begehrten Nass – etwa wenn dieses als vermeintliches Laichgewässer angesteuert wurde – in die Tonnen geraten, was bei den oft nur halb gefüllten Gefäßen zum sicheren Tod führt.

Viele Wassertonnen stehen an Mauern oder Gebäudekanten und sind so auch für Tiere erreichbar, die nicht klettern können. Dabei wäre hunderttausendfaches Tiersterben vermeidbar, wenn die Regentonnen einfach abgedeckt wären – in Bau- und Gartenmärkten gibt es viele Varianten mit Deckel oder man nimmt ein feinmaschiges Drahtgitter. Geholfen wird den tierischen Todeskandidaten auch, wenn auf dem Wasser ein Holzbrettchen oder ein entsprechendes Aststück schwimmt und so das Entkommen aus der Falle möglich wird. Leider gibt es noch viele andere derartige Tierfallen, mit denen wir einfach aus Unachtsamkeit den Tiertod herbeiführen. Dazu gehören etwa auch nicht abgedeckte Lüftungsrohre oder die Fallrinnen der Regenwasserabführung. Für viele solche Fallen sind mittlerweile geeignete Abdeckungen erhältlich. Die meisten wurden freilich nicht für den Tierschutz entwickelt, sondern um den Eintrag von Laub zu vermeiden.

Sterben im Schacht – wie Gedankenlosigkeit Tiere tötet

Könnten Molche, Kröten, Frösche, Laufkäfer und andere Kleintiere um Hilfe schreien, würden wir es vor lauter Lärm in unseren Wohn-, Gewerbe- und Industriegebieten nur noch mit Gehörschutz aushalten. Viele Strukturen im urbanen Raum führen jedes Jahr unbeabsichtigt zu millionenfachem Tod von Mitlebewesen. Wie das? Sie müssen sich nur die Welt aus der Perspektive einer Erdkröte vorstellen. Sie hat den Winter gut versteckt unter Reisig und Laub in der »verwilderten« Ecke eines alten, jetzt für einen Neubaukomplex vorgesehenen Villengrundstücks überstanden. Aus der Winterruhe erwacht, sucht das Tier an einem Tag im März – die Temperaturen sind auf fünf bis sechs Grad geklettert, und feiner Frühlingsregen verwöhnt die Natur – nach einem geeigneten Laichgewässer. Oft werden Tümpel oder Weiher »angesteuert«, in denen das Tier zusammen mit vielen Tausend anderen als Kaulquappe Teil eines faszinierenden Lebenszyklus wurde. Auf den ersten Metern kommt die einjährige, noch kleine Kröte gut vorwärts und läuft erstaunlich schnell auf allen vieren über Gräser und Wegplatten hinweg und zwischen allerlei metallenen Gerüststangen, die zur Abschirmung des Baugrundstückes schon bereitliegen, hindurch. Dann kommt das Tier auf einen Gehweg, plumpst den Bordstein hinunter und beginnt die Wohnstraße zu überqueren. Zum Glück sind jetzt in der Nacht kaum Autos unterwegs. Instinktiv strebt die Kröte dem Gartentümpel zu, den ein mittlerweile verstorbener Naturfreund, dessen Grundstück für die Nachverdichtung mit einem Fünfzehn-Familien-Haus bebaut werden soll, angelegt hat. Dann gelangt das junge Tier wieder an einen Bordstein. Den gilt es zu überwinden. Doch das schafft die junge Kröte einfach nicht. Also läuft sie am Rand entlang – und landet mit einem Plumps im Dunkel eines Straßengullys. Sie kann noch so oft versuchen an den Wänden hochzukrabbeln; immer wieder fällt sie zurück. Es gibt kein Entkommen. Tagelang sitzt das Tier gefangen im Schacht. Dann und wann nach Regen spült es einen Wurm in das Tierverlies; auch ein paar Spinnen krabbeln umher. Für Nahrung ist also vorerst gesorgt. Weiterhin versucht die Kröte, aus dem Gully zu entkommen, doch ohne Erfolg. Irgendwann findet sie auch nichts mehr zu fressen, Unrat wird eingespült, und nach einer Trockenperiode geht sie lautlos und elendiglich ein. Ein Einzelfall von Millionen Jahr für Jahr. Erdkröten, Kreuzkröten, Teich- und Bergmolche und auch Eidechsen, die in Regenrückhaltebecken fallen, wenn Abflussrohre nur mit einem weitmaschigen Gitter gesichert sind, werden beim nächsten Regenguss weggeschwemmt, landen in den Fanggittern der Kläranlagen, wo sie wie der gesamte angeschwemmte Wohlstandsmüll aus den Städten und Dörfern in der Zerkleinerungsmahlschnecke zerquetscht werden.

Nun sind es nicht nur Bordsteinkanten und Gullys, die zu tödlichen Tierfallen werden. Überall statten wir unsere Bauten mit Licht- und Lüftungsschächten aus. Und so sind unsere Siedlungen ein riesiges, aber engmaschiges Netz von Tierfallen. Vor allem im späten Herbst, wenn Kleintiere wie eben Kröten und Frösche Verstecke für den Winter suchen, fallen insbesondere Jungtiere auf der Suche nach feuchten und dunklen Quartieren in die Schächte, wo sie dann erfrieren, eintrocknen oder verhungern. Es wäre ganz einfach, den vieltausendfachen Tiertod zu verhindern, wenn Gullys und Schächte mit feinmaschigen Gittern ausgestattet würden. Solche könnte jede Gemeinde, jede Hausverwaltung und jeder Gartenbesitzer recht einfach und kostengünstig anbringen. Es ist also auch Unachtsamkeit, die zum leisen Sterben der Tiere führt. Bisher hat die Natur das immer wieder ausgeglichen. Doch irgendwann kommt der Punkt, wo die Bestände zusammenbrechen, weil die Gefahren durch unsere vor allem in den Ballungsräumen rasant anwachsenden Siedlungen immer lebensfeindlicher werden. Auch auf viele Insektenbestände – vor allem auf Laufkäfer – haben die Tierfallen verheerende Auswirkungen.

Dummheit vernichtet Dasein

Die Idee erschien genial: biologische Schädlingsbekämpfung durch Fressfeinde. Weil der sehr variantenreiche asiatische Marienkäfer – auch als Harlekin-Marienkäfer benannt – noch gefräßiger ist als die heimischen Marienkäferarten und im Akkord Läuse niedermacht, wurden diese Insekten für den Einsatz in Gewächshäusern zur biologischen Schädlingsbekämpfung gegen Ende des vorigen Jahrhunderts zunächst in die USA eingeführt. Doch die gefräßigen Glückskäfer mit dem wissenschaftlichen Namen *Harmonia axyrid* verhielten sich keineswegs harmonisch, sondern büxten alsbald aus, um sich auch in freier Natur über Läuse herzumachen.

Es gehört sehr viel Dummheit dazu, zu glauben, dass Tiere aus einem anderen geografischen Verbreitungsgebiet in Gewächshäusern unter Kontrolle gehalten werden können. Als die Käfer später auch in Europa eingesetzt wurden, geschah natürlich dasselbe, und so wurde im Jahr 2001 in Belgien ein erstes frei lebendes Exemplar des asiatischen Marienkäfers gefunden. Schon im Jahr 2002 fanden sich die Käfer – die auf dem Halsschild entweder ein gelblich helles »W« oder ein »M« tragen – in Massen auch in Deutschland. Ab dem Jahr 2006 sind die Unglück bringenden Käfer in nahezu allen Gebieten Österreichs und der Schweiz präsent.

Warum Unglück? Nun, die Käfer sind so gefräßig, dass sie sich nicht auf Läuse beschränken, sondern auch über andere kleine Krabbler hermachen. Und das wird zum Verhängnis für die ebenfalls Läuse fressenden Larven der rund 70 mitteleuropäischen Marienkäferarten. Sie haben gegen die größeren Larven der Harlekin-Marienkäfer keine Chance und werden schlichtweg niedergemacht. Noch ist die Geschichte der Harlekin-Marienkäfer in Europa eine Geschichte mit offenem Ende, aber sie ist auch ein erneutes Lehrstück über die Gefahren, die die Einführung von Tier- und auch Pflanzenarten aus anderen zoo- oder florengeografischen Gebieten mit sich bringt.

Ob die heimischen Marienkäferarten wie der Siebenpunkt- oder der gelblich-rötliche Zweiundzwanzigpunkt-Marienkäfer und ihre verschiedenen Verwandten noch mehr verdrängt werden oder manche Arten ganz verschwinden, können Insektenforscher noch nicht sagen.

Der asiatische Marienkäfer ist nur eines von leider unzähligen Beispielen, wie durch die beabsichtigte, unbeabsichtigte oder fahrlässige Einführung von fremden Arten heimische Bestände bedroht werden. Fast schon ein Schulbeispiel gibt der Amerikanische Sumpfkrebs mit dem wissenschaftlichen Namen *Procambarus clarkii;* die auch als Louisianakrebs bezeichnete Art war ursprünglich im Südosten der USA, im Norden von Mexiko und den Gebieten am Golf von Mexiko verbreitet. Diese und verwandte Arten wurden schon vor Jahren wegen ihres schnellen Wachstums zur Zucht in vielen Teilen der Welt verbreitet und auch in Deutschland, Österreich und der Schweiz von Aquarianern und Fischern ausgesetzt. Die Neubürger vermehrten sich nicht nur kräftig und machten sich zudem über die Jungtiere der einheimischen Arten Flusskrebs (*Astacus astacus*) und Steinkrebs (*Austropotamobius torrentium*) her, sondern sie schleppten auch die Krebspest ein. Die mittlerweile zu Invasoren gewordenen eingebürgerten Krebse selbst sind gegen diese Seuche resistent. Die heimischen Krebsbestände dagegen sind ebenso wie viele andere Tiere der Bäche und Flüsse hoch bedroht. In manchen Gegenden kommt es zu regelrechten Invasionen dieses Krebses. So wurden im Mai 2018 alleine in zwei Berliner Parkseen im Zeitraum von nur zwei Wochen von Fischern über dreitausend essbare Rote Amerikanische Sumpfkrebse gefangen. Die können zwar verspeist werden und schmecken ähnlich delikat wie die heimischen Krebse, aber dies wiegt natürlich die Gefahr für die heimische Gewässerfauna bei Weitem nicht auf. Neben dem Amerikanischen Sumpfkrebs sind es noch der ebenfalls aus Nordamerika stammende Signalkrebs (*Pacifastacus leniusculus*) und der schon 1890 im Bereich des Odergewässersystems ausgesetzte Kamberkrebs (*Orconectes limosus*) – ursprünglich im Osten der USA beheimatet –, die zusammen mit weiteren eingeschleppten Arten durch Verdrängung und die Verbreitung der Krebspest die heimische Krebsfauna bedrohen. Landschaftsökologen und Naturschutzpraktiker stehen ebenso wie Fischer und die verschiedenen Fachbehörden vor unlösbaren Aufgaben. Das Wegfangen der invasiven Arten ist so gut wie unmöglich. Seit einiger Zeit werden kleine Bäche und andere Kleingewässer, die noch frei von den invasiven Krebsarten sind, abgeschirmt, indem am Einlauf dieser Gewässer Stahlröhren mit glatten Wänden eingezogen werden, damit die gefräßigen Wasserkrabbler nicht in die Seitengewässer gelangen können. Ob das hilft, ist fraglich. Denn die Krebslarven, die meist zwischen Mai und Juni schlüpfen, können auch im Gefieder von Wasservögeln in Seitengewässer verschleppt werden. Auf diese Weise werden ja auch manche Fischarten und Amphibien über »Laichtransporte« via Vogelgefieder verbreitet. Für die letzten Bestände der einheimischen Fluss- und Steinkrebse nutzt dann auch die *Liste invasiver, gebietsfremder Arten von unionsweiter Bedeutung* der Europäischen Kommission nichts.[48]

Auf dieser Liste stehen auch die Chinesische Wollhandkrabbe, Asiatische Hornisse, Waschbär, Sibirisches Streifenhörnchen, Marderhund, Amurgrundel, Amerikanischer Ochsenfrosch und Nilgans. Bei den Pflanzen sind es Riesenbärenklau, Chilenischer Riesenrhabarber, drüsiges Springkraut (oft auch als Indisches oder Himalaja-Springkraut bezeichnet) und das Afrikanische Lampenputzergras.

Noch ein fast schon kurioses Beispiel: An der Nordsee, genauer gesagt der nordfriesischen und dänischen Wattenmeerküste, haben die aus Zuchtbetrieben »entkommenen« Pazifikaustern sich inzwischen so vermehrt, dass sie die Miesmuschelbänke besetzen und die Miesmuscheln verdrängen. Das ist ein Problem für manche Seevögel, darunter den Austernfischer, der entgegen seinem Namen mit Austern überhaupt nichts anfangen kann, sondern Miesmuscheln zu seiner Ernährung braucht. Die Dänen sind klug genug, daraus ein Geschäft zu machen: Sie bieten Austerntouren an und zeigen den Touristen, wo man die ebenso köstlichen wie lästigen Schalentiere findet und wie man sie zubereitet. So werden die Bestände einigermaßen in Schach gehalten. An der deutschen Küste gibt es so was nicht – der Nationalpark und seine Betretungsverbote sind wichtiger …

Wer zu lange zögert, kommt zu spät

Viele pflanzliche und tierische Einwanderer sind mittlerweile in solcher Individuenzahl in der mitteleuropäischen Fauna und Flora präsent, dass auch entsprechende Bekämpfungsmaßnahmen nichts nützen. Empfehlungen – unter anderem vom Bundesamt für Naturschutz –, etwa den Riesenbärenklau oder den Japanknöterich, die andere Florenbestände und damit auf diese angewiesene Tierarten verdrängen, durch Abstechen, Ausgraben, Beweidung, Fräsen oder pflegende Mahd zu bekämpfen, zeigen nur die Ohnmacht und Hilflosigkeit aller, die sich näher mit der Bewahrung der natürlichen Vielfalt befassen.

Ein Schulbeispiel ist der Waschbär. 1934 setzte der Forstmeister Wilhelm Sittich Freiherr von Berlepsch auf Geheiß von Rolf Haag, Geflügelzüchter am hessischen Edersee, vier Waschbären aus, damit die heimische Fauna bereichert werde. Diese vier Exemplare des Waschbären – der eigentlich im nördlichen Amerika zu Hause ist – gelten zusammen mit rund zwei Dutzend Tieren, die zum Kriegsende 1945 aus einer Pelzfarm bei Strusbek in Brandenburg entkamen, als Vorfahren der heute in die Hunderttausend gehenden Waschbärpopulation in Deutschland. Mittlerweile gibt es in jedem zweiten deutschen Jagdrevier Waschbären. Während die einen Naturschützer befürchten, dass die possierlichen Kleinbären wegen ihrer Anpassungsfähigkeit in nahezu jede ökologische Nische passen und mit ihrer Bandbreite von Beute (Fische, Amphibien, Vogeleier, Vögel, Kleinsäuger, Reptilien sowie pflanzliche Nahrung) heimische Tierbestände erheblich gefährden können, vertreten andere die Auffassung, dass sich die Waschbären dem Ökosystem Mitteleuropas angepasst hätten und dieses nicht beeinflussen.

Unabhängig davon, wer recht hat, hat die Natur ihre eigenen Gesetze. Sicher ist, dass wir uns angesichts der Entwicklungen mit den eingeschleppten Krebsarten erst gar keine Experimente erlauben können. Doch oft sind die entscheidenden Behörden zu zögerlich. Das zeigt sich seit etwa 2010 am Beispiel der Nilgans. Diese circa 70 Zentimeter große und bis zu 2 Kilogramm schwere Vogelart ist – wie der Name schon sagt – ursprünglich in nahezu allen Gewässern Afrikas verbreitet. Als sogenanntes Ziergeflügel ab etwa Mitte des 18. Jahrhunderts in Europa gehalten, gab es durch entwichene Vögel schon Ende des 18. Jahrhunderts erste frei lebende Brutpaare in Großbritannien. Vermutlich breiteten sich die attraktiven Vögel über die Niederlande entlang des Rheines und von dort bis in die Täler der Seitengewässer hinein aus. Für Ornithologen waren Nilgansbruten noch um die Jahrtausendwende in vielen Gegenden eine echte Sensation. Dabei sind die Vögel nicht wählerisch, sondern nisten schon einmal auf Felsbändern oder auch in Storchennestern. Sie schafften es in einzelnen Fällen mit ihrem aggressiv territorialen Verhalten sogar, Störche zu vertreiben, die ihr Nest wieder besiedeln wollten. Gerade dieses aggressive Verhalten macht das seit etwa 2013 beobachtete explosionsartige Ansteigen der Populationszahlen so problematisch. Wenn sich die Nilgänse einmal ein Territorium auserkoren haben, vertreiben sie daraus erfolgreich alle anderen Wasserbewohner wie Stockenten, Blässhühner, Wasserrallen sowie andere Vogelarten. In manchen Gegenden gibt es schon Trupps von dreißig bis sechzig Vögeln. Angestammte Arten haben hier bei einem weiteren Populationsanstieg keine Chancen. Noch könnte durch gezielte Bejagung der Bestand eingedämmt und kontrolliert werden. Doch die Jagd- und Naturschutzbehörden und deren Verantwortliche scheinen sich nicht zu trauen, entsprechende Maßnahmen umzusetzen. Zum einen leben viele Nilgänse an Parkgewässern oder Fluss- und Bachläufen im urbanen Raum. Dort spielen sicherheitstechnische Gründe eine Rolle, und man scheut sich vor Kritik derjenigen, die sich weniger für ökologische Zusammenhänge interessieren, vielmehr in einer Art von Verklärung nur die »armen Vögel« sehen und glauben, die Natur würde schon alles von alleine regeln.

Beispiele gibt es genug. Dass eine Kontrolle eingeschleppter Arten so gut wie nicht funktioniert, wenn nicht von Anbeginn an gegengesteuert wird, ist eine Lehre, die uns die jüngere Natur- und Kulturgeschichte eigentlich schon längst ins Stammbuch geschrieben hat. So sind der flugunfähige Nationalvogel von Neuseeland – der Kiwi – sowie der am Boden nistende Papagei Kakapo hochgradig vom Aussterben bedroht, seit mit den Europäern Ende des 18. Jahrhunderts Ratten und Hermeline eingeschleppt beziehungsweise ausgesetzt wurden. Auch Hauskatzen, die teilweise verwilderten, machen Jagd auf die wehrlosen Vögel. Und Lebensräume haben sich massiv verändert, nachdem zu jagdlichen Zwecken Hirsche und Rehe eingeführt wurden und diese wegen des Fehlens natürlicher Feinde die Lebensräume einheimischer Arten kahl fressen. Insgesamt sind durch die eingeschleppten beziehungsweise eingebürgerten Säugetiere in Neuseeland mehr als fünfzig einheimische Arten verschwunden. Mittlerweile hat die neuseeländische Regierung den eingeschleppten Arten den Kampf angesagt und gibt jährlich rund 70 Millionen Euro für Programme zur Bekämpfung von tierischen Schädlingen aus. Ähnliches versucht man auch in Australien, wo sich ganze Landstriche durch das Aussetzen von Kaninchen verändert haben.

Ein anderes Beispiel ist die Aga-Kröte (*Rhinella marina*), auch Riesenkröte genannt. Die bis zu 24 Zentimeter langen und mehr als ein Kilogramm schweren Kröten sind ursprünglich in einem weiten Areal verbreitet, das vom südlichen Texas über Mittelamerika hinweg in das Amazonasgebiet und den Südosten von Peru reicht. Teilweise zur Insektenbekämpfung in Zuckerrohrplantagen ausgesetzt, erwiesen sich die Aga-Kröten nicht als tierische Heils-, sondern Katastrophenbringer. Verschiedene Waran- und Schlangenarten sind wegen der toxischen Drüsensekrete der Aga-Kröten aus ihren Lebensräumen schon verschwunden oder äußerst selten geworden. Sie sind ganz einfach auf das Gift der Aga-Kröte nicht eingestellt.

Es gibt viele Dutzend andere Beispiele über die verheerenden Folgen des Einschleppens gebietsfremder Arten auf der Welt. Dennoch scheint die Menschheit nichts, aber auch gar nichts zu lernen. Das zeigt das Beispiel des Buchsbaumzünslers, ein Kleinschmetterling, der normalerweise in Gebieten Ostasiens verbreitet ist.[49] Vermutlich durch den Import von in China vermehrten Buchsbaumpflanzen eingeschleppt, verbreitete sich das Insekt rasend schnell über Mitteleuropa aus. Die ersten Vorkommen wurden in Deutschland 2006 und schon ein Jahr darauf auch in der Schweiz festgestellt. In Österreich und Frankreich wurden sie ab 2009 gemeldet. Seitdem bangen Gartenfreunde um ihre Buchsbäume,[50] die teilweise seit Jahrhunderten in Gärten und Parks gehegt und gepflegt werden.

Nun wäre der Befall von manchem Gartenbuchs verschmerzbar, aber der Buchsbaumzünsler hat auch vor den letzten Naturvorkommen des Buchs nicht haltgemacht. Einer der letzten Standorte ist der unter strengem Naturschutz stehende Buchsbaumwald bei Grenzach-Wyhlen am Oberrhein, der von Forst- und Naturschutzbehörden ebenso wie von Wissenschaftlern und ehrenamtlichen Naturschützern über Jahrzehnte hinweg gepflegt wurde. Der Zünsler hat den Buchswald binnen kurzer Zeit flächendeckend vernichtet, wie auch Revierförster Markus Dischinger beklagt. Die Raupen, so wurde berichtet, hätten nicht nur die Blätter der Buchsbäume, sondern auch die Rinde angefressen. Hatte der Buchsbaumzünsler anfangs keine natürlichen Feinde, weil Amsel, Drossel, Fink und Star und die Vogelschar von Meisen, Grasmücken und Rotschwänzen nicht darauf eingestellt war, so werden jetzt Vögel beobachtet, die gezielt Buchsbaumpflanzen nach der nimmersatten Zünslerraupe absuchen. Ob sich die Natur hier selbst helfen kann? Auch dieses unfreiwillige Experiment hat ein offenes Ende. Seltsam ist nur, dass nach unserer Kenntnis noch nie Verantwortliche für den Import von Arten, die sich als sogenannte Neozoen[51] und Neophyten verheerend auf Ökosysteme erwiesen und auch immense wirtschaftliche Schäden verursachten, im Gefängnis gelandet sind.

Nun sind immer wieder, seit der Mensch internationalen Handel betreibt, Arten absichtlich oder unabsichtlich eingeführt worden. Aber zu früheren Zeiten konnten die Menschen noch nicht ahnen, welche Folgen damit verbunden sind. Dies ist heute anders. Gesetze, die das Einführen von Tieren und Pflanzenarten unter Verbot oder notwendige Kontrollen gestellt haben, werden aber nur dann wirksam sein, wenn sie durch entsprechende Kontrollen und Aufklärung umgesetzt werden. Die Liste der potenziell gefährlichen Arten ist lang.

Mörderpilz bedroht alle Amphibienbestände der Erde

Welche Folgen das Einschleppen von Arten für die einheimischen Artenbestände haben kann, zeigt auch das Beispiel des sogenannten Salamanderfresserpilzes. Der Pilz *Batrachochytrium salamandrivorans* wurde erstmals 2010 in Belgien und in den Niederlanden festgestellt. Amphibienschützer bemerkten, dass die Haut von Salamandern seltsam zerfetzt aussah. Untersuchungen ergaben dann, dass sich die Krankheit schnell ausbreitet und über die Schuhe von Wanderern, über die Hände von Tierfreunden, die Salamander anfassen und vielleicht später wieder andere Exemplare berühren, und auch über Gewässer ausbreiten können. Eingeschleppt wurde die Seuche vermutlich über Salamanderarten und andere Amphibien, die aus Ostasien importiert wurden und in Terrarien gehalten wurden. Schon bald hat sich die Krankheit auch in Deutschland verbreitet und wurde in der Eifel festgestellt. Gefährdet sind dadurch auch Amphibien, die ähnliche Habitate bewohnen, etwa Bergmolch, Fadenmolch, Teichmolch und andere Arten. Da Amphibien, zu den neben Salamandern und Molchen auch Frösche, Kröten und Unken gehören, entsprechend ihrer Lebensweise eine feuchte, schleimige Haut haben, sind sie für Pilzerreger besonders anfällig. Während wohl Arten, die über den internationalen Tierhandel nach Europa kamen, resistent gegen die heimtückischen Erreger sind, kann es innerhalb kürzester Zeit ganze Bestände heimischer Amphibienarten dahinraffen. Das geheimnisvolle Amphibiensterben macht nicht nur Zoologen weltweit seit Ende des letzten Jahrhunderts zunehmend Sorgen. In Südamerika ist es der Erreger *Batrachochytrium dendrobatidis*, der den Darwinfrosch und andere Arten selbst in abgelegenen Gebieten bedroht. Amphibienexperten versuchen in verschiedenen Regionen Zuchtstationen aufzubauen, um für die einzelnen Arten erregerfreie Überlebensbestände aufzubauen. Nachkommen aus solchen Zuchten könnten dann später wieder in die ursprünglichen Habitate entlassen werden, so die Idee. »Dass wir neben dem massiven Lebensraumverlust durch Zerstörung von Primärwäldern und die Umwandlung von Savannen und anderen natürlichen Biotopen in Agrarflächen noch zusätzlich mit derartigen Herausforderungen konfrontiert werden, hätten wir noch vor 25 Jahren für nicht möglich gehalten«, sagt Dr. Christof Schenck, Geschäftsführer der Zoologischen Gesellschaft Frankfurt, der eine stärkere Kontrolle des weltweiten Tierhandels fordert.

Die Chytridpilzerkrankung bei Amphibien wurde zuerst in Australien (Queensland) 1993 in Form einer Tierseuche anhand von toten und sterbenden Fröschen entdeckt. Der Amphibien-Mörderpilz wurde ebenso in Afrika entdeckt sowie in Neuseeland und dem ozeanischen Inselarchipel; nach Mittel- und Südamerika kam er wohl über Venezuela. Der tödliche Pilz schaltet indirekt das Immunsystem von Fröschen und anderen Amphibien aus.

Invasive Arten – wenn neue Vielfalt ganze Ökosysteme bedroht

Die verheerendsten, bislang bekannten Folgen des Einschleppens von Arten hatte wohl die ursprünglich im nördlichen Ostasien beheimatete Wanderratte, die hauptsächlich über den Schiffsverkehr ab Ende des 15. Jahrhunderts als blinder Passagier eingeschleppt wurde. Aber schon in der Spätantike gab es erste Folgen, so die Justinianische Pest um das Jahr 541, eine Pestepidemie im Mittelmeerraum. Denn mit den Ratten kam der Rattenfloh, und dieser brachte den Pesterreger.[52] Vom Rattenfloh, sprang der Pesterreger auf den Menschenfloh über und verursachte mehrfach in der Menschheitsgeschichte verheerende Epidemien, die Millionen von Menschen das Leben kosteten.

Nach Angaben des WWF gibt es alleine in Deutschland rund 1550 eingeschleppte oder eingebrachte Tier- und rund 12000 Pflanzenarten. Da sich viele davon in Deutschland nicht fortpflanzen können und die Winter (bislang war das so; was der Klimawandel mit sich bringt, ist eine andere Frage) nicht überlebten, reduziert sich die Zahl hier existierender Neophyten und Neozoen auf etwa 600 eingeschleppte Pflanzenarten und rund 260 Tierarten. Probleme gibt es immer dann, wenn etwa Pflanzenbestände heimische Vegetation und damit Tierarten, die auf diese angewiesen sind, verdrängen.

Was wir tun können – was sich ändern muss

Jeder Einzelne

- Keine exotischen Tiere aussetzen; dies ist ohnehin strikt verboten.
- Geduldig sein und im Garten darauf warten, bis heimische Marienkäfer Läuse bekämpft haben. Hier braucht man weder zur Giftspritze noch zu exotischen Arten zu greifen. Wenn jedoch die Marienkäfer und deren Larven nicht die Chance erhalten, eine zweite Generation auszubilden (wofür sie einfach etwas Zeit und genug Läuse zum Fressen brauchen), können sie in der Folge auch keine weiteren Lausbekämpfungen vornehmen.

- Keine gebietsfremden Pflanzen aussetzen oder aussäen.
- Keine Tiere und Pflanzen aus anderen geografischen Gebieten – und schon gar nicht aus anderen Kontinenten – einführen.

Politik und Zivilgesellschaft

- Gesetze und andere Rechtsvorschriften, die die Einfuhr nicht heimischer Arten verbieten, konsequent umsetzen; schärfere Kontrollen durchführen.
- Importverbote aussprechen und kontrollieren.

Wirtschaft

- Selbstkontrolle stärken und ausbauen. Waren (zum Beispiel Holzpaletten), die Eier, Puppen oder Larven enthalten könnten, nicht verwenden und kontrollieren.
- Importfirmen müssen viel mehr als bislang ihre Mitarbeiter sensibilisieren.

Fazit: Wer nicht mitdenkt, aufpasst und vorsorgt, muss leiden.

Wenn Wohlstand biologische Vielfalt bedroht

Die meisten Menschen wollen Natur gern erleben. Das ist gut so, schließlich schützt die Natur und Umwelt letztlich nur, wer sie kennt. Dennoch ist es unsere Wohlstandsgesellschaft, die in vielen Bereichen zum lautlosen Rückzug der Natur aus den Fluren beiträgt. Gemeint ist hier nicht die Neigung, nur billigste Lebensmittel zu kaufen, wodurch auf den Feldern immer intensiver gewirtschaftet wird, sodass es kaum mehr Platz für Rebhuhn, Feldhase, Lerche und Co. gibt. Vielmehr geht es um die immer weiter aufklaffende Schere zwischen Naturerleben und Naturnutzen auf der einen Seite und mangelndem praktischem Einsatz für die Natur andererseits. Die Menschen gehen hinaus in Feld, Wald und Flur, machen Spaziergänge und unternehmen Wanderungen, oder sie fahren Rad. Dabei genießen sie blumenbunte Wegraine (sofern es so etwas noch gibt), sie erfreuen sich je nach Gegend an Obstwiesen und in den sonnenverwöhnten Tälern an historischen Weinbergen mit ihren landschaftsprägenden Natursteinterrassen und dem mediterran anmutenden Ambiente.

Überall beleben die verschiedensten Schmetterlinge und Vögel zusammen mit anderen Tieren die Landschaften. Doch die meisten Menschen wissen heute nicht mehr, dass die allermeisten Areale Kulturlandschaft sind. Kulturlandschaft, die – wie der Name schon sagt – durch die wirtschaftende Tätigkeit der Menschen über Jahrhunderte entstanden ist. Wenn die Bäume der Obstwiesen nicht mehr geschnitten, das Gras nicht mehr gemäht und abgeräumt wird, verschwinden die überschwänglich blühenden Apfel-, Birnen-, Zwetschgen- und Mirabellenbäume und mit ihnen die Lebensräume für viele Tiere. Dasselbe in den Weinbergen. Ohne Rebenpflege durch Anbinden, Laubarbeiten, Bodenbearbeitung, Schneiden etc. ist der Weinberg schnell kein Weinberg mehr.

Doch unsere Freizeitgesellschaft wird immer mehr zur Freizeitsuchtgesellschaft. Viele Menschen wollen nach Feierabend Natur genießen, aber nicht in der Natur und für die Natur arbeiten. Während sie Rad fahren, joggen oder einfach nur spazieren laufen, geht die Obstwiesenwelt zugrunde. Steillagenweinberge werden aufgegeben. Viele Obstwiesengrundstücke fallen ebenso wie Mauernweinberge brach, weil die Erben dort nicht mehr arbeiten wollen. Statt über den Winter Bäume zu schneiden und dann und wann im Sommer das Gras zu mähen, geht die Erbengeneration eher ins Fitnessstudio; für die Bewirtschaftung und Bewahrung des eigenen Erbes bleibt scheinbar keine Zeit. Es grenzt schon an Wohlstandsverwahrlosung, wenn erwartet wird, dass die öffentliche Hand – also Gemeinden, Städte, Landkreise und die Länder – zusammen mit ein paar Freiwilligen aus Naturschutzverbänden und Kleinlandwirtschaft die vielgestaltige Kulturlandschaft pflegen sollen. Die großen Landwirtschaftsbetriebe können es sich ohnehin nicht mehr leisten, die mit viel Handarbeit verbundene Pflege der kulturhistorisch und ökologisch so bedeutenden Landschaftselemente aufrechtzuerhalten. Gefährdet sind dann Tierarten wie Zaunammer, Goldammer, Gartenrotschwanz, Neuntöter, Steinkauz, Mauer- und Zauneidechse, Schlingnatter und Blindschleiche und viele, viele Insektenarten.

Auerhahn und Feuersalamander haben keine Ersatzlebensräume – Egoismus und Rücksichtslosigkeit gefährden letzte Naturoasen

Für den Auerhahn spielt es keine Rolle, ob Skilangläufer oder Schneeschuhwanderer aus reinem Egoismus, aus Rücksichtslosigkeit oder nur aus Gedankenlosigkeit die vorgegebenen Loipen und Routen verlassen. Jede Störung in den ohnehin wenigen Naturoasen bedeutet für die bis zu drei Kilogramm schweren Wildhühner Stress und Lebensgefahr. Denn jede Flucht bei Störungen bedeutet im Winter in den Hochlagen der letzten Auerwildrefugien etwa im Bayerischen Wald, im Schwarzwald oder in den alpinen Gebieten Energieverlust.

Den Winter über ernähren sich die Tiere fast nur von den Triebspitzen der Nadeln von Tannen und Fichten. Und die bieten nur wenige Kalorien. Was für Menschen, die sich nicht an die Wegegebote halten, ein besonderer Naturgenuss sein mag, bedeutet zusammengenommen einen weiteren Verlust an Ruhezonen und letztlich den Verlust der Tiere, die solche Ruhezonen brauchen. Dann werden auch die Auerhähne verstummen und nicht mehr in der Balzzeit zwischen April und Anfang Juni mit breit aufgefächertem Schwanz und seltsamen Schnabelklapperritualen um die Weibchen werben.

Schon jetzt haben die Auerhuhnbestände – auch Lebensraumveränderungen durch die Forstwirtschaft haben dazu beigetragen – überall in Mitteleuropa abgenommen. Ein ganz wesentlicher Faktor sind die Störungen durch gedanken- und rücksichtslose Menschen. Zu dieser Spezies gehören auch Mountainbikefahrer, die sich nicht an Wege halten, sondern zum Sportvergnügen kreuz und quer durch die Wälder prasseln, illegale Routen anlegen und so auch die Lebewelt von Feuersalamander, Waldschnepfe und anderen Waldbewohnern stören. Doch ebenso wie das Auerhuhn können sich auch Feuersalamander und Waldschnepfe einfach keine anderen Lebensräume suchen. Während die Mountainbikefahrer nach ihren illegal vergnüglichen Touren fröhlich beim Energydrink oder Weißbier sitzen und die nächste Fahrt planen, liegen platt gewalzte Feuersalamander, Molche und Kröten in so manchem Wald. Waldschnepfen und andere Bodenbrüter haben wegen der Störungen ihre Nester verlassen. Jede Störung vermindert aber den Bruterfolg.

Überall in Deutschland, Österreich und der Schweiz schlagen Forstleute, Landschaftsökologen und Naturschutzpraktiker Alarm und beklagen die zunehmende Respektlosigkeit vieler Mitbürger, die nur ihr eigenes Vergnügen sehen. Dazu gehören auch Anhänger des Geocaching. Nach Angaben der Informationsplattform »Geocaching.de« ist dies eine moderne Form der Schatzsuche beziehungsweise Schnitzeljagd. »Ausgestattet mit einem Global Positioning System (GPS)-Empfänger und den Koordinaten eines ›Schatzes‹ aus dem Internet kann man die Schätze finden, die jemand anderes an ungewöhnlichen Plätzen versteckt hat«, so wird das Geocaching gepriesen. Bei erster Betrachtung ist Geocaching in der Tat eine interessante Freizeitbeschäftigung. Es geht um nichts anderes, als an bestimmten Stellen versteckte Gegenstände oder damit verbundene Botschaften aufzufinden. Doch die Hüter von Naturschutzgebieten und anderen Refugien für selten gewordene Tier- und Pflanzenarten stellen immer häufiger fest, dass beim Verstecken der »Schätze« auch abgelegene Waldgebiete, Moore, See- und Flussufer und andere Bereiche gewählt werden, die eigentlich der Natur vorbehalten sein sollten. Und so bedeuten Schutzgebiete und Ruhezonen für die Tierwelt noch lange keinen Schutz. Nimmt man alle Störungspotenziale zusammen, wird schnell deutlich, unter welchen Druck ruhebedürftige Arten geraten. Fällt aber von seltenen Vogelarten auch nur eine Brutsaison wegen solcher Störungen aus, sind für ein Jahr keine Nachkommen gesichert, werden schon bald kleinere Lebensräume verlassen. Da diese ohnehin oft isoliert in der ansonsten viel zu intensiv bewirtschafteten und auch dicht bebauten Landschaft liegen und der Genaustausch nicht mehr gewährleistet ist, ist der Störfaktor »Homo Hobby« zu einem ernsthaften Problem für die Fortexistenz vieler Arten geworden.

Was wir tun können, was sich ändern muss

Jeder Einzelne

- Wissen über bedrohte Natur weitergeben.
- Mit Kindern raus in die Natur gehen.
- Respekt vor bedrohter Natur vermitteln.

Politik und Zivilgesellschaft

- In Kindergärten und Schulen Respekt vor der Natur, vor Geschöpfen und vor allem auch vor Mitmenschen vermitteln.
- Naturbewusstsein schaffen.
- Umweltbildung und Naturerziehung massiv stärken.
- Naturschutzzentren und ähnliche Einrichtungen mehr fördern und personell verstärken.

Wirtschaft:

- Das Tourismusgewerbe muss letzte Naturoasen respektieren und als Tabu betrachten.
- Tourismusgemeinden und –betriebe sollten Besucherströme viel mehr als bislang lenken.

Fazit: Wir brauchen mehr Respekt vor der Natur. Er muss schon im Elternhaus, im Kindergarten und in der Schule vermittelt werden.

Gehetzt und vertrieben

Mit weiten Sprüngen schlägt der Hase Haken, um seinen Verfolger abzuschütteln. Was kühn aussieht, ist für den Hasen der pure Stress. Er wird von einem Hund verfolgt, dessen Besitzerin gut 200 Meter entfernt erfolglos nach ihm ruft. »Es ist halt ein Jagdhund«, meint sie später. Darauf angesprochen, dass man Hunde, die nicht gehorchen, an die Leine nehmen sollte, damit Wildtiere nicht gestört werden, meint sie nur lapidar, dass der Hund doch auch Natur sei. Solche Beispiele gibt es täglich zu Tausenden. Von der Natur sind Feldhasen darauf konditioniert, sich durch schnelle Sprints vor Verfolgern zu retten. Doch tägliche Dauerhetze ist irgendwann der Hasen Tod. Gerade im Umfeld dicht besiedelter Städte führen viele Spaziergänger ihre Hunde Gassi. Und viele davon dürfen frei herumspringen. Was die Naherholung für Frauchen und Herrchen in der Natur bedeutet, bringt in den immer mehr zurückgedrängten Lebensräumen für die dort verbliebenen Feldtiere wie Feldhasen, am Boden brütende Feldlerchen und Rebhühner Dauerstress. Vor allem rings um die Ballungszentren sind Menschen in ihrer Sehnsucht nach Erholung in der Natur ständig in der Landschaft präsent – und mit ihnen ihre Hunde. Ohnehin scheint der Trend längst zum Zweit- und Dritthund zu gehen.

Die Leute laufen allein oder mit ihren Hunden auch quer durch Wiesen und Felder und machen sich keine Gedanken, dass das Gras oder Getreide dann nicht mehr richtig gemäht werden kann. Und es kommt ihnen schon gar nicht in den Sinn, dass sie Wildtiere wie junge Hasen und junge Rehe stören und durch den ständigen Fluchtstress gefährden könnten. Sind sie doch Naturliebhaber. Jeder sieht nur sich und seinen Hund oder seine Hunde, aber nicht die Masse, die ganz erheblich die Lebensgemeinschaft zwischen Feld, Wald und Wiese negativ beeinflusst. Ein wesentlicher Faktor – auch wenn es viele nicht hören wollen – ist die Masse an Hundekot, welche zusätzlich zum Düngereintrag aus den landwirtschaftlichen Flächen auf den Ackerrandstreifen für eine Veränderung ganzer Artengemeinschaften sorgt. Konkurrenzfähige, weil stickstoffliebende Pflanzen verdrängen auf eher magere Stellen angewiesene Arten. Statt Hauhechel, Wiesenbocksbart, Margeriten, Skabiosen-Flockenblume, Zittergras und anderen farbenfrohen und filigranen Gewächsen machen sich nur noch Löwenzahn und Gräser breit. Damit gehen auch wichtige Vernetzungsstrukturen für die Verbindung von Biotopen und das Ausbreiten von Arten verloren. Nach Angaben des Landesamtes für Natur, Umwelt- und Verbraucherschutz Nordrhein-Westfalen[53] können Weg- und Feldraine rund tausend Pflanzenarten und ebenso viele Tierarten beherbergen. Oft sind diese Wegraine letzte Zufluchtsorte für Arten, die auch woanders gedeihen würden, dort aber wegen der intensiven Nutzung keine Chance haben. »Die Bedeutung von Rainen wächst umso mehr, je stärker das Umland an Lebensräumen einbüßt. Wiesenpflanzen retten sich auf der Flucht vor zu viel Dünger ebenso in den Wegrain wie Wildbienen oder Schmetterlinge, denen anderswo die Blüten fehlen. Feldhasen nutzen die Deckung, die ihnen bei der immer früheren Wiesenmahd und Feldernte fehlt. Insekten überwintern in abgestorbenen Pflanzenstängeln der Saumvegetation.«

Doch viele Landwirte nehmen schon lange immer mehr Wegraine und damit öffentliches Gelände (das ihnen nicht gehört) unter den Pflug, sodass die Säume entlang der Wege immer schmaler werden. Stellen Sie sich einfach vor, was es bedeutet, wenn diese allerletzten Refugien wegen Stickstoffüberschuss auch keine Zukunft mehr haben.[54] Wir haben einmal den Einfluss am Beispiel einer Sechstausend-Einwohner-Gemeinde in einem deutschen Ballungsraum ausgerechnet. Dabei sind wir von den registrierten zweihundertfünfzig Hunden ausgegangen. Wenn jeder nur durchschnittlich 300 Gramm Kot in der Landschaft hinterlässt, so sind dies am Tag bereits 75 Kilo, in der Woche 525 Kilo, im Monat 2250 Kilo und übers Jahr gerechnet sage und schreibe 27 375 Kilo. Jahr für Jahr. Zumal Frauchen und Herrchen noch viel zu selten die Hinterlassenschaften ihrer lieben Vierbeiner wieder mit nach Hause nehmen, um sie im Hausmüll zu entsorgen. Viele Bürgermeister klagen auch darüber, dass die Hundekotbeutel, für die extra Behältnisse aufgestellt wurden, nicht benutzt werden. Landwirte sind entsetzt, dass sich darüber hinaus eine andere Unsitte breitmacht. So wird von nicht wenigen Zeitgenossen der Hundekot zwar aufgesammelt, aber der Kunststoffkotbeutel dann entweder am Wegrand liegen gelassen oder mit kühnem Wurf in den nächsten Acker oder an den Rand einer Hecke geschleudert. Was für Hundeliebhaber und andere als nebensächlich erscheint, ist in der Summe ganz einfach der schleichende Artentod.

Doch nicht nur der Kot hat Düngewirkung. Schließlich müssen die Vierbeiner auch pinkeln; das ist ja einer der Hauptgründe fürs Gassigehen … Geht man bei den registrierten 250 Hunden von nur 200 Milliliter Urin aus, so sind dies im Jahr immerhin 16 800 Liter. Die vorwiegend am Wegesrand abgegebenen Urin- und Kotmengen führen ganz einfach zur Artenverarmung durch Nitratbelastung.

Zurück zur Störung von Wildtieren: Wie von etlichen Bürgermeistern berichtet wurde, lassen manche Hundebesitzer, während sie bei der Arbeit sind, ihre Tiere frei auf der Gemarkung herumstreunen. Jegliche Kontrolle fehlt, und die Wildtiere haben keinerlei Schonung mehr. Auch Tierliebe kann Tiere töten. Nicht unmittelbar und grausam, aber mit schleichendem Prozess genauso wirksam und unerbittlich.

Manche Gemeinden wissen sich nicht mehr zu helfen und greifen – weniger aus Gründen des Tierschutzes, sondern wegen des Kotproblems –zu ungewöhnlichen Methoden: Hundehalter müssen genetische »Fingerabdrücke« vom Kot ihrer Tierchen hinterlegen. Werden Hundehaufen auf der Gemarkung aufgefunden, sind die »Verursacher« identifizierbar und werden von der Kommune zur Kasse gebeten.

Und die Katzen? Ja, von denen gibt's noch viel mehr als Hunde. Und es gibt keine Katzensteuer. Zwar laufen sie nicht so weit im Gelände herum, aber sie sind wegen ihres angeborenen Jagdverhaltens ein echtes Problem, da sie Vögel und ihre Jungen ebenso jagen wie Eidechsen und Blindschleichen. In einigen Tälern des südlichen Schwarzwaldes sind sie sogar eine ernst zu nehmende Gefahr für die sehr seltene Aspisviper. Die Katzen töten im Spiel- und Jagdtrieb auch die jungen Schlangen.

Doch zurück zum gehetzten Hasen. Haben diese und andere Feldtiere den Stress des Tages überstanden, finden sie oft auch in der Nacht keine Ruhe. Mit riesigen Maschinen sind immer öfter Agrarerzeuger auch lange nach Einbruch der Dämmerung und bis tief in die Nacht auf den Äckern unterwegs. Von Ruhe für Reh und Rebhuhn keine Spur …

Wenn Rücksichtslosigkeit und Dummheit zusammenkommen

Prof. Dr. Claus König, Ehrenvorsitzender des Naturschutzbundes Deutschland und ehemaliger Leiter des Naturkundemuseums Stuttgart, war entsetzt. Zusammen mit seiner Frau Ingrid dokumentiert er seit 2015 die Wiederbesiedlung von Felsbändern mitten in den steilen Weinbergen des Neckartals durch den Uhu. Es war schon eine Sensation, als der renommierte Zoologe und Verfasser eines Standardwerks über die Eulen der Welt[55] feststellte, dass die größte Nachteule selbst im Ballungsraum rund um Stuttgart wieder ökologische Nischen besetzt hat. Die Königs sensibilisierten die Weingärtner und sorgten dafür, dass Störungen vom Nistplatz eines Brutpaares ferngehalten wurden. Das Ergebnis waren drei erfolgreiche Bruten zwischen 2015 und 2017. Doch 2018 sollte es nicht klappen. Der Vogelprofessor und seine Frau, die mit ihm die Brutbiologie der Vögel mit Filmen und Tonaufzeichnungen dokumentiert, konnten sich das Verlassen des Brutareals nicht erklären. Doch dann wurden sie von Spaziergängern informiert, dass einige Zeit davor ein vermeintlicher Naturfreund die scheuen Tiere mit einer Drohne – wohl um Filmaufnahmen zu machen – gestört habe. Unfassbar! Selbst in den letzten Refugien, seien es Naturschutzgebiete, Naturdenkmale oder einfach nur Stellen, die in der Landschaft wegen der unzugänglichen Lage vor intensiver Nutzung bislang verschont blieben, finden Tiere wegen der Rücksichtslosigkeit von Menschen keine Ruhe mehr. Neben Drohnen sind es Modellflugzeuge und Modellschiffe, mit denen gedanken- oder rücksichtslos der Natur auf die Pelle gerückt wird. Freizeitpaddler wollen Natur ganz nah erleben und nähern sich auch zur Brutzeit den Schilf- und Röhrichtgürteln an den Seen. Für Zwergtaucher, Haubentaucher, Blässhuhn, Teichhuhn und andere Sumpf- und Wasserbewohner bedeutet dies neben dem Lebensraumverlust und den Gefahren durch natürliche Feinde zusätzlichen Stress, der zum Ausfall der Brut oder zum Verlassen solcher Gebiete führen kann.

Fazit: Die Natur ist dem mitunter zur Freizeitsucht gewordenen Freizeitverhalten vielerorts nicht mehr gewachsen.

Blindes Bauen bedroht Stadtnatur

Glatte Wände, Beton, Stahl, Glas oder vorgehängte Marmor- oder Kunststofffassaden; so sehen viele Gebäudekomplexe aus, die in den letzten Jahren gebaut wurden und gegenwärtig gebaut werden. Während sich viele Tierarten in die Städte flüchten, weil sie in der intensiv bewirtschafteten Agrarlandschaft keine ökologischen Nischen mehr finden, haben sie im urbanen Raum zunehmend mit naturfeindlichen Strukturen zu kämpfen. Die vielen Vögel etwa, die an die Glasscheiben prallen und sterben, sind nicht fassbar. Ob Spechte, Meisen, Rotkehlchen, Kernbeißer, Buchfinken oder Grünfinken: Die Liste der Vogelschlagopfer ist lang. Riesige Glasflächen mögen in den Augen der Architekten und Städtedesigner noch so attraktiv sein; wenn sich darin Bäume und Sträucher oder der Himmel spiegeln oder in Ecksituationen »echte Natur« hinter dem übernächsten Fenster sichtbar wird, haben die Tiere den Eindruck, dass sie bei der Nahrungs- oder Nistplatzsuche in gewohnte Strukturen gelangen, was sich dann aber viel zu oft als tödliche Falle erweist.

Die Folgen: Fällt ein Elternvogel aus, ist vor allem während kühler oder nasser Tage die Brut gefährdet. Verunglücken beide Vogeleltern, bedeutet dies ohnehin den sicheren Tod. Doch die Gebäude sind nicht nur Todesfallen für Tiere, sondern schon von der Konstruktion her lebensfeindlich. Während in alten Industriearealen Mauersegler und Schwalben Nistplätze fanden und Fledermäuse sichere Quartiere aufsuchen konnten, wird heute – übrigens auch an vielen Wohngebäuden – so gebaut, dass es keinerlei ökologische Nischen für Tiere gibt. Was das Bauen anbelangt, sind wir blind dafür geworden, was die Natur braucht und was die Natur gefährdet.

»Früher wurde ja auch nicht für Mauersegler und Schwalben gebaut!« Wir hören schon die Einwände, mit denen wir immer wieder konfrontiert werden. Und die ewigen Zweifler haben insofern recht, als Gebäude immer schon zweckorientiert gebaut wurden. Allerdings haben sie bis in die Sechzigerjahre hinein für unsere Mitgeschöpfe vielerlei Unterschlupf und Überlebensmöglichkeiten geboten. Weil wir unsere Bauweisen geändert haben und heute mehr über Zusammenhänge in der Natur und vor allem über deren Bedrohung wissen, müssen wir unser Denken und unser Handeln ganz einfach ändern.

- Beim Architekturstudium müssen nicht nur Aspekte des energiesparenden und klimafreundlichen Bauens, sondern auch des wildtierfreundlichen Planens und Bauens vermittelt werden.
- Auch wenn es manchen Fassadendesignern nicht gefällt, müssen großflächige Glasscheiben mit Greifvogelattrappen ausgestattet werden, damit Vogelunfälle reduziert werden.
- Hausmeister von Wohn-, Produktions- und Geschäftsgebäuden sollten von ihren Auftraggebern sensibilisiert werden.
- Hausmeister sollten die Inhaber beziehungsweise andere für Immobilien verantwortliche Personen über Gefährdung von Tieren und Abhilfemaßnahmen informieren.
- Organisationen wie der Verband der Immobilienwirtschaft, der Verband der Immobilienverwalter und der Verband der Immobilienmakler sollten im Rahmen ihrer Mitgliederbetreuung für Sensibilisierung, Aufklärung und die Vermittlung von praktischen Maßnahmen zum Wildtierschutz im Siedlungsraum sorgen.

Fazit: Wir brauchen mehr Sensibilität für die Stadtnatur.

Wenn Naturliebe die Natur bedroht

Sie sehen sich als Naturfreunde und erfreuen sich an Tieren und Pflanzen – ganz speziell an einzelnen Arten. Doch sie sind in ihrem Egoismus leider blind oder ignorant für die Schäden, die sie anrichten. Da gibt es Orchideenfreunde, die auf dem Weg zur Hummelragwurz trotz klarer Verbotsschilder quer über den Trockenrasen laufen, um ihr ersehntes Foto machen zu können. Es gibt Vogelfreunde, die ihre eigene Sammlung mit Vogelbildern komplettieren wollen und rücksichtslos im Umfeld der Nester auch seltenster Arten wie etwa der Zwergdommel Quartier beziehen, um zu fotografieren. Bei seltenen und empfindlichen Arten kann schon eine einmalige Störung die Brut und damit die nächste Vogelgeneration gefährden.

Dass Naturfotografen oder Tierfilmer mit höchster Verantwortung agieren müssen, gehört auch zum Selbstverständnis von Vereinigungen der Gesellschaft Deutscher Tierfotografen e.V.[56] Mag sein, dass durch Aufnahmen von spektakulären Lebensräumen und faszinierenden Tieren und Pflanzen die Menschen für die Natur begeistert und für ihren Schutz sensibilisiert werden können. Auf der anderen Seite rechtfertigt das eigene Interesse am Naturbild keinesfalls Naturstörungen und Zerstörungen.

TYPOLOGIE DER LEBENSRÄUME

»Ich bin Leben, das leben will,
inmitten von Leben, das leben will.«

Albert Schweitzer (1875–1965)

Durch Wald, Feld und Flur – zur Typologie unserer Lebensräume

Wer das immer mehr um sich greifende Verstummen der Natur ergründen will, wer herausfinden will, warum sich faszinierendes Leben aus vielen Landschaften zurückzieht und warum wir uns mit dem schlimmsten Artensterben seit mindestens fünfzigtausend Jahren konfrontiert sehen, kommt nicht umhin, sich ein wenig mit der jüngeren Landschafts- und Kulturgeschichte zu befassen. Denn so wie wir unsere Landschaften und die bislang dort angestammten Pflanzen- und Tierarten erleben, sind sie Produkte aus beidem: Natur und Kultur.

Davon, wie unsere mitteleuropäischen Landschaftstypen entstanden sind, wie sie von Menschen überformt, gestaltet und geprägt wurden, soll in diesem Kapitel die Rede sein. Wie stellen Sie sich die ideale Landschaft vor? Wahrscheinlich geht es Ihnen wie den meisten Menschen, die aufgefordert werden, eine ideale mitteleuropäische Urlaubslandschaft zu malen. Das Bild würde einen Bach, Fluss oder See – oder vielleicht alle drei Elemente – beinhalten, ein paar Baumgruppen, im Hintergrund ein Wald, dazwischen Wiesen und Äcker mit »glücklichen« Kühen und als Bildhintergrund Hügel oder Berge und darüber die lachende Sommersonne. Viele Leute malen wohl noch einen spitzen Kirchturm mit einem idyllischen Dörfchen drum herum. Solche Landschaften finden wir zuhauf in den Prospekten der für den Inlandstourismus Deutschlands, Österreichs, der Schweiz und den Nachbarländern werbenden Tourismusgemeinschaften sowie von den Urlaubern abhängenden Städten und Gemeinden und natürlich in Katalogen der Reiseveranstalter.

Was als idyllische Projektion gezeichnet und vermittelt wird, ist tief in unserem kollektiven Gedächtnis verankert. Schließlich waren es Dutzende und Hunderte von Generationen vor uns, die in solchen Landschaften gelebt und gearbeitet haben. Menschen verschiedener Epochen, deren Erfahrungen und Empfindungen zusätzlich zu den uns von der Natur mitgegebenen Fähigkeiten und Instinkten mit ihrem Erbgut weitergegeben wurden.

Unsere Landschaft steckt also voller Natur- und Menschheitsgeschichte. Über Jahrtausende hinweg gab es – damals noch nicht von Menschen beeinflusst oder verursacht – immer wieder auch klimatische Verschiebungen, die sich unterschiedlich auf die Landschaften und auf die Lebensgemeinschaften von Pflanzen und Tieren auswirkten. Ab dem Ende der letzten Eiszeit vor zehn- bis zwölftausend Jahren wirkten dann die Menschen zusätzlich auf die Landschaft ein und veränderten mit ihrem Wirtschaften ihre jeweilige Umgebung. Wälder wurden gerodet, Äcker, Wiesen und Weiden angelegt und aus Wildtieren Nutztiere gezüchtet. Das so entstandene Landschaftsmosaik führte zur Entstehung der Kulturlandschaft Mitteleuropas, verbunden mit der Einwanderung vieler Tier- und Pflanzenarten. Doch mit dem immer intensiveren Ackerbau, dem Anwachsen der Bevölkerungszahl und der damit einhergehenden Industrialisierung begann ab etwa 1950 der dramatische, von den meisten anfänglich noch nicht so wahrgenommene Artenschwund.

Prozesse, die sich früher über Jahrhunderte oder Jahrtausende hinzogen, verlaufen heute in einer Geschwindigkeit, die es der Natur immer weniger ermöglicht, sich anzupassen. Und so ist vieles, was für die Älteren unter uns, unsere Eltern, Großeltern und die Generationen davor noch selbstverständlich war, ins Wanken geraten: die ersten Schlüsselblumen im Frühjahr, gaukelnde Schmetterlinge auf blumenbunten Sommerwiesen, der Ruf des Kuckucks aus dem Wald, der Hase zwischen Acker und Feldgehölz, die Schwalben, die sich im frühen Herbst ebenso wie andere Zugvögel sammeln, um den weiten Weg in die Winterquartiere anzutreten … All dies ist heute schon nicht mehr selbstverständlich und könnte bald der Vergangenheit angehören, wenn wir nicht handeln. Der Rückgang und das Verschwinden vieler Arten sind deutliche Warnsignale. Diese sind besser sicht- und bewertbar, wenn die Lebensräume unserer Landschaften näher betrachtet werden. Auf den nächsten Seiten geben wir deshalb Einblicke in die verschiedenen Lebensräume und die vielfache Vernetzung der Natur.

Weil die Geheimnisse der Natur noch längst nicht erforscht sind und wohl auch nicht erschöpfend ergründet werden können, kann dies natürlich nur eine oberflächliche Betrachtung sein. Auch sind die verschiedenen Habitate bei Weitem vielfältiger und differenzierter, als wir sie hier beschreiben können. Eines aber sei vorangestellt: Eingriffe in die Natur und die Vielfalt des Lebens bleiben nicht ohne Folgen.

Deshalb zeigen wir bei den einzelnen Lebensräumen exemplarisch auf, was schiefläuft, was sich ändern muss und was wir tun können.

Wälder – die grünen Lungen unserer Heimat

Samtig weiche Moospolster haben den modrigen Stamm fast ganz überzogen. Wie lebende Akupunkturnadeln sitzen filigrane Becherflechten und fragil wirkende Pilze auf dem alten Holz. An anderen Stellen sind ledrig aussehende Baumpilze, den Dächern der Alpendörfer ähnlich, übereinandergeschichtet. Eingerahmt wird das Naturstillleben von den hellgrünen, fächerartigen Blättern kräftiger, nach dem Licht strebender Farne. Seit Jahren schon liegt der einst mächtige Baumriese am Boden und ist – obwohl entwurzelt und abgestorben – doch nicht tot. Bis zur endgültigen Zerlegung in die jeweiligen Einzelbestandteile und bis zur Aufzehrung auch der allerletzten noch verfügbaren Nährstoffe ist die umgestürzte Eiche Lebensgrundlage für Tausende von pflanzlichen und tierischen Lebewesen. Der alte Stamm – eingebettet in ein Gewirr aus Brombeerstängeln, Farnen, allerlei Stauden und Sträuchern – ist Teil eines wegen seiner vielen Details kaum überblickbaren, gigantischen Naturpuzzles. An anderen Stellen der durch Windwurf entstandenen Waldlichtung schieben sich Jungbäume wie im Wettlauf dem einfallenden Licht entgegen. Nicht weit davon entfernt: mächtige Baumriesen. Ihre Überhänge aus sattgrünem Efeu und lianenartigen Waldreben verweben das obere Stockwerk des Waldes regelrecht mit der Kraut- und Strauchschicht des Waldbodens. Dazwischen emsiges Leben: auf der Stelle schwirrende Schwebfliegen, von Blüte zu Blüte flatternde Schmetterlinge, emsig umhersuchende Kleinvögel; und schon von Weitem ist das immer wieder unterbrochene monotone Trommeln eines Spechtes zu hören.

All das sind nur kleine Momentaufnahmen im Geschehen. Doch die vielen Teile dieses Naturpuzzles sind gar nicht so wirr durcheinandergeworfen, wie es aussieht. Alles hat trotz des scheinbaren Durcheinanders – und auch trotz des teilweise unausweichlichen Gegeneinanders – seinen Platz. Ein vieltausendfaches Miteinander, Voneinander und Nebeneinander also. Seit Jahrtausenden hält sich die Natur in solchen urwaldähnlichen Waldbereichen die Waage. Stetiges Vergehen, Neuentstehen und laufende Veränderung stellen das einzig Beständige dar. Ganz im Gegensatz dazu die Einheitsforsten, in denen es fast nur in Reihen angepflanzte gleichaltrige Bäume gibt. Es ist, als würde sich ein

Puzzle nur aus zwei oder drei gleichförmig gestanzten Einzelelementen mit immer demselben Motivausschnitt zusammensetzen. Aus den wilden Wäldern wurden längst einförmige Holzäcker. Dabei war Wald durch den Menschen schon früh vielerlei Veränderungen unterworfen.

Info Wald kompakt

Etwa dreißig Prozent der Landflächen auf der Erde sind von Wäldern bedeckt. Im globalen Naturhaushalt spielen sie als Sauerstoffproduzenten, als Klimastabilisatoren, als grüne Bodenschutzteppiche und als Lebensräume eine entscheidende Rolle. Tausende von verschiedenen Baum- und Straucharten haben fast jeden Klimabereich und jede Landschaftsform unseres Planeten erobert. Die Verteilung der Waldtypen auf der Erde ist jedoch nicht zufällig, sondern unterliegt nach den Gesetzen der Natur einem festen Schema. Die Tropen sind charakterisiert durch Tieflandregenwälder bis 800 Meter Höhe ü. NN (z. B. die Selvas im Amazonastiefland), Bergregenwälder bis 1500 Meter ü. NN (z. B. in Zentralafrika am Kilimandscharo) sowie Nebelwälder bis 2500 Meter ü. NN (z. B. auf Neuguinea). Alle zeichnen sich durch eine hohe jährliche Niederschlagsmenge von über 1600 Millimeter aus. In den angrenzenden Subtropen mit einer geringeren Niederschlagsmenge (Regenzeiten) finden wir Monsunwälder (z. B. die Dschungel in Zentralindien), Mangrovenwälder an den Küsten oder die Sundarbans in Bangladesch und Indien sowie Trockenwälder und Baumsavannen (z. B. der Gran Chaco in Südamerika). Im submediterranen Mittelmeerklima mit trockenen Sommern gibt es die Macchie mit verschiedenen Hartlaubgewächsen sowie u.a. in Italien die Edelkastanienwälder, in Spanien Hartlaubwälder sowie durch extensive Nutzung entstandene Steineichen- und Korkeichenwälder und im Libanon die Zedernwälder. Ein vergleichbares Klima bringt in Kalifornien die Chaparral-Vegetation hervor, deren Name von den in Spanien vorkommenden Hartlaubwäldern abgeleitet ist. Im feuchtgemäßigten Klima, wie es in einem Großteil Mitteleuropas vorherrscht, findet sich eine Fülle verschiedener

Laub-, Misch- und Nadelwälder. Allerdings führen lokale Schwankungen in der Niederschlagsmenge, verschiedene Höhenstufen oder Bodenbeschaffenheit und Wasserhaushalt zu den unterschiedlichsten Erscheinungsbildern. Das kontinentale Klima mit tiefen Wintertemperaturen zeichnet sich schließlich durch ausgedehnte Nadelwälder aus (z. B. die Taiga in Sibirien), die dann allmählich in die baumlose Tundra übergehen.

Wenn wir die mitteleuropäischen Wälder betrachten, stellt sich auch die Frage, wie die heutigen Waldbiotope entstanden sind. Das heutige Waldbild stellt ja nur einen kleinen Ausschnitt aus der langen Geschichte der Waldvegetation dar, die in Mitteleuropa bis in das Tertiär zurückreicht. Während dieser Zeit, die rund 60 Millionen Jahre dauerte, gab es in Mitteleuropa auch feuchtwarme Klimaperioden mit Palmen, Feigen- und Mammutbäumen, Sumpfzypressen und Ginkgos. Das lässt sich aus fossilen Überresten schließen. Selbst dort, wo heute Grönland liegt, dürfte damals ein subtropisches Klima wie heute in Florida geherrscht haben.

Mit der geologischen Bildung der Alpen (Hochgebirgsreliefbildung) gegen Ende des Tertiärs änderte sich das Klima, und es entstanden neue Florengebiete mit neuen Arten. Im Eiszeitalter (Pleistozän, drei Millionen Jahre bis etwa 8500 v. Chr.) wechselten bisher fünfmal lange, kalte Klimaphasen (»Eiszeiten«) mit kürzeren, wärmeren Interglazialen (»Zwischeneiszeiten«) ab. Bei den bis zu hunderttausend Jahre auseinanderliegenden Vereisungen sank die Waldgrenze auf unter 500 Meter, und vor allem wärmebedürftige Gehölze wurden nach Süden verdrängt oder starben aus. Große Gebiete Europas wie Skandinavien, das Baltikum und Norddeutschland sowie der gesamte Alpen- und Voralpenbereich verschwanden unter den Eismassen mächtiger Gletscher. Der restliche, nicht vergletscherte Teil war von einer schütteren, den widrigen Bedingungen angepassten Tundrenvegetation bedeckt. Die Rückwanderung der Arten in den Zwischeneiszeiten wurde durch die querliegenden Gebirgsketten (Pyrenäen, Alpen, Kaukasus) behindert, was zu der relativen Artenarmut der heutigen Wälder Mitteleuropas führte.

So war Mitteleuropa während der letzten Eiszeit bis auf wenige kümmerliche Birkenwälder waldlos. Die spät- und nacheiszeitliche

Waldgeschichte, die für unser heutiges Waldbild verantwortlich ist, beginnt vor etwa sechzehntausend Jahren und lässt sich durch die Vorherrschaft bestimmter Baumarten in einzelne Abschnitte gliedern. Durch Pollenanalysen ist es möglich, die Ausbreitung verschiedener Pflanzengesellschaften entsprechend den veränderten Klimabedingungen nachzuweisen.

Hätten die Menschen der Jungsteinzeit nicht begonnen, Wiesen und Weiden, Äcker und Felder anzulegen, so wäre rein von den klimatischen Voraussetzungen her fast die ganze Fläche des Landes mehr oder weniger von Wald bedeckt geblieben. Eine Ausnahme hiervon sind von Natur aus waldfreie Standorte wie Felsen, der zentrale Bereich von Regenmooren, aber auch Kies- und Sandinseln sowie Steinbänke im Bereich der Flüsse. Und dennoch gab es auch in den Urwäldern Mitteleuropas immer wieder Lichtungen, die nicht nur durch Blitzschlag oder Windwurf entstanden, sondern auch durch Tiere hervorgerufen wurden. Die Biber etwa stauten Bäche und Flüsse auf, die dann allmählich verschlammten. In den so entstandenen Bereichen siedelten sich Gräser und Kräuter an, die nicht nur von Hirsch und Reh, sondern einst auch von Wisent und Auerochse sowie in Nord- und Ostdeutschland von Elchen abgeweidet wurden. So wie der Auerochse längst ausgerottet ist und aus vielen – selbst großflächigen – Wäldern Wildtiere wie Bär und Luchs vertrieben wurden, sind auch urwüchsige Wälder, wo Natur noch vollständig Natur sein kann, selten geworden. Von den rund 11,5 Millionen Hektar Wald in Deutschland – das sind 32 Prozent der gesamten Fläche – gelten nur noch 35,8 Prozent als natürlich oder naturnah. Die meisten davon befinden sich in Nationalparks – deren Fläche ohnehin nur 0,6 Prozent der Landfläche Deutschlands ausmachen – oder in kleinen sogenannten Auwaldgebieten. Wie soll den Menschen in den armen Ländern Asiens, Südamerikas oder Afrikas eigentlich klargemacht werden, wie wichtig es ist, dass sie ihre Urwälder als Lebensräume erhalten, wenn wir im reichen Europa nicht bereit sind, hier mit gutem Beispiel voranzugehen und heimischen Wildtieren – wie Wildkatze, Luchs, Wolf oder auch dem Braunbären – wieder einen Lebensraum zu geben?

Als die Wälder zu Holzäckern wurden

Aber selbst als die Wälder während des Mittelalters und der jüngeren Neuzeit für die Viehweide genutzt wurden, als die Menschen in ihrer Rohstoffnot allerlei Holz herausholten, boten sie vielen Tieren wie Dreizehen- und Weißrückenspecht, Wildkatze und Haselhuhn Lebensräume. Doch mit dem frühen »Schutz« des Waldes ab etwa 1850, der nur als Schutz der »Produktionsstätte Holz« gedacht war, gingen die Mittel- und Niederwälder und damit die biologische Vielfalt allmählich verloren. Von den einstigen Urwäldern mit bis zu sechshundert Jahren alten Buchen und Linden und bis zu tausend Jahre alten Eichen und Eiben waren ohnehin nur kümmerliche Reste übrig.

Mit der Anlage von Fichten- oder Kiefereinheitsforsten sollte die Holzproduktion sichergestellt und der Wald als Wirtschaftsfaktor entwickelt werden. Bei einem Spaziergang durch solche monotone Wälder wird schnell klar, dass hier nur wenige Tierarten existieren können, da sie kaum Nahrungs-, Versteck- und Brutmöglichkeiten finden. Ein Umdenken der Forstwirtschaft fand erst in jüngster Zeit statt, als 1990 der Wirbelsturm Wiebke und 1999 der Wirbelsturm Lothar großflächig in Deutschland, Österreich, der Schweiz und Frankreich Waldflächen vernichteten. Noch viel zu zögernd haben sich seitdem die Forstbehörden einem naturnäheren Waldbau mit unterschiedlichen Baumarten zugewandt. Im Schwarzwald etwa und im Bayerischen Wald hat sich schnell gezeigt, dass sich die Natur verlorenes Terrain wieder zurückerobern kann. Im Bereich von Windwurfflächen, die sich selbst überlassen wurden, finden nicht nur Sperlingskauz und Dreizehenspecht wieder Lebensraum, sondern es gedeihen dort, wo Rehe und Hirsche durch das Gewirr der liegen gebliebenen Stämme, Äste und Zweige nicht äsen können, plötzlich wieder artenreiche Naturwaldinseln.

Wir brauchen mehr wilde Wälder

Deshalb plädieren wir für mehr Mut zur Wildnis. Geben wir viel mehr Wäldern und Fluren ihre Freiheit, haben wir den Mut zum Nichtstun und bringen wir die Kraft zu der Einsicht auf, dass uns die Natur überhaupt nicht braucht. Hubert Weinzierl, langjähriger Präsident des Deutschen Naturschutzrings und einer der frühen Anführer der Ökologiebewegung, brachte es einmal auf den Punkt: »Jede Wildkatze wird zur Botschafterin der Wildnis. Und es wird plötzlich klarer, warum zum Wesen des Waldes auch eine Wildkatze gehört, selbst wenn wir sie nicht zu Gesicht bekommen. Lassen wir das Gefühl zu, dass die Biberspäne am Ufer dem Fluss ein Stück Geheimnis zurückgeben und der Flügelschlag eines Apollofalters den Heidehang heiligt.« Doch noch immer sind viele Wälder übernutzt, in Produktionsraster eingeteilt und mit Wirtschaftswegen durchzogen, die an Heerstraßen erinnern. Tausende von Quadratkilometern Fläche präsentieren sich zusammengenommen immer noch als Einheitsforsten. Für Auerhahn und Schwarzspecht, Raufußkauz, Waldschnepfe, Wildkatze und Co. gibt es dort keine Lebensräume. Und das Experimentieren mit »neuen Baumarten«, mit denen die Forstwirtschaft die Wälder an den Klimawandel anpassen will, ist höchst fragwürdig. Wie werden sich einheimische Tierarten an Bäume aus vollkommen anderen Lebensräumen – etwa in Nordamerika oder Asien – anpassen können? Experimente, die sich nicht an der heimischen Natur orientieren, können wir uns nicht mehr leisten.

Unsere Industriegesellschaft kann es sich aber sehr wohl locker leisten, ein Drittel der in öffentlicher Hand von Staat und Kommunen befindlichen Waldfläche ganz einfach stillzulegen und sich selbst zu überlassen. Es reicht vollkommen, entlang der Hauptwanderwege und in anderen kritischen Bereichen durch randliche Pflegearbeiten für Sicherheit zu sorgen. Die Beträge für entgangenen Holzeinschlag werden durch eingesparte Maschinen und Personal, das in anderen Bereichen – etwa der Umweltbildung und Naturvermittlung – eingesetzt werden kann, aufgefangen.

Wenn den grünen Lungen die Luft ausgeht

Neben Monokulturen ist nach wie vor die Luftverschmutzung die größte Gefahr für die Wälder, hervorgerufen durch Emissionen aus den Feuerungsanlagen von Industrie, Privathaushalten, Energieversorgung, Gewerbe und dem immer noch ansteigenden Kraftfahrzeugverkehr. Luftschadstoffe, insbesondere Schwefeldioxid, Stickoxide und die unter dem Einfluss des ultravioletten Sonnenlichts gebildeten Photooxidantien (z. B. Ozon), wirken auf die Wälder in Form nasser oder trockener saurer Niederschläge ein. Sie zerstören oder schädigen die für die Assimilation wichtigen Blätter und Nadeln und greifen die Wurzeln der Wälder und deren Zusammenspiel des Baum-Feinwurzel-Systems mit Bodenpilzgeflechten (Mykorrhiza) durch den »sauren Regen« an.

Hinzu kommt die globale Klimaerwärmung, ebenfalls durch Luftschadstoffe – vor allem Kohlendioxid – hervorgerufen. Nicht nur Wälder, sondern auch andere Lebensräume werden geschädigt: In manchen Wäldern sind verschiedene Bäche schon so versauert, dass sich Fisch- und Amphibieneier gar nicht mehr entwickeln können. Es wurden Entschwefelungsanlagen für Kraftwerke errichtet, Vorschriften für Hausfeuerungsanlagen modifiziert und vor allem viele Bekenntnisse zur Umwelt- und Klimavorsorge abgegeben. Dem Wald hat all dies nicht wirklich geholfen. Im Gegenteil, würden die Förster geschädigte Bäume nicht einschlagen lassen und verwerten, wäre der Anteil absterbender Bäume noch weit größer, als es die Statistiken erahnen lassen.

Trotz der Einführung von Katalysatoren sind die Luftschadstoffe nicht weniger geworden; die ansteigende Zahl von Kraftfahrzeugen hat den Effekt der Schadstoffverringerungen längst wieder kompensiert. Und es werden immer noch zu viele Autos mit zu hohem Spritverbrauch gebaut. Die Klimaänderung mit mehr Hitzeperioden lässt einen Waldwandel befürchten. Geht diese Entwicklung weiter, werden die Wälder noch großflächiger geschädigt, womit noch viele andere Umweltprobleme (Grundwasserabsenkung, Wassermangel, weitere Klimaverschlechterung usw.) verbunden sind. Durchaus denkbar, dass in absehbarer Zeit in Deutschland, Österreich, der Schweiz und den angrenzenden Gebieten mediterrane Macchienbereiche gedeihen und unsere Landschaften denen in Südeuropa immer ähnlicher werden, während sich Südeuropa mit nordafrikanischem Klima und entsprechenden Bedingungen konfrontiert sehen könnte. In Nordafrika schließlich würde der Sahara-Wüstengürtel noch weiter bis zum Mittelmeer vordringen und damit große Teile der Küstenregion unbewohnbar machen. Großflächige Abholzungen in den Tropen, in Sibirien, in Nordamerika und absterbende Wälder in Europa führen dann zusammen mit vielen anderen »Klimakillern« zu veränderten Bedingungen auf der Erde, wie sie in dieser Dramatik und Schnelligkeit in den letzten Jahrtausenden nicht eingetreten sind. Diesen bereits stattfindenden Verschiebungen können sich viele Pflanzen- und Tierarten nicht in der Schnelligkeit anpassen, wie dies der Klimawandel bereits jetzt verlangt. Alte Waldbewohner wie der Waldlaubsänger – früher bei jedem Spaziergang im Frühjahr und Frühsommer zu hören – ziehen sich zurück. Doch wohin?

So wie nun viele einzelne Schadfaktoren auf die Wälder einwirken, gibt es auch nicht einzelne »Schuldige«. Vielmehr sind wir alle durch unsere Lebensweise mehr oder weniger Verursacher. So notwendig politische und wirtschaftliche Konsequenzen in allen Bereichen sind, um die Wälder, unser Klima und damit unsere Zukunft und die unserer Kinder und Enkel zu sichern, genauso notwendig ist das konsequente Umwelthandeln jedes Einzelnen. Und der wichtigste Ansatzpunkt, um dem Waldsterben und den damit verbundenen tief greifenden Veränderungen für viele Tierarten wie Waldlaubsänger und Ziegenmelker und Waldschnepfe entgegenzuwirken, ist für jeden Einzelnen die Energieeinsparung in allen Bereichen. Dazu gehört vor allem auch der Straßenverkehr.

Was wir tun können, was sich ändern muss

Jeder Einzelne

- Vielfach sind Gemeinden und Städte Waldbesitzer. Über Gemeinde und Stadträte kann jeder darauf drängen, die Waldbewirtschaftung naturnäher zu gestalten. Warum dürfen nur so wenige Bäume ihr natürliches Alter erreichen?
- Von den Waldbesitzern sollte die Ausweisung von Naturwaldinseln gefordert werden.
- Natur respektieren, rücksichtsvoll sein
- Zur Brutzeit nicht in der Nähe von Höhlen- und Horstbäumen oder Nestarealen lagern und lärmen
- Im Wald kein Feuer machen

- Wege im Wald nicht verlassen; Ruhezonen der Wildtiere respektieren
- Nur ausgewiesene und behördlich genehmigte Mountainbikestrecken benutzen
- Illegale Mountainbikestrecken der Gemeinde oder Stadt und/oder den Waldbesitzern melden

Politik und Zivilgesellschaft

- Umwandlung von Nadeleinheitsforsten in artenreiche Wälder
- Von den rund 11,4 Millionen Hektar Wald in Deutschland mit über 90 Milliarden Bäumen müssen große Teile in eine naturnahe Waldbewirtschaftung umgewandelt werden. Es gibt gerade 0,3 Prozent Naturwaldreservate. Der Vorrang von Holzeinschlag muss speziell bei öffentlichen Waldbesitzungen zurückgenommen werden.
- Erstellung von Aktionsplänen für regionale und überregionale Klimaschutzwälder, die von der Bewirtschaftung ausgenommen werden
- Entwicklung einer Strategie, um in erosionsgefährdeten Bereichen die Wälder in naturnahe Strukturen umzubauen
- Mindestens die Hälfte der öffentlichen Wälder sollten als potenzielle Anpassungs- und Ausbreitungsgebiete gefährdeter Tiere und Pflanzen von der Bewirtschaftung ausgenommen werden.
- Da in jedem Jahr die Mittelmeerwälder brennen, braucht die EU ein zuverlässiges Feuerwarnsystem und die Einrichtung einer internationalen Feuerpolizei. Dies wird auch für Länder in Mittel- und Nordeuropa angesichts der durch den Klimawandel bedingten Dürreperioden immer wichtiger.

Wirtschaft

- Die Forstwirtschaft sollte sich am natürlichen Waldökosystem der jeweiligen Region orientieren, statt fremde Baumarten einzuführen, deren Auswirkungen – auch infolge gleichzeitig eingeführter Organismen – auf die Wälder nicht absehbar sind.
- Gentechnische Manipulationen an Baumarten müssen unterlassen werden. So versuchen Konzerne über gentechnische Manipulation kälteresistente Eukalyptusarten zu züchten, um schnelleres Holzwachstum und die Etablierung dieser normalerweise in warmen Ge-

bieten vorkommenden Bäume in eigentlich kalten Klimaten zu ermöglichen.
- Wirtschaft und Wissenschaft müssen sich eine neue Naturethik zu eigen machen.

Fazit: Wir brauchen mehr wilde Wälder.

Moore – Naturarchiv und CO_2-Speicher

Schwer hängen dicke Nebelschwaden über dem morastig riechenden Boden. Gerade ein paar Meter weit reicht die Sicht, und so sind schemenhaft einige verkrüppelte Birken auszumachen. An solchen Tagen im November ist das weite Moor noch zu erahnen. Dort, wo im Frühjahr die Birkhühner balzten und sich die Kreuzotter zwischen Fieberklee und Sonnentau durchschlängelte, um an mit Heidekraut bedeckten wärmeren Stellen einige Sonnenstrahlen einzufangen, ist jetzt eine eigentümliche Stille eingekehrt. Längst sind Goldregenpfeifer und Kampfläufer unterwegs in ihre Winterquartiere in Südeuropa und Afrika. Und auch vom Moorfrosch ist nichts mehr zu sehen.

Im kommenden Frühjahr werden diese typischen Moorbewohner in vielen Gegenden verschwunden bleiben. Von den vielen, einst großflächigen Mooren ist nämlich nicht mehr viel übrig. Sie verschwanden Stück um Stück in Torfsäcken, um schließlich in Balkonkästen zu landen. Oder sie wurden als Brenntorf verbrannt. Andere Gebiete wurden entwässert, damit in den ehemaligen Mooren mithilfe von Kunstdüngern und Pestiziden intensive Landwirtschaft betrieben werden kann. Anderen sumpfigen Landschaften erging es nicht besser. Selbst kleine Bruchwälder, Hangsümpfe und andere Feuchtgebiete wurden über lange Zeit hinweg systematisch vernichtet. Ausgelöscht wurden viele der Orte, in denen Menschen früher Elfen und Moorgeister vermuteten. Überall in Deutschland, Österreich, der Schweiz und Luxemburg gehören Sumpf- und Moorbereiche heute zu den am meisten bedrohten Biotopen. Dabei sind Moore die letzten Urlandschaften, die oft in erstaunlicher Weise Landschaftsgeschichte dokumentieren, etwa durch die Konservierung von Pollen früherer Jahrtausende. Sie sind Zeitinventare, Schaufenster der Landschaftsgeschichte und Überlebensinseln für eine ganz spezialisierte Tier- und Pflanzenwelt, für deren Lebensraum es keinen Ersatz gibt. Und sie sind Elemente unserer Landschaften, die – wenn sie einmal zerstört sind – so nie wieder hergestellt werden können.

Wenn auch die Bedeutung von Sumpf- und Moorlandschaften für den Naturhaushalt heute erkannt und viele dieser Biotope geschützt sind, stehen sie nach wie vor großen Gefahren gegenüber. Der Stickstoffeintrag aus der Luft infolge des hohen Energieverbrauchs auf der Erde erreicht auch das entfernteste, noch so gut rechtlich geschützte Moorgebiet. Andere Sumpfgebiete sind durch zunehmenden Tourismus und Freizeitbetrieb gefährdet. Und so sind Sumpf- und Moorlandschaften auch ein Zeichen dafür, wie wir mit unserer Landschaft insgesamt umgehen.

Auch wenn die meisten Menschen heute nicht mehr an Elfen und Moorgeister glauben, brauchen wir doch eine Ehrfurcht vor diesen letzten Urlandschaften Mitteleuropas.

Spezialisten haben es schwer

Unter den Tier- und Pflanzenarten haben es die spezialisierten Moorbewohner am schwersten. Denn sie sind so an diesen extremen Lebensraum angepasst, dass es ganz einfach keinen Ersatz gibt. Wenn Pflanzen und Tiere des Moores verschwinden, merkt es fast niemand. Denn zum einen sind Moore unzugänglich, zum anderen sind viele spezialisierte Arten oft nur den Spezialisten unter den Botanikern und Zoologen bekannt.

Moore beherbergen eine charakteristische Tier- und Pflanzenwelt. In den artenreichen Grundwassermooren kommen aufgrund des reichen Nährstoffangebots bis zu 230 Gefäßpflanzenarten vor, darunter Wasserschwaden, Rispensegge, Rohrkolben und Schilf. Der äußere Eindruck monoton einförmiger Bestände täuscht über die tatsächliche Artenvielfalt dieser Röhrichte hinweg. Einige Vogelarten, die einst in Mitteleuropa weitverbreitet waren, wie der scheue Seggenrohrsänger, Sumpfohreule, Rohrdommel, Bekassine, Wachtelkönig, Kampfläufer, Rohrweihe oder Doppelschnepfe, sind unmittelbar an Röhrichte gebunden. Vom Seggenrohrsänger sind in Deutschland aktuell nur noch zwei Vorkommen ganz im Nordosten bekannt, eines am Greifswalder Bodden und eines im Unteren Odertal bei Schwedt. Dabei war dieser Vogel zu Zeiten von Alfred Brehm noch über weite Teile Deutschlands verbreitet. Selbst zu Beginn der industriellen Revolution wurden noch hundert singende Männchen im nordwestdeutschen Tiefland festgestellt, als weiträumige Großseggenriede auf Grundwassermoorböden bis zu acht Prozent der niedersächsischen Landesfläche bedeckten. Solche intakten Grundwassermoore sind heute nur noch im Promillebereich ihrer einstigen Ausdehnung vorhanden; der Seggenrohrsänger ist in Niedersachsen mit Ausnahme verirrter Einzelvögel ausgestorben. Wer nachempfinden möchte, wie früher die großen, weiten Grundwassermoore Deutschlands ausgesehen haben könnten, muss heute rund 2000 Kilometer nach Osten in die weißrussischen Täler des Pripjat fahren. Dort rufen noch heute Tausende Seggenrohrsänger um die Wette. Wer dieses Spektakel erleben möchte, muss sich jedoch beeilen – denn auch den Pripjat-Niederungen drohen zunehmend Trockenlegungen!

Wo nur noch Überlebensspezialisten existieren können

Nährstoffarme Regenwassermoore – auch als Hochmoor bezeichnet – sind weniger artenreich. Hier kommen nur bis zu zwanzig Gefäßpflanzenarten vor. In ihnen leben vor allem Spezialisten, darunter der Schmalblättrige Sonnentau, eine nur wenige Zentimeter große Pflanze in der Gesellschaft der Torfmoose. Aufgrund der extrem nährstoffarmen Bedingungen ist der Sonnentau auf externe Nährstoffzufuhr angewiesen. Diese organisiert er sich, indem er auf den Tentakeln seiner Blattoberseite ein klebriges Sekret absondert, das auf ihr landende Insekten festhält. Diese werden direkt auf dem sie umschließenden Blatt verdaut und sind die wichtigste Stickstoffquelle dieser »Fleisch fressenden« Pflanze.

Moorseen liegen wie Augen der Landschaft in die Regenwassermoore eingebettet. Sie sind meist aufgrund der Gärungsprozesse im Torfkörper sehr sauer und extrem nährstoffarm. Solche Moorseen sind im März Orte eines ganz extravaganten Schauspiels. Die Laichzeit der Moorfrösche hat begonnen. Während Moorfrösche den restlichen Teil des Jahres schlicht braungrau gefärbt sind, werden die Männchen in den zwei bis drei Wochen, in denen sie um die Gunst der Weibchen buhlen, himmelblau. Ihr Ruf »wubwubwub« hallt weit in die Landschaft. Im Mai gleichen viele Moore einem Meer kleiner Wattebäusche. Grund dafür sind die Fruchtstände des Wollgrases und die Blüten des stark duftenden Sumpfporstes, die sich aus dem Torfmoos recken. Dann kann man mit etwas Glück an etwas erhöhten, trockenen Stellen auch die Hochzeit der Kreuzottern beobachten. Die Männchen müssen zunächst klären, wer der »Boss« ist. Doch weil der Einsatz der Giftzähne gegen die Nebenbuhler aus Gründen der Fairness ausscheidet, richten Kreuzotternmänner die Köpfe auf, umschlingen einander und versuchen den Kopf des Gegners zu Boden zu drücken. Solche »Ringkämpfe« sind selten geworden. Einige Schmetterlinge, wie Hochmoorbläuling oder Moosbeeren-Scheckenfalter und viele Libellenarten, wie die Kleine Moosjungfer, sind speziell an die Bedingungen im Regenwassermoor angepasst. Sie benötigen für ihre Entwicklung viel Wärme und Licht, was aufgrund des weitgehenden Fehlens großwüchsiger Gefäßpflanzen hier vorhanden ist. Die in Moorseen lebenden Libellenlarven profitieren von der Nährstoffarmut und dem geringen pH-Wert, weil hier in der Regel räuberische Fische keine guten Existenzbedingungen finden.

Moore – wichtig für den Klimaschutz

Es hat viel zu lange gedauert, bis die Bedeutung intakter Moore für den Klimaschutz erkannt wurde. Denn bei der Mineralisierung entwässerter und landwirtschaftlich genutzter Moorböden werden die organisch gebundenen Nährstoffe des Torfkörpers in ihre freien anorganischen Bestandteile nur unter Ausstoß großer Mengen Kohlendioxid abgebaut. Durch die Wiedervernässung und die allmähliche Torfneubildung können die negativen Folgen für unsere Stoffkreisläufe lediglich reduziert werden; ein zerstörtes Moor benötigt unter Umständen Jahrtausende zur vollkommenen Regeneration. So viel Zeit dürfte uns der unter anderem durch die Moorzerstörung ausgelöste Klimawandel kaum lassen.

Seit 2002 ist im Bundesnaturschutzgesetz festgehalten, dass Ackerbau und Grünlandumbruch auf mineralischen Nassstandorten künftig nicht mehr der sogenannten guten landwirtschaftlichen Praxis entsprechen und deshalb genehmigungspflichtig sind. Eine andere Bedrohung für die Moore findet in unseren Gärten statt: Nach wie vor wird Torf der Gartenerde beigemischt, obwohl Kompost oder Ersatzsubstrate Hobbygärtnern den gleichen Erfolg bescheren können.

Moor kompakt

Moore entstanden überall dort, wo es Wasser im Überfluss gab. Unter mitteleuropäischen Bedingungen sind eine ganze Reihe von Pflanzen zur Torfbildung fähig, etwa bestimmte Gräser, Schilf, Seggen und natürlich die Torfmoose. Torf entsteht, wenn die abgestorbene Pflanzengeneration von der folgenden überdeckt, jedoch nur zu einem kleinen Teil zersetzt und resorbiert wird. Moore haben daher eine positive Nährstoffbilanz, weil die Photosynthese mehr Stoffe umsetzt als die Zersetzung der Pflanzen. Sie sind echte Nährstoffsenken und somit auch Puffer zwischen unterschiedlichen Biozönosen.

Das Moorwachstum ist ein Prozess, der schon seit Jahrtausenden andauert. Milieuabhängig wird dabei sämtliche organische Substanz, die in den Torfkörper gerät, konserviert. So blieben über viele Jahrtausende hinweg Pollenkörnchen erhalten. Dadurch konnte zum einen die Vegetationsgeschichte der Wälder wie etwa deren Baumartenzusammensetzung oder die Nutzungsgeschichte der Landschaft durch den ersten Feldbau erforscht werden. Die Pollen verraten nämlich über Jahrtausende hinweg, welche Pflanzen die Menschen angebaut haben oder welche in der Umgebung wild gewachsen sind. Somit ist jedes unzerstörte Moor ein unschätzbares Landschafts- und Kulturarchiv.

In Mitteleuropa werden zwei Grundtypen von Mooren unterschieden, die beide Torfe und Mudden bilden. In den Bereichen, wo Mineralbodenwasser das Wachstum Torf bildender Vegetation ermöglicht, spricht man von Grundwassermooren. Diese sind nährstoff- und somit artenreicher als die Regenwassermoore, die nur durch Niederschlagswasser gespeist werden. Diese Kriterien werden auf der ganzen Welt mit Ausnahme der Wüsten vom tropischen Regenwald bis zur borealen Tundra von einer Vielzahl von Ökosystemen erfüllt.

Auf uns Menschen üben Moore bis heute eine eigentümliche Anziehungskraft aus. Dabei gibt es kaum noch welche. Denn neben der Faszination gab es auch die Furcht und den Willen, die Moore trockenzulegen und zu kultivieren. Während die Römer in ihrem Kampf gegen die Germanen bis zur Schlacht nördlich des Teutoburger Waldes mehrere Tagesmärsche mit der Querung eines norddeutschen Moores zu tun hatten, sind heute dort nur noch einige wenige Hektar große Moore zu finden. Auch an der deutschen Ostseeküste, wo ausgedehnte Durchströmungs- und Verlandungsmoore durch flächige Bestände salztoleranten Schilfs entstanden, sind durch Eindeichung und Entwässerung des Hinterlandes riesige Moorflächen verschwunden.

Was wir tun können, was sich ändern muss

Jeder Einzelne

- Bei Kommunal-, Landes- und Bundespolitikern darauf drängen, dass Moorbereiche besser geschützt und zerstörte Moore wiederhergestellt werden.
- Bei Aufenthalten in Mooren die fragile Natur respektieren und die Wege nicht verlassen.
- Keine Verwendung von Blumenerde, für die Torf abgebaut wurde.
- Moorschutzgebiete und Renaturierungsprojekte von Heimat- und Naturschutzorganisationen unterstützen.

Politik und Zivilgesellschaft

- Die Renaturierung von Mooren geht viel zu langsam voran; es braucht wirksame Aktionspläne und deren Umsetzung.
- Schon aus Gründen des Klimaschutzes darf nicht länger intensive Landwirtschaft auf Moorböden zugelassen werden.
- Viele Moore sind zwar geschützt; es erfolgt jedoch ein intensiver Schadstoffeintrag aus der umgebenden intensiven Landwirtschaft. Die Abstandsmindestflächen müssen vergrößert und deren Einhaltung endlich überwacht werden.
- Umwandlung von ackerbaulich genutzten Moorböden in artenreiches Grünland
- Wiedervernässung und damit Renaturierung geschädigter Moore
- Besucherlenkung in den Moorgebieten verbessern
- Projekte zur Vernetzung von Mooren entwickeln

- Quell-, Versumpfungs- und Durchströmungsmoore sind häufig durch übermäßige Förderung von Trinkwasser aus Pumpbrunnen beeinträchtigt. Bei großflächigen Grundwasserleitern können die Wirkungszusammenhänge entsprechend weitreichend sein. Die Träger der Trinkwassergewinnung sollten zum Nachweis der Umweltverträglichkeit bestehender Anlagen verpflichtet werden. Diese muss auch den Schutz der Sümpfe und Moore einbeziehen, und gegebenenfalls sollte die Förderung von Trinkwasser reduziert werden. Letztlich können wir alle durch den Einbau eines Spülstopps im WC zum Schutz der Sümpfe und Moore beitragen!

Wirtschaft

- Schadstoffausstoß reduzieren. Luftschadstoffe gelangen auch in die entferntesten Moorkomplexe.
- Keine Verwendung von Gartenerde, für die Torf verwendet wurde, bei der Außengestaltung von Betriebs- und Verwaltungsgebäuden
- Förderung von Moorschutzprojekten

Fazit: Wir brauchen massive Investitionsprogramme, um die weiten Moorböden, auf denen mit viel Kunstdünger und Chemie Ackerbau betrieben wird, zu renaturieren. Dies bedeutet gleichermaßen Bewahrung der Biodiversität und Klimaschutz durch Wiederherstellung unverzichtbarer CO_2-Senken.

Wiesen – blumenbunte Teppiche der Kulturlandschaft

Zarte Tautröpfchen bedecken noch das frische Grün der Talwiese. Aber schon bald wird die Feuchtigkeit von den Strahlen der langsam aufsteigenden Sonne aufgesogen sein. Mit Riesenschritten ist in den letzten Tagen die Vielfalt der Natur wieder in die Fluren zurückgekehrt. Nach dem viel zu langen Winter können wir den Frühling jetzt förmlich riechen. Der Duft rasch sprießender Gräser und Kräuter mischt sich mit dem Geruch des noch leicht dampfenden Bodens zu einem einzigartigen Naturparfüm. Jetzt kann man mit allen Sinnen die Natur genießen. Wie zarte, weißlich gefärbte Schleier überzieht die Blütenfülle des Wiesenschaumkrauts den Talgrund. Dazwischen leuchten immer wieder die gelben Tupfer der Wiesenschlüsselblumen auf. Auch die Zugvögel sind aus ihren Winterquartieren im fernen Süden zurückgekehrt. Im Gesträuch der Weiden und Erlen hinten am Bach lassen Zilpzalp und Mönchsgrasmücke ihren Ruf ertönen. Und von Weitem hören wir dort, wo sich das Tal zu einer Wiesensenke weitet, die ersten Kiebitze. Gut, dass die Wiesenaue schon vor Jahren als regionaler Grünzug unter Landschaftsschutz gestellt wurde. Wer weiß, vielleicht würden sich sonst hier wie in so vielen anderen Gebieten monotone Maisäcker ausdehnen. Maisäcker, deren Biomasse nach vorheriger kräftiger Düngung in Biogasanlagen landet, um scheinbar saubere Energie zu produzieren.

Wo die Wiesen noch nicht der intensiven Landwirtschaft und unserem Energiehunger weichen mussten, können wir stellenweise noch das faszinierende Auf und Ab der Jahreszeiten mit all ihren bunten Facetten erleben. Schon in wenigen Wochen wird sich die Talwiese vom Gelb und Weiß des Frühlings zu einem farbenprächtigen Blütenmosaik verwandelt haben. Dann leuchten weiße Margerite, tiefblauer Salbei, pinkfarbene Kuckuckslichtnelke und braunrötlicher Wiesenknopf mit dem Gelb von Wiesenpippau und Bocksbart nur so um die Wette. An etwas trockeneren Stellen kommen die unterschiedlichsten Blau- und Violetttöne von Ackerwitwenblume, Skabiose und Wiesenglockenblume hinzu. Ohne die Nutzung der Wiesen durch Mähen oder Beweiden sind viele gewohnte und uns lieb gewordene Landschaftsbilder zum Verschwinden verurteilt. Wer glaubt, durch den Konsum von Sojaprodukten die Welt zu retten, vergisst leicht, dass die blumendurchsetzte Vielfalt der Wiesen nur durch menschliche Nutzung entstanden ist. Ohne Rinder-, Schaf- und Ziegenhaltung – die Reitpferde nicht zu vergessen – gibt es keinen Grünfutterbedarf, ohne Schnitt keine Wiese, ohne Wiese viel weniger Schmetterlinge, Käfer und Heuschrecken und somit auch keinen Lebensraum für Kiebitz, Weißstorch, Braunkehlchen und all die anderen Wiesenvögel. Wo die Rinder noch auf die Weide geführt werden, können wir als Verbraucher sicher sein, dass das Fleisch nicht aus Massentierhaltung kommt, dass eine Vielzahl von Wildpflanzen und Wildtieren ihren Lebensraum vorfindet und dass wir alle dank landschaftlicher Vielfalt über viel mehr Lebensqualität verfügen. Dabei ist keine Wiese mit einer anderen gleichzusetzen. Abhängig von der Bodenbeschaffenheit, dem Untergrund, den Grundwasserverhältnissen und den jeweiligen klimatischen Verhältnissen sowie der Intensität der Bewirtschaftung haben sich ganz unterschiedliche Grünlandtypen entwickelt. Von den mageren Böschungen, wo Kartäusernelke und Golddistel wachsen, bis hin zu den Sumpfwiesen, auf denen im Frühling die Sibirische Schwertlilie blüht: Überall findet sich oft auf kleinstem Raum eine unübersehbare Vielfalt an Tieren und Pflanzen.

Ähnlich mannigfaltig wurden die Wiesen früher auch genutzt. Am Rande der Moore, in Gegenden, wo kein Getreide wuchs und wo aus diesem Grund das Stroh fehlte, verwendete man das Mähgut der Riedwiesen als Stalleinstreu. In den Mooren selbst, wie etwa in Schleswig-Holstein und Niedersachsen, betrieben die Bauern extensive Weidebewirtschaftung mit einer speziell an die Feuchtigkeit angepassten Schafrasse – den Moorschnucken. In den trockeneren, wiesenähnlichen Gebieten der Heide bewährten sich die Heidschnucken, während in anderen Gebieten verschiedenartige, an lokale oder regionale Verhältnisse gewöhnte Rassen – wie das Rhönschaf in Teilen von Thüringen, Hessen und Bayern oder das Waldschaf im Böhmerwald – bevorzugt wurden. Und an den steilen Hängen des Schwarzwaldes gibt es zum Glück noch heute vereinzelt die leicht gebauten Vorder- und Hinterwälderrinder, die besonders angepasste Landschaftspfleger auf vier Beinen sind.

Wieder sind wir unterwegs. Ratsch, ratsch, ratsch tönt der Kreiselmäher des Traktors zu uns herüber. Vorbei ist es mit der Pracht. Wenn die Wiese in ihrem Wachstum den Höhepunkt erreicht hat, folgt das Mähen. Die Balkenmäher an den früher langsamen Traktoren haben wegen der nicht zu tiefen Schnitthöhe Kleintiere geschont. Mit den modernen Kreiselmähern geht alles sehr schnell, und der Schnitt erfolgt oft viel zu nahe an der Grasnarbe. Wird nicht zu früh gemäht, können die Wiesenblumen und Gräser rechtzeitig aussamen, und die bunte Fülle der Blumen ist auch noch in kommenden Jahren zu bestaunen. Rasch wachsen nach dem Mähen die Wiesenpflanzen wieder heran, und manche Blumen entfalten ihre Blütenfülle ein zweites Mal. Andere Arten kommen dann noch dazu, in nicht zu trockenen Bereichen etwa Bärenklau, Storchschnabel und viele andere. Überhaupt bieten jetzt die Wiesen ein ganz anderes Erscheinungsbild. Gegen Ende August folgt mit dem zweiten Mähen ein neuer Tiefstand. Der Jahresrhythmus unserer Wiesen ist durch ein unaufhaltsames Auf und Ab gekennzeichnet. Und immer wieder wird deutlich: Nur stete, aber nicht zu intensive Bewirtschaftung sichert der Wiese die Existenz.

Aber nicht alles, das sich als grüne Fläche in der Landschaft präsentiert, ist artenreiches Wiesenland. Kaum mehr ein Landwirt setzt Traktoren mit Mähbalken ein, sondern leistungsstarke Kreiselmäher, mit denen das Grün innerhalb kürzester Zeit abgemäht wird. Für Tausende von Kleintieren wie Heuschrecken, Schmetterlingslarven, Kröten, Frösche und Eidechsen gibt es kein Entkommen. Das schnelle Mähen macht Flucht unmöglich. Wir haben verlernt, mit dem Rhythmus der Natur zu arbeiten und zu produzieren. Nur noch dort, wo bei Landschaftspflegeprojekten – etwa im Tannheimer Tal oder in den Schmergower Wiesen an der Havel artenreiche Wiesen für die Tourismusförderung gepflegt werden, setzen Landwirte die tierschonenden Mähbalken ein. Wo früher blumenbunte Wiesen die Landschaft zierten, finden sich meist nur noch Mais- und Getreideflächen und zu Grasäckern umfunktionierte sogenannte Vielschnittwiesen, auf denen – wenn überhaupt etwas – nur noch der Löwenzahn blüht.

Überall in Mitteleuropa waren die Bauern gezwungen, durch Intensivierung der Landnutzung die Erträge zu steigern, um einer schier unersättlichen Gesellschaft immer mehr und immer billigere Produkte zu liefern. Weil aber diese Gesellschaft – zu der wir letztlich alle gehören – bis heute kaum bereit ist, die Produkte der Landwirte so zu bezahlen, dass auch landschaftspflegerische Leistungen honoriert werden, konnten die Bauern nur noch über die Steigerung der Mengen einigermaßen am Einkommensniveau mithalten. Und das ging oft auf Kosten einer in Jahrhunderten gewachsenen, durch Sense, Mähbalken und die Mäuler des Weideviehs entstandenen Kulturlandschaft. Auf Kosten einer überaus reichen Tier- und Pflanzenwelt. Auf Kosten der Böden, des Grundwassers und letztlich auf unsere eigenen Kosten.

Es ist schon ein Dilemma. Dort, wo die Landwirtschaft als Landschaftspfleger gebraucht würde, damit etwa Halbtrockenrasen erhalten bleiben, hat sie sich zurückgezogen. Und dort, wo eine weniger intensive Bewirtschaftung erforderlich ist, damit Natur, Landschaft und Kultur wieder in das Gleichgewicht kommen, wird immer intensiver gewirtschaftet, sind die Wiesen zu artenarmen Grasäckern geworden.

Naturparadiese und Früchtegärten

Ein besonderes Erlebnis ist in jedem Frühjahr die Verwandlung von Apfel-, Birn- und Kirschbäumen mit ihren Abermillionen weißlichen und rosaroten Blüten zu gigantischen Blumengebinden. Dann hat die Vogelwelt der Streuobstwiese ihre beste Zeit. Zu den Obstwiesenbewohnern gehören Distelfink, Goldammer, Wiedehopf, Neuntöter, Wendehals, Gartenrotschwanz, Zilpzalp und Steinkauz. Die Obstwiesen als eines der faszinierendsten, aber zugleich hoch bedrohten Landschaftselemente sind wahre Schatzkammern direkt vor der Haustür. Man findet sie am Bodensee, an den Vorbergen der Schwäbischen Alb und des Schwarzwaldes, in der Rheinebene und im Kraichgau, im Hohenloher Land, in weiten Teilen Hessens, ja selbst am Mittelrhein und im hessischen Bergland, auch in vielen klimatisch begünstigten Teilen der Schweiz – insbesondere in den Kantonen Baselland, Thurgau und Sankt Gallen – sowie in Österreich, so im Oststeirischen Hügelland, im Wiener Becken sowie im Most- und Mühlviertel. Idyllisch am Dorfrand gelegen, locken Streuobstwiesen sonntägliche Spaziergänger an, aber auch für Wildbienen und Schmetterlinge sowie für Vögel und Fledermäuse sind sie ein wahres Eldorado. Imker wissen die Obstgärten während der Blütezeit als Standorte für ihre Wanderbienenkästen zu schätzen. Die hochstämmigen Bäume sind in jedem Fall das Herz der Streuobstwiese. Die unterschiedlichsten Arten und Sorten stehen hier nebeneinander – dort zwei Goldparmänen, da ein Jakob-Fischer-Apfel, daneben ein landschaftsprägendes Exemplar des Oberösterreichischen Weinbirnbaums, dazwischen auch einmal ein Kirsch-, Walnuss- oder Zwetschgenbaum oder auch ein Heckenstück. Doch in den letzten Jahren sind viele Obstwiesen in Bauland umgewandelt worden; andere wurden abgeholzt und umgepflügt, um einmal mehr Maisäcker anzulegen. Was übrig blieb von der bunten Obstwiesenwelt, bringt heute keinen wirtschaftlichen Ertrag mehr, und die Erben der Obstparadiese haben oftmals kein Interesse mehr, die Bäume zu schneiden, die Wiese zu mähen und damit einen einmaligen Lebensraum zu erhalten. Doch mit jeder Obstwiese, die verschwindet oder verbuscht, verlieren viele Tier- und Pflanzenarten Stück um Stück ihren Lebensraum.

Wiesen-Wissen kompakt

Unsere Blumenwiesen, Wacholderheiden und Trockenrasen, die noch eine hohe Artenvielfalt aufweisen, sind die kultivierten Verwandten des Urgraslandes. Solches Urgrasland ist heute noch in Form ausgedehnter Steppen und Grasländer zu finden. Weite Gebiete in Sibirien, Skandinavien, Innerasien und Nordamerika geben eine Vorstellung von der damaligen Vegetation. Sie sind die Heimat von Steppen- und Reitervölkern wie den Mongolen und Kirgisen.

Und sie sind das Ursprungsgebiet unserer Hauspferde und des asiatischen Wildesels. Gibt es vom Wildesel noch frei lebende Restpopulationen, so ist das Wildpferd um 1950 in der freien Wildbahn ausgestorben. Nur in zoologischen Gärten gelang es, das Mongolische Wildpferd, das sogenannte Przewalski-Pferd, aus Mischlingen rückzukreuzen. Abkömmlinge davon leben jetzt wieder im Rahmen verschiedener Wiederansiedelungsprojekte in den asiatischen Steppen, etwa in der Mongolei.

Europäische Ausläufer dieser innerasiatischen Steppen sind die Schwarzerdegebiete an Don und Wolga in Russland, die heute wegen ihrer Fruchtbarkeit zu Ackerland umgebrochen und intensiv bewirtschaftet werden. Auch die Puszta in Ungarn bestand ehemals aus solchen steppenartigen Gebieten. Berittene Hirten trieben hier die langhörnigen ungarischen Graurinder und Herden der Zackelschafe über das Grasland und tränkten sie an den typischen Ziehbrunnen. Einst reichte dieses Wiesenland bis nach Wien, und man konnte bis tief nach Ungarn hinein durch Steppengebiet reiten. Heute gibt es die typische Puszta nur noch im Gebiet des Hortobagy-Nationalparks und einigen Randgebieten. Stattdessen dehnen sich jetzt Kartoffel-, Getreide- und Gemüsefelder aus.

Außer diesen kälteangepassten Gebieten gibt es heute in wärmeren Zonen ausgedehnte trockene und wärmeliebende natürliche Graslandschaften wie etwa die Savannen Afrikas mit den großen weidenden Tierherden. Diese sind von dem weltbekannten Tierschützer Professor Grzimek in den Film *Serengeti darf nicht sterben* festgehalten worden. Beim dortigen »Grünland« handelt es sich um trockenheiße Grasländer mit solitären Schirmakazien und Dornengebüschen, über deren riesige Weiten Herden von Zebras, Gazellen, Strauße, Giraffen und Gnus ziehen, wiederum im Gleichgewicht mit Großraubkatzen wie Löwen oder Geparden. In eingespielten alten Ökosystemen wie diesen hat auch der Mensch seinen festen Platz und half lange Zeit unbewusst, das ökologische Gleichgewicht zu erhalten. So lebten Nomadenvölker mit ihren Herden ebenfalls in Savannen und Steppengebieten – in Afrika etwa die Watussi mit den gleichnamigen großhörnigen Rindern. Auch in der Neuzeit hat der Mensch solche Grasländereien genutzt, indem er die natürlichen Tierherden systematisch reduzierte und an deren Platz sein Nutzvieh stellte. Bekanntestes Beispiel sind die Great Plains, die einstigen Prärieflächen in Nordamerika. Als die Europäer Amerika besiedelten, stießen sie auf riesige Bisonherden, die bis zum Horizont auf diesen schier endlosen baumfreien Flächen weideten. Durch das Abschießen dieser Bestände sind die Büffelherden fast ausgerottet worden. An ihrer Stelle grasen heute Viehherden, die die Cowboykultur und den Mythos des Wilden Westens prägten. In Südamerika sind es die Gauchos, berittene Hirten, die ihr Vieh im weiten Grasland der Pampa weiden.

Wie entstanden Wiesen und Weiden?

Nach der Eiszeit gab es in Mitteleuropa keine Wiesen und Weiden mehr. Nur die alpinen Matten oberhalb der Baumgrenze im Gebirge, karge Felspartien, die Salzwiesen an der Meeresküste und die Moorgebiete waren baumfrei oder nur mit niedrigen Kräutern bewachsen.

Der überwiegende Teil dessen, was wir heute als Grünland – ein Überbegriff für Wiesen und Weiden – bezeichnen, ist Kulturgrünland. Es entstand durch die Arbeit der Bauern, Hirten, Schäfer und Sennen, die dort ihr Vieh mit Nahrung versorgten. Zum einen, indem sie ihre Tiere trieben oder Frischfutter schnitten, mit dem sie das Vieh im Stall fütterten, zum anderen, indem sie das Winterfutter in Form von Heu gewannen. Auch die Einstreu für den Stall holten die Bauern in vielen Gegenden von den Wiesen. So waren die Streuwiesen des Alpenvorlandes, die erst spät im Jahr geschnitten wurden, dort ein wichtiger Lieferant für Streu, wo kein oder wenig Stroh zur Verfügung stand.

Wenn wir Feuchtwiesen, Halbtrockenrasen oder Magerrasen als Naturschutzflächen ausweisen und erhalten wollen, müssen wir uns immer gewärtig sein, dass es sich bei den meisten dieser Flächen nicht um Naturlandschaften handelt. Es sind typische Kulturlandschaften oder Halbkulturlandschaften. Es reicht deshalb nicht aus, sie unter eine »Käseglocke« zu stellen, sondern wir müssen Wege finden, wie die bisherige Nutzung fortgesetzt oder nachgeahmt werden kann. Denn eine Aufgabe jeglicher Pflege würde bedeuten, dass sie nach und nach verbuschen und im Lauf der Jahrhunderte wieder zu einem dichten Wald würden. Es gibt viele Wiesentypen, die sich im Laufe der Zeit angepasst an Standortverhältnisse und Nutzungsintensität herausgebildet haben.

Was wir tun können, was sich ändern muss

Jeder Einzelne

- Wissen über Wiesenblumen und andere Pflanzen sowie deren Tiere an Kinder und Jugendliche vermitteln
- Respekt vor der Natur und deren Bewirtschaftern
- Wiesen während der Aufwuchszeit nicht betreten. Gras und Blumen können sonst nur schwierig gemäht werden.
- Wo ohnehin wenig Blumen vorhanden sind, auf das Pflücken von Blumensträußen verzichten. Wildbienen und Schmetterlinge sind auf die immer weniger werdenden Wildblumen angewiesen. Daheim in der Blumenvase haben die Tiere nichts von der bunten Pracht, während wir darauf verzichten können.
- Von der Gemeinde- und Stadtverwaltung verlangen, wieder Naturwiesen mit echten Wildblumen (keine Fantasiemischungen, wie häufig angewendet, und nur einheimisches Saatgut) auszusäen und zu pflegen.
- Im Garten ein kleines Stück Blumenwiese anlegen und jeweils bis Mitte/Ende Juni stehen lassen, damit sich Schmetterlingsraupen entwickeln und verpuppen können. So können neue Generationen von Schmetterlingen heranwachsen. Dasselbe gilt natürlich für viele andere Kleintiere.
- Von Stadt oder Gemeinde einfordern, dass Wegrandstreifen nicht durch angrenzende landwirtschaftliche Flächen überdüngt werden dürfen, sodass Blütenstreifen erhalten bleiben.
- Keinen E10-Kraftstoff tanken

Politik und Zivilgesellschaft

- Keine Steuererleichterungen mehr und keine sonstigen Förderungen für Biogasanlagen und den damit verbundenen Maisanbau, durch den seit etwa der Jahrtausendwende viele Wiesen zerstört wurden.
- Kartierung aller im Besitz der Gemeinde oder Stadt befindlichen potenziellen Flächen mit Blumenwiesen
- Die zuständigen Personen der Liegenschaftsverwaltungen von Städten und Gemeinden sollten die Pachtverträge prüfen lassen und auf

eine Änderung drängen, sodass Landwirte auf öffentlichem Besitz nicht mehr Wiesen umbrechen und frühere Grünlandbereiche wieder angelegt werden. Es muss auf eine landschaftsgerechte traditionelle Wiesenbewirtschaftung gedrängt werden.
- Förderprogramme umschichten und naturnahe Grünlandbewirtschaftung von artenreichen Flächen unterstützen.
- Nicht zu früh mähen; Bauhöfe, Stadtgärtnereien und Straßenmeistereien mähen viel zu früh und nehmen der Natur viele Chancen weg. Der Mähbeginn sollte außer an sicherheitsrelevanten Stellen auf Mitte/Ende Juni verlegt werden.
- Bauhöfe und Stadtgärtnereien können sich zu Ökotrupps entwickeln und gerade öffentliche Areale umweltfreundlich als kleine Wiesenstücke gestalten. Doch oft ist das Wissen nicht vorhanden. Hier gilt es dringend, die technischen Fachkräfte besser zu schulen und die Bedeutung ihrer Arbeit für die Vielfalt in der Natur zu vermitteln.

Wirtschaft

- Auf Betriebsgebäuden mit Flachdächern Trockenrasen anlegen lassen
- Die Umgebung von Betriebs- und Verwaltungsgebäuden naturnäher gestalten. Wiese statt überdüngtem Einheitsrasen!
- Programme und Initiativen zur Wiederanlage und Pflege bzw. Erhaltung von blumenbunten Wiesen

Fazit: Wiesen sind durch Nutzung entstanden. Nur traditionelle Nutzung kann diesen Lebensraum aus Natur und Kultur erhalten. Unterschutzstellung allein bringt nichts. Artenreiche Wiesenlandschaften können nur durch eine geänderte Landwirtschaftspolitik bewahrt werden.

Bäche und Flüsse – Lebensadern der Landschaft

Es ist unüberhörbar, im Singsang der Vögel, im Rauschen der Blätter: Fern, ganz fern plätschert und gluckert es – irgendwo fließt hier Wasser, vorbei an knorrigen Weiden, alten Eichen und Erlen, durch dichtes Strauchwerk. Bunte Schmetterlinge gaukeln umher, Käfer krabbeln ungerührt ihrer Wege, Bienen summen. Das Plätschern wird lauter. Nun riecht es schon deutlich – frisch, erdig –, und es wird spürbar kühler. Wir stehen am Ufer eines Baches. Hier wimmelt es von Leben. Unter Steinen suchen Libellenlarven und Bachflohkrebse Schutz vor der Strömung. Muscheln klammern sich im sandigen Untergrund fest. Wie ein fliegender Edelstein saust ein blau schimmernder Eisvogel heran, taucht ab, schnappt sich einen kleinen Fisch und schwirrt wieder von dannen. Damit er sein Nest bauen kann, braucht er steile Abbruchufer, die Schutz vor Hochwasser und Feinden – Wiesel, Marder und Schlangen – bieten. In die Steilwand gräbt der Eisvogel 50 bis 90 cm lange Röhren und erweitert sie am Ende zu einem Brutkessel. Damit er jagen kann, braucht er Äste und Zweige, die über den Bach hängen, als Aussichtspunkt. Wo der Eisvogel fischt, ist die Welt noch in Ordnung, das Wasser sauber und fischreich, die Ufer noch naturnah.

Doch solche Paradiese sind selten geworden. Höchstens zehn Prozent der Bäche in Deutschland, Österreich, Luxemburg und in der Schweiz dürfen noch nach ihrem natürlichen Gefälle dahinfließen. Dabei hat der freie Lauf eines Baches durchaus seinen Sinn. Einmal schlängelt er sich gemächlich vorwärts, dann wieder strömt er eilig dahin. Überflutungen und Uferabbrüche schaffen neue Lebensräume. Lebendige Bäche und Flüsse sind eine natürliche Abfolge von Biotopen, die als Fließgewässer eng miteinander verwoben sind. In sandigen Gebieten graben sich Flachlandflüsse tief in den Boden. In die Steilufer bauen auch Uferschwalben ihre Höhlen. Die Bachufer selbst sind gesäumt von wasserliebenden Weiden, in deren Schatten der Iltis seine Nahrung sucht. Und wo Bäche und Flüsse noch ihre Natürlichkeit bewahrt haben, findet man auch den Fischotter. Hier schwimmen auch Stockenten oder Blässhühner. Ihr Mittagsmahl fischen sie aus dem Wasser, dessen Oberfläche sie fortwährend mit ihren Schnäbeln abgrasen. Fische wie Rotauge und Döbel gleiten blitzschnell um die Füße der Schwimmvögel. Auf dem schlammigen

Grund finden sie reichlich Nahrung: Köcherfliegenlarven, Flohkrebse oder Wasserasseln. Bis zur Quelle hinauf kämpfen sich die sportlichen Forellen gegen den Strom voran und laichen dort. Wo der Bach langsamer wird, sieht man Äschen, an tieferen Stellen Barben. Früher gab es hier sogar reichlich Flusskrebse und -muscheln, doch heute sind sie weitgehend ausgestorben oder werden von invasiven Arten verdrängt.

Am Oberlauf sauberer Flüsse und Bäche ist die Wasseramsel ein vertrauter Anblick. Sie jagt ihre Nahrung unter Wasser. Mit schwirrenden Flügeln gleitet sie in gerader Linie den Fluss entlang oder steht knicksend auf einem großen Flusskiesel. Von hier aus springt sie ins Wasser und sucht etwa eine halbe Minute lang mit offenen Augen nach Essbarem. Mit ihren Krallen hält sie sich an Steinen fest oder lässt sich von der Strömung unter Wasser drücken. Hat sie ihre Beute erwischt, lässt sie sich wie ein Korken nach oben schnellen.

Im Gegensatz zu den regulierten Wasserläufen sind die Ufer von natürlichen Flüssen meist sehr flach. Hier gedeihen Binse, Wasserminze, Gelbe Schwertlilie und andere Gewächse. Vielen Fisch- und Insektenarten, aber auch so manchem Wasservogel dienen diese Uferpflanzen als Ruhe- und besonders als Laich- bzw. Nistplatz. Davon profitieren wiederum Räuber wie Libelle, Hecht und Fischotter. Überall da, wo der Mensch nicht in den Flusslauf eingreift, bilden sich Auen, letzte Reste unserer mitteleuropäischen Urlandschaft. Sie entstehen durch den ständigen Wechsel von Überflutung und Trockenfallen. Auenlandschaften stellen ein ganz eigenes Ökosystem dar, dessen Artenvielfalt und biologische Produktivität nur noch mit den tropischen Regenwäldern vergleichbar ist. In den Senken der Auen leben Rotbauchunken, Laubfrösche und Knoblauchkröten. Aale und Zander ziehen vorbei. Früher waren auch Lachse dabei; sie sind bei uns leider ausgestorben. Aber es gibt Hoffnung: Im Rhein sind die ersten Lachse wieder aufgetaucht. Jetzt gilt es, die Gewässer für die Fische wieder durchgängig zu machen. Häufiger sind zum Glück auch die Biber geworden.

Auf Binnendünen, Flugsandflächen oder alten Sanddeichen breiten sich prächtige, blumenreiche Trockenwiesen aus. Hier leben Heuschrecken, allerlei Laufkäfer, Ameisenlöwen und viele bunte Großschmetterlingsarten. Jeder Fluss steht in enger Verbindung mit jenen Pflanzen, die seine Ufer besiedeln. Die zerriebenen Pflanzenteile, die von der Uferregion auf die Wasseroberfläche geweht werden, sind begehrte Nahrungselemente für zahlreiche Kleinstlebewesen.

Im Mündungsbereich der Flüsse geht die Zahl der Tierarten drastisch zurück. Nur die wenigsten Wassertiere vertragen die Schwankungen im Salzgehalt, etwa der Dreistachlige Stichling und die junge Scholle. Die vielen organischen Stoffe im Mündungsbereich bilden allerdings eine reiche Nahrungsquelle für Muscheln, Wattwürmer und -schnecken. Entsprechend groß ist die Zahl der Watvögel wie Flussuferläufer, Rotschenkel und Austernfischer im Mündungsgebiet.

Geschundene Natur

Wasser ist unsere wichtigste Lebensgrundlage. Aber wie gehen wir damit um? Jahrzehntelang wurde das Wasser aus der Landschaft vertrieben, als wäre es ein Feind der Menschen. Bäche, Rinnsale und andere Fließgewässer wurden in Betonschalen gezwängt oder ganz unter die Erdoberfläche verbannt. Flüsse wurden begradigt und durch Dämme von ihren umgebenden Auen abgeschnitten, die Ufer vielfach zu langweiligen, lebensfeindlichen Korsetten umgestaltet. Die Folgen ließen nicht lange auf sich warten. Weil die natürlichen Überschwemmungsgebiete ihre Funktion nicht mehr erfüllen können, häufen sich die hausgemachten Hochwasserkatastrophen. Andere Katastrophen werden weniger bemerkt, wie der schleichende Artenschwund der an und in Fließgewässern lebenden Tiere und Pflanzen. Hinzu kommen Lebensraumzerstörung und Gewässerverschmutzung durch Schadstoff und Düngereintrag, die ihren traurigen Tribut fordern. Wenn wir den Fließgewässern und damit unserer eigenen Lebensqualität wieder eine Chance geben wollen, muss dringend gehandelt werden. Erste Ansätze zum Schutz der Lebensadern unserer Landschaften sind gemacht, etwa durch Renaturierungsprogramme für Bäche oder durch die Anlage von Randstreifen. Doch die Gefahren sind längst noch nicht gebannt. Gewässerrandstreifen werden von vielen Agrarbetrieben nicht geachtet und unter den Pflug genommen, viel zu intensiv gedüngt und oft noch mit den Pestiziden aus den benachbarten Äckern belastet.

Fließgewässer – und sei es das kleinste Rinnsal – sind die Lebensadern unserer Landschaft. Doch die Qualität unserer Quellen, Bäche und Flüsse wird auf vielfältige Art beeinträchtigt. Nicht nur das kostbare Nass selbst ist trotz des Baus von Kläranlagen teilweise noch verschmutzt, auch die Tier- und Pflanzenwelt entlang der Fließgewässer ist bedroht.

Quellen, Bäche und andere Fließgewässer kompakt

Was sind eigentlich Fließgewässer? Nun, ob kleines Rinnsal, Bach, Fluss oder Strom; sie sind jeweils nichts anderes als eine mehr oder weniger lange, mehr oder weniger tiefe Hohlform, in der regelmäßig, unregelmäßig oder auch nur selten Wasser fließt. Die Gewässer sind unterschiedlich breit und lang, haben eine ganz unterschiedliche Wasserführung und Farbe, sind in verschiedene Landschaften eingebettet und formen je nach Beschaffenheit und Lage diese Landschaften. Fließgewässer sind in Bewegung bzw. die fließende Welle ist in Bewegung.

Dadurch sind Sohle und Ufer einer Spannung ausgesetzt und werden ebenfalls bewegt. Auch das Gewässer insgesamt bleibt nicht gleich, es ändert sich und wird verändert. Es kommuniziert mit seiner Umgebung und prägt diese mit unterschiedlicher Intensität durch Überflutung, Ausräumung, Ablagerung, durch Erosion und Sedimentation. Und es prägt durch diese Kommunikation auch die Lebensgemeinschaften von Tieren und Pflanzen. Fließgewässer mit ihren Auen faszinieren, soweit sie noch naturnah sind, durch einen kaum fassbaren Reichtum an Erscheinungsformen und Zuständen. Sie sind Lebensräume von außerordentlicher Schönheit und Vielfalt. Der klare, plätschernde Bach ist geradezu der Inbegriff von Natur. Welches Kind würde das nicht unterstreichen!

Wir Menschen sind geprägt von der Arbeit und Dynamik des fließenden Wassers, weil es lebensnotwendig ist. Menschen haben für ihre Siedlungen immer die Nähe von Quellen, Bächen und Flüssen gesucht und sich das Wasser in vielfältiger Form nutzbar gemacht. Es wurde und wird gestaut, ausgeleitet, umgeleitet, getrunken, befischt, als Transportmittel benutzt oder dafür hergerichtet. Andererseits waren die Bäche und Flüsse auch immer angsteinflößend und bedrohlich, weil wir sie nie endgültig in den Griff bekommen konnten. Die Chroniken der Menschheitsgeschichte sind gefüllt mit Berichten von Hochwasserkatastrophen, die viele Leben forderten und Felder verwüsteten. Und sie sind gefüllt mit der Beschreibung von Versuchen, sich vor den Gefahren des Wassers zu schützen. Nutzen und Schaden durch das fließende Wasser werden uns also immer begleiten.

Wie viele Fließgewässer gibt es eigentlich?

Diese Frage ist so pauschal nicht zu beantworten, da man sich einerseits auf einen bestimmten Raum beziehen und auf der anderen Seite zuerst entscheiden muss, ob man die zahlreichen künstlichen Fließgewässer – Gräben, Kanäle usw. – dazurechnen und auf welche Gewässerkategorie sich die Berechnung beziehen soll. Nimmt man nur die natürlichen Gewässersysteme, wie sie in der Topografischen Karte 1:25 000 enthalten sind, gibt es in Deutschland etwa 600 000 Kilometer Fließgewässerstrecken! Das Objekt unserer Betrachtungen ist also – wie erwartet – kaum überschaubar.

Die Fließgewässer sind sehr unterschiedlich auf die Landschaften verteilt. Sie prägen sie so deutlich, dass sich Landschaften allein anhand ihres Gewässernetzes voneinander unterscheiden lassen. Die regionale Dichte der Adernetze ist zunächst abhängig vom Gestein, von den Oberflächenformen (die das Wasser selbst auch mitgestaltet) und vom Klima. Je undurchlässiger das Gestein und je höher die Niederschläge, desto dichter das Gewässernetz. Die genannten primären Faktoren bestimmen dann Linienführung bzw. den Grundriss, die Längsgliederung, das Gefälle, die Wasserführung und das Abflussverhalten, den Stoffhaushalt, die Substratverhältnisse, die Besiedelbarkeit mit Organismen und die tatsächliche Besiedlung. Gewässernetze können sehr unterschiedlich ausgebildet sein: fein verästelt und sehr filigran bis kaum verästelt, wie breite oder schmale Fächer, mit fast parallel verlaufenden Adern, scheinbar »geregelt« und streng ausgerichtet oder fast wirr und unreif. Je nach Ausprägung eines Fließgewässers finden sich auch ganz unterschiedliche Tier- und Pflanzenarten. So bewohnt die Wasseramsel klare, eher schnell fließende und vor allem unverbaute Gewässer, während Graureiher an träge fließenden Bächen oder Flüssen am Ufer stehen und auf Beute lauern.

Was wir tun können, was sich ändern muss

Jeder Einzelne

- Mit Kindern Bach und Fluss erleben – hinausgehen in die freie Natur! Gewässerwissen schaffen und weitergeben
- Schadstoffeinleitung und Müllablagerung den Behörden melden (am besten direkt über die Stadt- und Gemeindeverwaltung oder über die Umweltschutzbehörden der Stadt- und Landkreise)
- Wo noch künstlich gestaltete, naturferne Gewässerläufe auf die Renaturierung harren, können Renaturierungsmaßnahmen angeregt und umgesetzt werden.
- Veränderungen – auch positive – an Gewässern erfordern Genehmigungen durch die Naturschutz- und Gewässerschutzbehörden. Nicht ohne Erlaubnis Maßnahmen umsetzen!
- Sinnvolle Renaturierungsmaßnahmen über Natur-, Umwelt-, Heimat- und Fischereiverbände unterstützen
- Bei Bachpatenschaften mitmachen

Politik und Zivilgesellschaft

- Nicht naturnahe Gewässer umgestalten – der Natur wieder eine Chance geben
- Gewässer wieder ans Tageslicht holen – Verrohrungen beseitigen
- Wo sinnvoll, sollten Flussaltarme wieder an das Fließgewässer angebunden werden.
- Es gilt, wo immer möglich, ein breites, flaches, hydraulisch raues und insgesamt dem natürlichen Typus entsprechendes Gewässerbett wiederherzustellen und dem Fließgewässer wieder verstärkt die

Möglichkeit zu geben auszuufern, ohne Siedlungsbereiche zu gefährden.

- Dort, wo landwirtschaftliche Nutzung oder Siedlungen unmittelbar an das Gewässer angrenzen, besteht die Gefahr des Nähr- und Schadstoffeintrages über den Oberflächenabfluss. Die genannten Probleme können gemildert werden durch die Anlage von ungenutzten, jährlich nur einmal im Herbst gemähten oder mit Gehölzen (Erlen, Weiden) bestandenen Uferstreifen. Ihre Breite sollte nicht unter 5 Meter, in der Regel 10 Meter an Bächen und 20 Meter an Flüssen betragen. Bei Gelände, das zum Gewässer abfällt, entsprechend mehr. Ein möglichst ungestörter Übergangsbereich von Wasser zu Land ist wichtiger Lebens- und Ausbreitungsraum für viele Tierarten der Feuchtgebiete (z. B. Schmetterlinge und Libellen). Gewässerbegleitende Schilf- und Brennnesselstreifen sind begehrte Brutplätze für Vogelarten, vor allem Sumpfrohrsänger und Rohrammer.
- In vielen Abschnitten kleiner und großer Fließgewässer werden die Ufer regelmäßig befestigt, um Seitenerosion zu verhindern. Damit werden nicht nur Lebensräume von Eisvogel, Uferschwalbe und Wildbienen zerstört, es wird auch verhindert, dass das Gewässer auf diese Weise sein Geschiebedefizit sättigt und naturnähere Strukturen im Gewässerbett wieder entstehen. Wo es die Grundeigentumsverhältnisse zulassen, sollte möglichst auf diese Befestigungsmaßnahmen verzichtet werden.
- Rückbau oder Aufgabe von Dräneinrichtungen in landwirtschaftlichen Flächen
- Renaturierung von Mooren und Fließgewässern, Wiedervernässung bzw. Neuschaffung von Feuchtgebieten als Rückhalteräume
- Neuanlage von Hecken und Knicks in landwirtschaftlich geprägten Landschaften
- Rückbau von Straßen, Feld- und Waldwegen
- Versickerung der Abläufe von Dächern oder versiegelten Flächen
- Entsiegelung überbauter Flächen wie Parkplätze und Wege
- Verstärkter Bau von leistungsfähigen, dezentralen Kleinkläranlagen mit anschließender Versickerung
- Der zentralen Bedeutung der Überflutungsgebiete für die Selbstreinigung der Gewässer, der Grundwasseranreicherung und dem vor-

beugenden Hochwasserschutz entsprechend, dürfen diese nicht weiter eingedeicht werden. Fluss- und Bachauen sind von Siedlungsentwicklung, Straßenbau und anderen Infrastrukturmaßnahmen frei zu halten. Bauvorhaben innerhalb der Gebiete mit 50- bis 100-jähriger Wiederkehrwahrscheinlichkeit von Hochwassern dürfen nicht mehr genehmigt werden.

Wirtschaft

- Die Abwassersysteme von Betrieben sollten dahingehend überprüft werden, ob es nicht noch alte – oft versteckte und deshalb nicht sichtbare – Abwassereinleitungen in öffentliche Gewässer gibt. Diese müssen sofort beseitigt und an den Zulauf von Kläranlagen angeschlossen werden.
- Auf dem Betriebsgelände Wasser zur Grundwasseranreicherung zurückhalten. Nicht alle Wege und Plätze befestigen; den schnellen Wasserabfluss verhindern.
- Naturnah gestaltete Rückhaltebecken könnten als wertvolle Lebensräume angelegt werden
- Patenschaften für Abschnitte von Bächen und Flüssen übernehmen

Fazit: Viel zu viele Bäche und Flüsse sind noch belastet, naturfern und bedürfen der Renaturierung.

Seen – die blauen Augen der Flur

Irgendwo am Rand eines Sees: aus dem Röhricht vom Vorjahr sprießen wieder zartgrüne, frische Schilfstängel. Dazwischen sucht aufgeregt ein Teichhuhn seinen Weg durch das Gewirr aus Halmen. Plitsch, platsch – überall lassen sich bei unserem Herannahen die grünen Wasserfrösche ins Wasser plumpsen. Die sattgelben Blüten der Schwertlilien durchsetzen das Seeufer mit bunten Tupfern. Aus dem Schilf dringt der schwätzende Gesang von Teich- und Sumpfrohrsänger zu uns herüber. Und weiter seewärts sind wieder die ersten Seerosenblätter aufgetaucht. Den bunt schillernden Libellen, die pfeilschnell durch die Luft schießen, dienen sie als ideale Landeplätze. Weiter draußen lässt sich ein Haubentaucherpärchen beim Balzspiel beobachten. Frühjahr am See – da kommt das Leben so richtig in Gang. Wo verschiedene Lebensräume aufeinanderstoßen, ist die natürliche Vielfalt immer besonders groß. So finden sich etwa an Seeufern, die an Wiesen angrenzen, nicht nur Arten, die Feuchtigkeit und Wasser besonders lieben – etwa die typischen Gewässer- und Wiesenarten –, sondern auch Tiere und Pflanzen, die speziell an diese Übergangsgebiete angepasst sind.

Doch die Flachwasserzonen der großen Seen sind nicht nur im Frühjahr, sondern das ganze Jahr über ein besonderes Naturparadies. Zur Zugzeit im Herbst kommen hierher zu Hunderttausenden verschiedene Entenarten, Blässhühner, Taucher, Gänse und Schwäne zum großen »Check-in« vor dem Weiterflug in die Winterquartiere Südeuropas oder Afrikas. Für manche Arten sind die mitteleuropäischen Seen allerdings bereits das gesuchte »südliche« Ziel. So überwintern auf dem Bodensee einige Tausend Reiherenten und auch Singschwäne aus den weiten Gebieten Nordosteuropas und Sibiriens.

Aber nicht nur die großen Seen, sondern auch die kleineren Stillgewässer sind bedeutende ökologische Bausteine in unseren Landschaften. Ob Gebirgs- und Gletscherseen der Alpen, die Maare in der Vulkaneifel, die Strandseen entlang der Ostseeküste, die Heideweiher und Moorseen, die Altwässer in den großen Flussauen oder auch kleinere Weiher und Tümpel, überall gilt die goldene Regel: Wo Wasser ist, da ist auch Leben. Und jeder Feuchtgebietstyp hat seine eigene, an die jeweiligen natürlichen Gegebenheiten angepasste Biosphäre. Während Karpfen und Hecht zum Beispiel in größeren Seen und Weihern zu Hause sind, finden sich in kleinsten Tümpeln von Natur aus kaum Fische. Sie bilden die Heimat verschiedener Amphibien, darunter Teichmolch, Bergmolch, Laubfrosch, Grasfrosch und Erdkröte.

Ganz unterschiedliche Lebensräume bieten auch die vielen im Lauf der Jahrhunderte von den Menschen geschaffenen Gewässer. Denn die meisten Teiche bzw. Weiher wurden einst für die Fischwirtschaft angelegt. Noch heute finden sich etwa in Holstein, in der Oberlausitz, in Franken und Thüringen, in der Oberpfalz und in Oberschwaben ausgedehnte Anlagen solcher Fischzuchtgewässer. Ihre Geschichte geht oft bis auf das 12. Jahrhundert zurück. Tatsächlich wurde mit der künstlichen Anlage von Seen vielfach die Landschaft bereichert. Dem Eisvogel, dem Graureiher oder dem Teichhuhn unserer Tage kann es ohnehin gleichgültig sein, ob das Gewässer allein durch die Kräfte der Natur oder durch menschliches Eingreifen entstanden ist. Entscheidend für eine große Vielfalt an Tieren und Pflanzen ist, dass die Gewässer naturnah belassen werden.

Feuchtgebiete auf der Roten Liste

Nicht nur Bäche und Flüsse, auch die verschiedenen Stillgewässer sind bedroht. Als Bezeichnung für alle Feuchtlebensräume einschließlich der Sümpfe und Moore hat sich seit den Siebzigerjahren aus dem englischen »Wetlands« hergeleitet der Begriff Feuchtgebiete durchgesetzt. Damit sind nicht nur natürliche Lebensräume mit mehr oder weniger hohem Wasserstand gemeint. Denn Seen, Weiher, Teiche und Tümpel stellen keine unveränderlichen Landschaftsbestandteile dar. Gletscher, Bergstürze, Hochwasser und Biber ließen und lassen sie teilweise auch heute noch immer wieder neu entstehen. Andererseits unterliegen sie einer Alterung, indem sie verlanden oder austrocknen. Unter natürlichen Bedingungen geschieht dies in meist langen Zeiträumen.

Nun haben wir Menschen von jeher die Stillgewässer bzw. deren Lebensgemeinschaften im Rahmen der jeweiligen Möglichkeiten genutzt. Zusätzlich entstanden und verschwanden Stillgewässer durch sich ändernde Bedürfnisse. Dadurch war eine ständige Dynamik des Kommens und Gehens gewährleistet. Unter den Einflüssen der industriellen Welt stieg die Tendenz zu Übernutzung und Missbrauch der Stillgewässer jedoch seit den Fünfzigerjahren sprunghaft an. Die intensive Nutzung der Umwelt wurde zur Gefährdung der Stillgewässer. Dabei liegt eine Gefährdung von Seen, Teichen und Tümpeln immer dann vor, wenn die Eingriffe des Menschen zu einer schädigenden, oft irreversiblen Belastung des ökologischen Gleichgewichts und damit zu einer vorschnellen Alterung oder sogar Zerstörung der Lebensräume und Lebensgemeinschaften führten. Nicht immer ist dies offensichtlich. Deshalb sind eine Erfassung der Gewässer und eine Bewertung ihres ökologischen Zustands unerlässlich. Nur so können mit Blick auf ihre Geschichte und ihre Individualität Gefährdungen erkannt werden. Besonders stark gefährdet sind Altwasserarme und Auentümpel. Letztere sind unter anderem Lebensraum des bis zu zwanzig Zentimeter großen Kammmolches, eine unserer bedrohtesten Amphibienarten. In Österreich gelten mehr als ein Zehntel der ehemaligen Auengewässer als zerstört, und zahlreiche Auengewässer sind trotz des EU-Beitrittes und generellem Schutz auch im benachbarten Slowenien sowie in Kroatien durch Pläne für Stauwehre zur Elektrizitätsgewinnung hoch bedroht. So kämpft die EuroNatur-Stiftung im Rahmen des Projektes »Grünes Band Balkan« zusammen mit einheimischen Naturschutzorganisationen an mehreren Ökofronten für die Bewahrung der letzten natürlichen Auengewässer Südosteuropas. Dort stehen die Lebensräume von Moorente, Krähenscharbe, Schwarzstorch und Stelzenläufer auf dem Spiel.

Auch von Menschenhand geschaffene Stillgewässer wie Teiche sind gefährdet, denn ihre Zahl und ihr Zustand hängen sehr stark von der wirtschaftlichen Entwicklung der Fischerei ab. Von rund zehntausend Teichen im Regierungsbezirk Mittelfranken waren um die Jahrtausendwende nur noch etwa zehn Prozent für den Arten- und Biotopschutz von größerer Bedeutung. Der Rest war schon zu sehr durch intensive Fischwirtschaft und Nährstoffbelastung geschädigt.

Die Zerstörung der Gewässer hat viele Ursachen. Da ist einerseits die Veränderung des Wasserregimes durch Eindeichung, Ausbau, Vertiefung der Gewässersohle, Beschleunigung des Gewässerabflusses, aber auch der Eintrag von Düngestoffen mit der Folge der Eutrophierung der Gewässer und der Gefahr des Umkippens. Hinzu kommen Uferverbauung, intensive touristische Nutzung selbst an naturnahen Stellen, beabsichtigte oder unbeabsichtigte Einbringung nicht heimischer Tierarten, die zu einer völligen Veränderung der Fauna führen können. Weitere Vernichtungs- und Gefährdungsfaktoren von Stillgewässern sind die Grundwasserabsenkung, die Veränderung der Landnutzung im Einzugsgebiet oder die völlige Vernichtung mit Bauschutt, Erd- und Straßenaushub.

In den vergangenen Jahren waren vor allem sogenannte Regenwassertümpel sowie Überschwemmungstümpel intensiver landwirtschaftlicher Nutzung im Wege. Durch die Beseitigung solcher Temporärgewässer sind früher weitverbreitete Pflanzenarten wie Quirl-Tännel, Pillenfarn, Eiförmige Sumpfbinse und Fadenenzian fast überall verschwunden. Und die Chance für Natur aus zweiter Hand, nämlich Naturschutz als Folgenutzung bei Kies-, Lehm-, Sandgruben und Steinbrüchen – die vielfach Stillgewässer unterschiedlicher Größe beherbergen –, wurde meist vertan. Aus heutiger Sicht unglaublich sind die Auflagen durch Behörden, mit denen früher zur angeblichen »Heilung« dieser Landschaftswunden die Auffüllung vorgeschrieben wurde. Vieles hat sich im Umgang mit den Stillgewässern geändert. Aber wenn darauf spezialisierte Arten nur noch kleine Bestände aufweisen, besteht die Gefahr der genetischen Isolierung, und schon kleinste, weitere Störungen bedeuten für ganze Lebensgemeinschaften das Aus. Wir haben einfach in das Netzwerk der Natur schon viel zu viele Löcher gerissen, sodass die Lebensgemeinschaften immer fragiler werden. Dann sind auch die sommerlichen Konzerte der letzten Laubfroschkolonien nicht mehr zu hören.

Ein weiterer Gefährdungsfaktor für viele hoch bedrohte Arten ist zusätzlich zum Düngeeintrag aus der Landwirtschaft und durch Abgase aus der Luft der Eintrag von Schadstoffen. Sie können auf vielfältigsten Wegen in Stillgewässer gelangen. Neben dem Weg über die Zuflüsse ist die Gefahr von Schadstoffeinträgen bei ufernaher Führung von Straßen besonders groß, Einträge aus Straßen- und Reifenabrieb sowie bei Öl- und Giftunfällen können hier auftreten. So führt zum Beispiel eine stark befahrene Bundesstraße unmittelbar am Ufer des Überlinger

Sees (einem Teil des Bodensees) entlang, in dem Trinkwasser für viele Millionen Menschen gewonnen wird. Am Chiemsee ist es sogar eine Autobahn. Auch die Führung von Ölpipelines etwa am österreichischen und bayerischen Bodenseeufer (Genua–Ingolstadt) ist in dieser Hinsicht äußerst problematisch. Bislang sind allerdings nur kleinere Unfälle bekannt geworden. So wurden im Oberrheingebiet Bestände von Seekanne und Wassernuss durch Eintrag von Säuren, Ölen und Basen zerstört.

Schadstoffeinträge können auch durch gewässernahe Ausbringung von Pestiziden auf landwirtschaftlichen Nutzflächen und durch Verdriftung der Pestizidnebel im Gewässer entstehen. Dadurch werden unter Umständen Fische geschädigt, aber auch Insekten vernichtet. Letzteres kann bei Amphibien zu Nahrungsmangel führen. Der Eintrag salzhaltigen Wassers von mit Streusalz behandelten Straßen kann in Seen zur Auslösung einer sogenannten Meromixie führen, zur Ausbildung eines in der Tiefe eines Sees ruhenden, von der Zirkulation ausgeschlossenen Wasserkörpers mit hoher Dichte (Monimolimnion). Durch die fehlende Zirkulation kommt es zu Sauerstofffreiheit in dieser »Sperrschicht«, was zum einen lebensfeindliche Verhältnisse für die Profundalfauna (Profundal = tiefste Wasserzone von Inlandgewässern) verursacht, zum anderen eine Festlegung von Phosphor im Sediment verhindert. Dies beschleunigt die Eutrophierung oligotropher Gewässer, indem die Nährstoffe nur noch im Oberflächenwasser umgewälzt werden. Beispiele hierfür sind manche Eifelmaare.

Seen und andere Stillgewässer kompakt

Kein Tümpel, kein Teich, kein See ist gleich wie der andere. Und jeder Stillgewässertyp – das sind letztlich alle Feuchtgebiete, deren Wasser nicht ständig talabwärts fließt – weist ganz unterschiedliche Biotopelemente auf. Wie sich diese unterscheiden und ergänzen, hat der Landschaftsökologe Prof. Dr. Werner Konold zusammengefasst und herausgestellt, dass das Wort Stillgewässer eigentlich ein dürftiger Überbegriff für das ist, was in allen Einzelheiten letztlich gemeint ist. Nahezu unüberschaubar sind die Erscheinungsformen der stehen den Gewässer. Angefangen von der wassergefüllten Konservendose, die irgendwo liegen blieb, bis zum Grimselstausee, von der ausgefaulten und mit Wasser gefüllten Baumhöhle in luftiger Höhe bis zum Wörthersee. Dieses weite Spektrum, diese unerhörte Vielfalt wurde von den Menschen aufgenommen und in Namen umgesetzt, bei deren Klang man das jeweilige Gewässer oft vor Augen zu sehen meint: Beek, Blänke, Soll, Kolk, Lache, Pfütze, Pschitt, Pump, Woog, Wette, Kuhle, Schlatt, Lacke, Brake, Bacht, Pött, Tschött, Flatt, Pfuhl, Sudel, Pudel, Meer, Schwemme, Hülbe, See, Teich, Schluten.

Natürlich ist es sehr schwer, in dieses Durcheinander von Begriffen, die allenfalls den regional Eingeweihten etwas sagen, über Größe, Tiefe, Lage und Nutzbarkeit, eine gewisse Ordnung zu bringen. Die Limnologen – also die Gewässerkundler – haben dies versucht, dabei aber nicht immer eine glückliche Hand gehabt. Denn sie setzten sich oft über regionale Sprachgewohnheiten hinweg. Danach seien Weiher flache natürliche Seen, die durchgehend von Wasserpflanzen besiedelbar sind. Doch es gibt herrliche klare 15 Meter tiefe Seen, auf deren Grund noch schöne Rasen von Armleuchteralgen zu finden sind. Andererseits sind Weiher im oberdeutschen Sprachraum ausschließlich künstliche, ablassbare Gewässer, abgeleitet von lateinisch Wort *vivarium;* Teiche als stehende Gewässer gibt es hier zumindest sprachlich gar nicht.

Die Teiche des Nordens sind die Weiher des Südens. Im Pfälzerwald ist der Weiher ein »Woog«. Im Fränkischen heißen die künstlichen Weiher/Teiche gar »See«. Die nordwestdeutschen größeren natürlichen Seen heißen »Meere« (Steinhuder Meer, Zwischenahner Meer, Dümmer).

Gewässer: das große Ganze

Es ist eine faszinierende, aber auch bedrückende Vorstellung angesichts der Verschmutzung von Meeren mit Plastikmüll, Abwässern und Schadstoffeinleitungen und des Verschwindens von Seen, dass alle Gewässer im Grunde genommen global miteinander vernetzt sind. Sie stehen in Kommunikation miteinander, und zwar in verschiedenen Aggregatformen: als Eis, Schnee, in flüssigem Zustand und als Dampf, in ganz unterschiedlichen »Behältern« wie in Meeren, Seen, Teichen, Tümpeln, im Bruchwald, im Sumpf oder Moor, in Graben, Bach und Fluss und schließlich mit ganz verschiedenen Eigenschaften und Geschmacksrichtungen, nämlich süß, salzig, klar, trübe, arm oder reich an Nährstoffen, hart, weich, sauer, alkalisch und vieles andere mehr. So kommt es, dass – über das Medium Wasser verbreitet – im arktischen Eis Pestizidrückstände und im hoch gelegenen Gebirgssee Phosphor nachgewiesen werden können, dass Seen fernab von den Industriezentren versauern und über Baggerseen, die illegal als Müllkippe missbraucht wurden, das Grundwasser verunreinigt wird.

Was wir tun können, was sich ändern muss

Jeder Einzelne

- Natur an Tümpel, Teich und Weiher respektieren, Wege nicht verlassen, Uferzonen nicht beschädigen
- Ufervegetation nicht niedertrampeln, von Brutarealen fernbleiben
- Keine Kaulquappen, junge Frösche, Molche oder andere Tiere mitnehmen. Dies ist aus Gründen des Artenschutzes streng verboten. Außerdem versuchen die Tiere den Ort aufzusuchen, an dem sie aus dem Ei geschlüpft sind.
- An Badeseen von Schilf- und anderem Röhricht mit Booten, Luftmatratzen und dergleichen fernbleiben. Ein Sicherheitsabstand von mindestens 50 Metern ist wichtig, damit Wasser- und Watvögel sowie andere Kleinvögel, die im Röhricht brüten, ihre Nester nicht verlassen.
- Kein wildes Camping
- Schadstoffeinleitungen bzw. Überdüngung den zuständigen Behörden melden (Gewässerschutzbehörden bei den Stadt- und Landkreisen) oder direkt die Stadt- oder Gemeindeverwaltung informieren. Bei drohender Gefahr an Sonntagen Polizei oder Feuerwehr anrufen.
- Unter anderem durch die Auswirkungen des Klimawandels drohen sehr viele Kleingewässer während Hitzeperioden auszutrocknen.

Oftmals sterben dann vorhandene Larven von Gras- und Wasserfrosch, Gelbbauchunken, Molchen und anderen Arten ab. Angesichts des dramatischen Artenverlustes gerade auch bei Amphibien können wir uns weitere derartige Kleinkatastrophen nicht leisten. Wer solche Stellen entdeckt, sollte die Gemeinde- oder Stadtverwaltung oder die Feuerwehr alarmieren, damit für Wassernachschub gesorgt wird.

Politik und Zivilgesellschaft

- Besserer Schutz von Stillgewässern durch mehr Abstand von Agrarflächen
- Straßen, auf denen wassergefährdende Stoffe transportiert werden und die zu nahe an Seen vorbeiführen, umleiten
- Kontrolle von gesetzlichen Mindestabstandsflächen; Dünger- und Pestizideintrag müssen unterbunden werden.
- Vernetzung von Stillgewässern durch Wanderkorridore für nicht flugfähige Tiere wie Amphibien, Reptilien und Säugetiere
- Überwachung von Schutzgebieten ernst nehmen
- Geschädigte Gewässer renaturieren und mit ausreichend Pufferzonen versehen
- Zahlreiche Biotopkartierungen und Bewertungen sind erfolgt; es fehlt vielerorts an der Umsetzung. Die Ergebnisse von Biotopkartierungen und Bewertungen müssen ernst genommen und realisiert werden.
- An Gewässern mit hohem Besucheraufkommen Besucherlenkung konsequent umsetzen
- Ausweisung von Schongebieten mit Verboten des Befahrens mit Booten und anderen Wassertransportmitteln
- Seen, Weiher und Teiche, die zu kippen drohen, gegebenenfalls entschlammen
- Zur Vermeidung der Rücklösung von Phosphat in geschichteten, eutrophen bis polytrophen Seen kann das nährstoffreiche, sauerstoffarme bis -freie Tiefenwasser während Stagnationsphasen abgeleitet werden (über Entnahmerohre).

Wirtschaft

- Im Bereich von Gewerbegebieten Kleingewässer anlegen
- Die Umgebung so gestalten, dass keine Tierfallen entstehen (Abdeckung von Gullys, Licht- und Lüftungsschächten), damit keine Amphibien und andere Kleintiere hineinfallen
- Gewässerpatenschaften übernehmen
- Großbetriebe mit Filialen im Ausland sollten auch dort in ihrer Umgebung auf Gewässerschutz achten, auch wenn es die jeweils örtlichen Rechtsvorschriften noch nicht vorsehen. Die Wirtschaft kann zu einem wichtigen Gewässerbotschafter werden.

Fazit: Seen, Teiche, Tümpel und andere Stillgewässer sind äußerst empfindliche Gebilde der Landschaft. Sie brauchen bedeutend mehr Schutz und unseren Respekt!

Leben im Abseits – bedrohte Überlebenskünstler

Laut lärmend fliegen Dohlen über dem alten Wehrturm. In einer ehemaligen Schießscharte brüten Turmfalken. Eidechsen huschen flink über die Steine, die schon vor Jahrhunderten aufeinandergeschichtet wurden. Burgen, Schlösser und Ruinen beherbergen ähnlich wie die Kunstfelsen im Bereich früherer Steinbrüche eine vielfältige Fauna und Flora. Und sie sind Heimat für so manchen Überlebenskünstler. Menschliches Gestalten hat bewirkt, dass ursprüngliche Felsbewohner mitten in den Siedlungen heimisch werden konnten. Daneben siedelten sich noch Arten aus anderen Lebensräumen an, weil sie am Mauerfuß oder in den Fugen ähnliche Existenzgrundlagen vorfanden. Nimmt man Mauern einmal genauer »unter die Lupe«, wird man erstaunliche Entdeckungen vieler Überlebenskünstler im Abseits machen. Und Mauern gibt es viele. Man denke nur an die terrassierten Weinberge in den noch nicht flurbereinigten Gegenden der Badischen Bergstraße, in der Ortenau und im Markgräflerland, im Neckartal und den Seitentälern von Enz, Tauber, Jagst und Kocher, im Frankenland, im Rheingau, an Mosel, Nahe, Saar und im Saale-Unstrut-Gebiet sowie in der Schweiz im Rhonetal und den Seitentälern, im Gebiet des Genfer Sees oder in Niederösterreich und der Wachau. Hinzu kommen Burgen, Ruinen, Wehranlagen und vielerlei von Menschen geschaffene Kunstfelsen.

Extremstandorte schützen

Manche Arten sind von Natur aus ausschließlich Felsbewohner. Sie sind als Kulturfolger von ihren natürlichen Lebensräumen – wie Felsbänder und Geröllhalden – in die vom Menschen geschaffenen »Kunstfelsstrukturen« eingewandert. Dazu gehören auch Tiere wie die Mörtelbiene oder die Mauer- und Zauneidechse. Unwissenheit und übertriebener Ordnungssinn sind aber die Ursache dafür, dass es um die verborgene und oft unbekannte Lebensgemeinschaft der Steinmauern sehr schlecht bestellt ist. Bei viel zu vielen Sanierungs- und Neubaumaßnahmen wurden die alten Mauern abgerissen und die heute unbezahlbaren, einst von Hand behauenen Natursteine achtlos auf die nächste Müllkippe gekarrt. Nackter Beton war der Ersatz. Nicht anders vor den Toren der Dörfer und Städte: Bei Flurbereinigungsverfahren wurden in Weinbaugebieten Tausende Mauern und Lesesteinhaufen vernichtet. Damit gingen nicht nur in Jahrhunderten entstandene Werte und Lebensräume verloren, sondern das Gesicht ganzer Landschafts- und Ortsbilder wandelte sich entscheidend. Noch immer ist diese Entwicklung nicht gestoppt.

Doch auch an ihren natürlichen Standorten haben felsbewohnende Pflanzen kaum mehr eine Chance. Auch noch so entlegene Felspartien werden heute von Freizeitsportlern zum Klettern aufgesucht. Dies führt auch zu Ruhestörungen von Wanderfalke und Uhu, die in solchen Bereichen ihre Brutplätze haben. Und manch unberührte Natur zwischen Steinen und Fels dient heute als Ort für sogenannte Funsportarten wie Drachenfliegen oder Paragliding. Da viele Überlebenskünstler auf extreme Standorte wie Felsen, Mauern und Ruinen angewiesen sind, bedarf es eines sensibleren Umgangs mit diesen Nahtstellen von Natur und Kultur. Deshalb müssen mehr Schongebiete für die Natur ausgewiesen und die Menschen aufgeklärt werden. Auch Denkmalschützer und Heimatvereine sind aufgerufen, bei der Sicherung historischer Bausubstanz an die Bewahrung der Lebensräume von Tieren und Pflanzen zu denken, die seit Jahrhunderten solche Areale besiedeln.

Mauern – Kunstfelsen im Kleinen

Mauern sind Biotope, die ein regelrechtes Sammelsurium von Pflanzen und Tieren beherbergen. Doch die Mauerbewohner stehen keineswegs regellos nebeneinander: Je nach Art und Schichtung des Gesteinsmaterials, nach Umgebung, Lage, Besonnung und anderen Faktoren haben sich komplexe Kleinökosysteme gebildet.

Ein interessanter »Mauerstratege« ist die Mauerraute, ebenfalls ein Kleinfarn, dessen Blättchen in der Regel nur 8 bis 15 Zentimeter lang werden. Das in kleinen Büscheln aus Fugen und Ritzen herauswachsende Pflänzchen rollt die gefiederten Blättchen zusammen, um sich so vor zu starker Verdunstung zu schützen. Und das Kleine Habichtskraut dreht bei zu starker Besonnung die behaarte Blattunterseite nach oben. Absolute Überlebensspezialisten sind Hauswurz, Mauerpfeffer und Fetthennen. Als sogenannte »Sukkulenten« speichern diese Pflanzen in ihren dicken und oft walzenförmigen Blättern die Feuchtigkeit; meist ist die Blattoberfläche noch mit einer schützenden Wachsschicht überzogen.

Die extremen Lebensbedingungen zwischen den Mauersteinen erfordern für die Pflanzen auch spezielle Methoden der Verbreitung. Manche Arten, wie das gelb blühende Schöllkraut oder der Scharfe Mauerpfeffer, bedienen sich dabei fremder Hilfe. Die Samen solcher Pflanzen besitzen stärke- oder fettreiche Anhängsel – eine bei Ameisen beliebte Nahrung. Mit den Anhängseln werden die Samen von den Ameisen verschleppt und gelangen so in weitere Mauerfugen. Man nennt diese Pflanzen daher auch »Ameisenwanderer«. Auch das aus dem mediterranen Raum zu uns eingewanderte Zymbelkraut besitzt eine eigene Verbreitungsmethode. Sind die kleinen Blüten befruchtet, entfernen sie sich vom Licht und wachsen den Mauerspalten entgegen, wodurch die Samenkapseln an einen günstigen Keimort gebracht werden.

Aber auch Tiere finden sich an und zwischen den Steinen. Am auffälligsten sind die Eidechsen, für die es hier nicht nur sonnige Ruheplätzchen, sondern auch Versteckmöglichkeiten gibt. Weniger beachtet werden meistens die zahlreichen Insektenarten an der Mauer. Auch unter ihnen gibt es Spezialisten wie etwa Mauerbienen, Schlupf- und Grabwespen. Die meisten Arten leben als Einsiedler und beziehen die Hohlräume zwischen den Mauersteinen. Manchmal werden in erdgefüllte Mauerfugen auch kleine Brutkammern gegraben, die nach dem Eintragen von Futter und der Eiablage sorgfältig verschlossen werden. Als Baumaterial dienen Sandkörner oder kleine Lehm- und Pflanzenteilchen. Viele Wildbienen wiederum sind auf ganz bestimmte Pflanzenarten spezialisiert und tragen somit zur Bestäubung bei. Zwischen den Mauerbewohnern und ihrer Umgebung gibt es also viele ökologische Verflechtungen.

Das wird bei Ruinengemäuern wegen der größeren und oft vielfältiger gestalteten Mauerflächen noch deutlicher. Die Fugen, Vorsprünge und Mauerlöcher bieten neben Fledermäusen auch etlichen Vogelarten ökologische Nischen. Typische Kulturfolger sind dabei Turmfalke, Mauersegler, Dohle und Hausrotschwanz. Ihre Nahrung suchen die Vögel in der näheren und weiteren Umgebung. Oft sind Ruinenareale letzte Zufluchtsstätten für mauerbewohnende Tiere und Pflanzen. Keineswegs müssen es immer wärmeliebende Arten sein; man denke nur an die dunkelgrünen Efeuvorhänge an schattigen und etwas feuchteren Mauerflächen. Bei Restaurierungs- und Sicherungsarbeiten sollte die besondere Bedeutung von Ruinen als »Ersatzfelsen« berücksichtigt werden. Doch am meisten gefährdet sind gegenwärtig wohl die kleineren Stützmauern.

Was wir tun können, was sich ändern muss

Jeder Einzelne

- An gesperrten Felsen nicht klettern
- Letzte Zufluchtsorte für gefährdete Tierarten wie Uhu und Wanderfalke achten. Kein Einsatz von Fotodrohnen und dergleichen, da die Tiere sonst das Nest verlassen.
- Im Garten Lesesteinhaufen und/oder Trockenmauern anlegen, damit Zauneidechse, Blindschleiche, Schlingnatter und andere Arten Lebensraum erhalten.

Politik und Zivilgesellschaft

- Schutzzonen in Felsbereichen einrichten und wirkungsvoll überwachen
- Felsbiotope und Natursteinmauerareale seitens der Gemeinde und Stadt erfassen; Kataster anlegen, bei der Unterhaltung keine Chemikalien einsetzen
- Bei Sanierungen des Denkmalschutzes auf typische Mauervegetation und tierische Bewohner achten
- Alte Natursteinmauern erhalten und schützen
- Rechtzeitige Reparatur vermeidet teure Neubauten
- Wo neue Stützmauern benötigt werden, empfehlen sich die sogenannten Gabionen – Drahtschotterkörbe, bestehend aus Natursteinpackungen, die zusätzlich mit verzinktem Drahtgeflecht befestigt sind.
- Sind Betonmauern unvermeidlich, sollte aus optischen Gründen eine Verblendung mit Natursteinen erfolgen, wenngleich das ökolo-

gisch keinen Ersatz bedeutet. Ist auch das nicht möglich, sollte der Beton eine rau strukturierte Oberfläche erhalten, damit sich wenigstens Algen, Moose und Flechten ansiedeln können.

Wirtschaft

- Hersteller von Outdoorbekleidung, Zelten, Wanderstöcken und anderen Utensilien für Naturerlebnis im Freien sollten viel mehr als bislang ihre Kundschaft aufklären, sich rücksichtsvoll in der Natur zu verhalten.
- Anlage von Natursteinbiotopen im Betriebsgelände (dies ist unter Beachtung statischer Fragen auch in kleinerem Maßstab auf begrünten Dächern machbar)

Fazit: Wir brauchen mehr Achtung vor letzten Rückzugsräumen gefährdeter Tiere und Pflanzen. Spezialisten können nicht einfach umziehen – sie finden keine Ersatzlebensräume!

RETTUNGSVERSUCHE

»Wer die Welt bewegen will,
sollte erst sich selbst bewegen.«

Sokrates (470–399 v. Chr.)

Retter, Rückschläge, Resignationen – und kleine Hoffnungsschimmer

Es ist nicht so, als ob nichts geschehen würde. Schon um die vorletzte Jahrhundertwende machten sich einzelne Menschen wie Lina Hähnle im damaligen Württemberg[57] *oder Dr. Hermann Reichling*[58] *in Münster Gedanken um die Bedrohung von Tier- und Pflanzenarten und teilweise auch um deren Lebensräume. So entstanden die ersten Heimat- und Naturschutzorganisationen, die sich mittlerweile zu unterschiedlich gewichtigen, aber wegen der vielen Gegenspieler leider viel zu wenig in der Gesamtheit wirksamen politischen Verbänden entwickelt haben (siehe Anhang des Buches). Doch bis dahin war es ein weiter Weg. Erstmals wurde eine breitere Öffentlichkeit international 1962 aufgerüttelt. Von dem Buch* Der stumme Frühling *der Biologin Rachel Carson war schon die Rede. Es gilt als Schlüsselpublikation für intensive politische Debatten in den Vereinigten Staaten und hatte nicht zuletzt das spätere Verbot von DDT zur Folge.*[59] *Und es hat ebenso wie das Buch* Die Grenzen des Wachstums – Bericht des Club of Rome *zur Lage der Menschheit auf der Basis einer Studie eines Wissenschaftlerteams um Dennis Meadows*[60] *die Akteure der Umweltbewegung beflügelt. Doch es sollte bis 1992 dauern, bis die Mahnungen von Wissenschaftlern, kritisch gewordenen Politikern und den verschiedensten Institutionen und Verbänden zur mittlerweile legendären UN-Konferenz für Umwelt und Entwicklung in Rio de Janeiro führten. Das dort erfolgte Ringen um einen internationalen Rechtsrahmen für die global bedrohte Tier- und Pflanzenwelt ist schon für sich genommen eine besondere Geschichte. Doch betrachten wir zunächst die Grundüberlegungen.*

Die UN-Konvention zur biologischen Vielfalt

Damit sich das Leben auf der Erde auch künftig so entwickeln kann, dass alle neuen Herausforderungen und Änderungen der äußeren Umstände – wie zum Beispiel durch den Klimawandel – durch optimale Anpassung der Lebewesen auf Dauer gemeistert werden können, muss ein größtmöglicher Genpool zur Verfügung stehen. Im Variantenreichtum der Gene stecken ja die Anpassungsmöglichkeiten. Denn nur so kann evolutionär nach dem Zufallsprinzip eine realistische Chance bestehen, dass die fittesten Exemplare einer Art überleben. Das ist der eine Aspekt der biologischen Vielfalt. Der andere: Ein intaktes Ökosystem, besiedelt von einer größtmöglichen Zahl unterschiedlichster Pflanzen und Tiere, leistet für das Überleben der Menschheit unverzichtbare Dienste. Dazu gehört die zur Verfügungstellung von Nahrungsmitteln, Treibstoffen, Fasern, Bau- und Schutzmaterialien, das Reinhalten von Luft und Wasser, Entsorgung organischer Abfälle durch Kompostierung, die Stabilisierung des Klimas, Erneuerung der Bodenfruchtbarkeit, Befruchtung von Wild- und Kulturpflanzen, Hervorbringung von pflanzlichen medizinischen Wirkstoffen und nicht zuletzt die Schaffung kultureller und ästhetischer Momente durch aus menschlicher Sicht »schöne« Landschaften.

Diese natürliche Biodiversität zu erhalten ist eine gewaltige Herausforderung für ein globales Zusammenwirken aller Nationen. Denn es geht nicht nur um reinen Naturschutz, es geht auch nicht nur um das Bremsen oder Stoppen des Artensterbens. Es geht um die gerechte Verteilung der genetischen Ressourcen, die aus der biologischen Vielfalt resultieren. Gerade für viele Entwicklungsländer ist das von großer Bedeutung.

Die Länder Mittelamerikas oder Afrikas, die mit einer im Vergleich extrem hohen Artenvielfalt gesegnet sind, sitzen auf einem genetischen Schatz. Pharmakonzerne schicken seit vielen Jahren ihre Medi-Scouts in diese Länder, um nach bisher unbekannten Pflanzen zu suchen, die möglicherweise einen interessanten Wirkstoff enthalten, aus dem neue Medikamente entwickelt werden können. Werden sie fündig, stellt sich sofort die Frage, wem der Wirkstoff aus der Pflanze eigentlich gehört. Naiv würde man annehmen, natürlich dem, dem auch der Wald gehört. Das allerdings ist genau der Streitpunkt. Sobald ein Unternehmen einen Wirkstoff identifiziert hat, ihn leicht chemisch verändert und ihn zum Patent anmeldet, hat das Ursprungsland keine Ansprüche mehr und würde auch finanziell leer ausgehen, sollte das Medikament hohe Gewinne einbringen. Das beschreibt die Ausgangslage, die zu einer globalen Verabredung geführt hat, wie mit dieser Problematik umzugehen ist. Diese Verabredung wurde 1992 auf der UN-Konferenz für Umwelt und Entwicklung, dem sogenannten »Earth Summit« in Rio de Janeiro verabschiedet.

Das Ringen um das Wie

Dem voraus ging die Gründung einer Arbeitsgruppe von Experten zunächst nur zur biologischen Vielfalt durch das Umweltprogramm der Vereinten Nationen (UNEP) im November 1988. Das Team sollte herausfinden, wie wichtig die Notwendigkeit einer internationalen Regelung unseres Umganges mit der Biodiversität ist. Die Bedeutung des Themas wurde damals recht schnell erkannt, und so folgte im Mai 1989 eine weitere Arbeitsgruppe, diesmal zusätzlich ausgestattet mit Rechtsexperten. Aufgabe der Experten: Die Ausarbeitung einer internationalen, rechtlich bindenden Vereinbarung zum Erhalt und zum nachhaltigen Nutzen der globalen Biodiversität. Von Anfang an wiesen die Experten darauf hin, dass Kosten und Nutzen zwischen Entwicklungs- und Industrieländern gerecht verteilt werden müssten. Die Arbeitsgruppe beendete ihre Arbeit am 22. Mai 1992 erfolgreich mit der Nairobi-Konferenz zur Annahme des von allen akzeptierten Texts der Konvention über die biologische Vielfalt. Zur Zeichnung lag die Konvention dann vom 5. Juni 1992 an auf der o.g. UN-Konferenz aus. Zum Ende der Zeichnungsfrist trug die Konvention 168 Länderunterschriften. Sie trat gemäß den Statuten am 29. Dezember 1993 in Kraft, neunzig Tage, nachdem das Dokument von mindestens dreißig Ländern ratifiziert worden war. Mittlerweile haben 196 Länder das Abkommen unterzeichnet und ratifiziert.

Die erste Konferenz der Vertragsstaaten kam vom 28. November bis zum 9. Dezember 1994 auf den Bahamas zusammen. Seitdem werden die UN-Konferenzen zur Biodiversität alle zwei Jahre abgehalten. Die Konvention fiel – genau wie die zeitgleich entstandene UN-Klimarahmenkonvention, die Konventionen zum Schutz der Wälder und zur Bekämpfung der Wüstenbildung – seinerzeit auf fruchtbaren politischen Boden. Der Kalte Krieg galt als überwunden, viele Politiker und Umweltschützer glaubten an eine Friedensdividende, weil ja die Rüstungsausgaben nun reduziert werden könnten und eben zum Beispiel für den Erhalt der Biodiversität zur Verfügung stehen würden. Zudem inspirierte das zunehmende Bewusstsein der Weltgemeinschaft für nachhaltige Entwicklung das Zustandekommen der Konvention zur biologischen Vielfalt. Noch heute gilt die Konvention als ein bedeutender Schritt, um den Artenreichtum der Erde zu schützen, gleichzeitig aber auch Wege für die nachhaltige Verwendung der natürlichen Ressourcen und das faire und angemessene Aufteilen der künftigen Vorteile aufzuzeigen. Einige der wichtigsten Punkte der Konvention sind Maßnahmen und Anreize zum Schutz und für den nachhaltigen Nutzen der biologischen Vielfalt zu etablieren, den Zugang zu genetischen Ressourcen zu regulieren, Zugang zu technischen Verfahren zu garantieren – insbesondere im Bereich der Biotechnologie –, Unterstützung der technischen und wissenschaftlichen Zusammenarbeit, Bildung und öffentliches Interesse zu fördern und verbindliche nationale Fortschrittsberichte einzufordern.

Die Arbeit der alle zwei Jahre stattfindenden Vertragsstaatenkonferenz (Conference of the parties, Abkürzung: COP) wird durch mehrere Ausschüsse und Arbeitsgruppen unterstützt, die sich jeweils mit speziellen Themen befassen. Zudem gibt es sieben thematische Arbeitsprogramme,[61] wie zum Beispiel Biodiversität und Landwirtschaft, Biodiversität und Forstwirtschaft oder Biodiversität der Ozeane und der Küsten. Vierundzwanzig weitere Querschnittsthemen sorgen dafür, dass alle Schlüsselsektoren in die Betrachtungen über Biodiversität einbezogen werden. Dazu gehören unter anderem Gesundheit und Biodiversität, Tourismus und Biodiversität oder die Wiederherstellung von Ökosystemen. Des Weiteren hat die Konvention von vorneherein zum Ziel gehabt, alle relevanten gesellschaftlichen Interessengruppen einzubinden, zum Beispiel Wirtschaft, Nichtregierungsorganisationen, Parlamentarische Vertreter oder Vertreter lokaler Behörden aus den jeweiligen Ländern. Damit die Kommunikation über diese Themen und das Vorankommen der Arbeit zuverlässig funktionieren, wurde gemäß Artikel 18(3) der Konvention ein sogenannter Clearing-House Mechanism (CHM) eingerichtet. Diese Kommunikationsplattform hat drei wesentliche Aufgaben:

- Die Einrichtung und der Betrieb eines effektiven globalen Informationsdienstes, um die Umsetzung des Strategieplans zur Biodiversität im Zeitraum 2011 bis 2020 zu begleiten

- Die kommunikative Begleitung der nationalen Biodiversitätsstrategien
- Dafür zu sorgen, dass Informationen von den diversen Partnern des Prozesses für alle verfügbar sind

Um Entwicklungsländer bei Programmen zum Schutz der Biodiversität zu unterstützen, stehen – formal außerhalb der Konvention – Finanzmittel der Global Environment Facility (GEF) zur Verfügung.[62] Dahinter verbirgt sich ein Umweltfonds, der von der Weltbank verwaltet und in erster Linie von den Industrieländern gespeist wird.

Im Vergleich zu anderen UN-Konventionen verlief die Arbeit der Delegierten hier deutlich erfolgreicher. So konnten bisher zwei völkerrechtlich bindende Protokolle beschlossen werden. In der kolumbianischen Stadt Cartagena wurde das gleichnamige Protokoll zur biologischen Sicherheit am 29. Januar 2000 verabschiedet. Es trat am 11. September 2003 in Kraft.[63] Das Protokoll ist eine internationale Vereinbarung, um den sicheren Handel, Transport und Gebrauch von gentechnisch veränderten Organismen zu gewährleisten. Das können beispielsweise Saaten sein, die durch Genmanipulation naturfremde Eigenschaften angenommen haben. Kommen derartige Produkte unkontrolliert in die Umwelt, könnten erhebliche schädigende Auswirkungen für die Biodiversität und unbekannte Risiken für die menschliche Gesundheit die Folge sein. Die zweite Vereinbarung, das Nagoya-Protokoll über den Zugang zu genetischen Ressourcen und die faire und gerechte Aufteilung der Vorteile, wurde am 29. Oktober 2010 in der gleichnamigen japanischen Stadt verabschiedet. Es trat am 12. Oktober 2014 in Kraft. Das Protokoll schafft erstmals weitgehende Transparenz und einen weltweit gültigen Rechtsrahmen zum Umgang mit genetischen Ressourcen. Davon profitieren sollen vor allem die lokale Bevölkerung bzw. auch indigene Bewohner in meist abgelegenen Gebieten. Wenn Pflanzen oder Tiere einem Ökosystem entnommen werden und daraus vermarktbare Produkte zum Beispiel im pharmazeutischen Sektor entstehen, dann sollen entsprechende Verträge sicherstellen, dass die Vorteile, meistens ja finanzielle Profite, auch vor Ort ankommen.

Wenn auch durch die bisherigen Erfolge der UN-Konvention zur Biodiversität der weltweite Artenrückgang nicht gestoppt werden konnte, so lassen sich in den beiden konkreten Protokollen deutliche Fortschritte erkennen. Zudem hat die jahrelange Arbeit der Ausschüsse auch dazu geführt, dass in allen Vertragsstaaten, das sind Stand heute quasi alle Länder der Erde, das Thema »Biodiversität« präsent ist und mehr oder weniger über nationales Recht bzw. nationale Aktivitäten umgesetzt wird. So hat Deutschland durch Regierungsbeschluss am 7. November 2007 seine nationale Biodiversitätsstrategie[64] verabschiedet. Unmittelbar danach wurde ein Aktionsprogramm mit rund 330 Zielvorgaben und 430 konkreten, akteursbezogenen Maßnahmen aufgelegt. Die Strategie ist auf mindestens vier Legislaturperioden ausgelegt und für die gesamte Bundesregierung verpflichtend. Auch im Koalitionsvertrag vom 12. März 2018 findet sich ein Bekenntnis hierzu:

»Den Schutz der biologischen Vielfalt werden wir als Querschnittsaufgabe zu einem starken Pfeiler unserer Umweltpolitik machen. Dazu wollen wir die Umsetzung der Nationalen Strategie zur biologischen Vielfalt forcieren.«[65]

Immerhin: Die Nationale Strategie zur biologischen Vielfalt wird erwähnt und bleibt damit Regierungsprogramm. Fraglich ist allerdings, wie intensiv die Umsetzung tatsächlich betrieben wird. Denn bereits im Grundsatzpapier zur Strategie aus dem Jahre 2007 werden ausführlich alle Faktoren aufgelistet, die zur Beeinträchtigung der Biodiversität führen. Hier eine Auswahl der wichtigsten.[66]

- Unmittelbare Zerstörung und Zerschneidung von Lebensräumen (Siedlungsbau, Verkehrslinien, Abgrabungen, Flurbereinigungen, Trockenlegungen, Verfüllen von Gewässern, Nutzungsänderungen in Land- und Forstwirtschaft). In den Jahren 2001 bis 2004 wurden täglich 115 Hektar für Siedlungs- und Verkehrszwecke neu in Anspruch genommen. Die Siedlungs- und Verkehrsfläche erhöhte sich in diesem Zeitraum um insgesamt 1 682 Quadratkilometer. Unzerschnittene verkehrsarme Räume von mindestens 100 Quadratkilometern Größe kommen nur noch auf 23 Prozent der Landesfläche vor (Nordrhein-Westfalen: drei Prozent, Mecklenburg-Vorpommern: 54 Prozent). Damit ist der Lebensraum für wild lebende Arten erheblich eingeschränkt

- intensive Flächennutzung in der Landwirtschaft (hierzu gehören Pflanzenschutzmaßnahmen, Düngung, mehrfaches jährliches Mähen, Einsatz von kleintiergefährdenden Mähgeräten, Entwässerung von Feuchtwiesen und Niedermooren, Umwandlung von Grünland in Äcker, zu hoher Viehbesatz).
- Aufgabe der landwirtschaftlichen Nutzung von ökologisch wertvollen Grenzertragsstandorten (z. B. Magerrasen, Bergwiesen, Heiden, Feucht- und Nasswiesen)
- Lokale Defizite bei der Waldbewirtschaftung (zu geringer Anteil von Alters- und Zerfallphasen sowie von Höhlenbäumen und Totholz, strukturarme Bestände, nicht standortgerechte Baumarten, unangepasste Forsttechnik und Holzernteverfahren).
- Wasserbau (Begradigung von Fließgewässern, technischer Hochwasserschutz, Wasserstandsregulierungen und Stauhaltung von Fließgewässern und Wasserstraßen, Nivellierung von Flussbett- und Uferstrukturen durch Ausbau, Aushub und Verbauung)
- Eintrag von Schad- und Nährstoffen
- Nicht nachhaltige Praxis von Fischerei (Überfischung, unselektive oder zerstörend wirkende Fischereipraktiken, Besatz von Gewässern mit nicht standortheimischen Arten)
- Naturbelastende Freizeitnutzungen (auch Natursportarten, wenn sie nicht naturverträglich ausgeübt werden).
- Invasive gebietsfremde Arten.

In der Informationsbroschüre des damaligen Bundesministeriums für Umwelt, Naturschutz, Bau und Reaktorsicherheit (BMUB) heißt es weiter:

»Eine besondere Verantwortung hat Deutschland für die Erhaltung von Arten, die in Deutschland oder Mitteleuropa endemisch sind, also nur hier vorkommen, für Arten, die in Deutschland oder Mitteleuropa ihren weltweiten Verbreitungsschwerpunkt haben, für wandernde Arten, von denen bedeutende Teile der Weltpopulation in Deutschland rasten oder überwintern, für in Deutschland und angrenzenden Gebieten stark gefährdete oder vom Aussterben bedrohte einheimische Arten sowie ausschließlich oder schwerpunktmäßig in Deutschland vorkommende Lebensräume und Ökosysteme.«

Das ist – bezogen auf das Ersterscheinungsdatum dieses Buches – fast elf Jahre her. Und gerade jetzt beklagen wir ein bisher nie gekanntes Artensterben. Das lässt nur den einen Schluss zu: Der Rettungsversuch »Nationale Biodiversitätsstrategie« ist sicher gut gemeint. Das aber ist bekanntlich das Gegenteil von gut gemacht. Warum das so ist, wird im Kapitel »Versagen der Politik« betrachtet. Jetzt schauen wir erst einmal auf zehn von uns ausgewählte, hoffnungsfrohe Projekte zur Rettung der Biodiversität.[67] Denn noch befinden wir uns ja in der gleichnamigen Dekade, für den Zeitraum 2011 bis 2020 so ausgerufen von den Vereinten Nationen. Und wenn es Deutschland schon nicht gelingt, die eigene Gesamtstrategie merklich und messbar umzusetzen, dann gibt es doch wenigstens Unterstützung für Biodiversitätsprojekte, getragen in aller Regel von Akteuren der Zivilgesellschaft. Da hat niemand etwas dagegen. Denn die stören ja nicht.

Beispiel 1: Sekundäre Natur in der Mergelgrube Misburg

In Zusammenarbeit der Landeshauptstadt Hannover mit der Zementindustrie entstand in Hannover-Misburg ein gemeinsames Projekt, das die ökologischen Werte einer ehemaligen Mergelabbaugrube dauerhaft sichert. Die Zementherstellung ist seit dem 19. Jahrhundert ein wichtiger wirtschaftlicher Faktor in Hannover. Während die meisten so entstandenen Gruben wieder verfüllt wurden, fand man für die »Hannoversche Portland Cement I« eine naturschutzfachliche Lösung. Diese im Südwesten Hannovers im Stadtteil Misburg gelegene Grube ist über hundert Jahre alt und wurde seit ca. 1970 nicht mehr für die Mergelgewinnung genutzt. Seit Abschluss des Mergelabbaus fördert eine Pumpe weiterhin das aufsteigende Grundwasser aus der etwa 40 Meter tiefen Grube nach oben und verhinderte damit das Fluten. Dadurch entstanden auf der Grubensohle die früher für den »Seckbruch« typischen Kalkniedermoore und Gewässer mit einem charakteristischen Arteninventar.

Bisherige Kartierungen belegen das Vorkommen von etwa 180 unterschiedlichen Pflanzenarten. Viele Arten sind gefährdet, so z. B. mehrere Orchideenarten wie etwa das Fleischfarbene Knabenkraut oder die

Echte Sumpfwurz. Außerdem konnten zwei Arten der Armleuchteralge, die in Niedersachsen seit 1897 als verschollen galten, erstmals wieder dokumentiert werden.

Auch für die Tierwelt bietet die Mergelgrube attraktive Lebensräume. Dazu zählen Amphibien, Insekten und Vögel. Entsprechend ihrer ökologischen Bedeutung ist die Mergelgrube als Fauna-Flora-Habitat-Bestandteil des europäischen Natura-2000-Konzepts anerkannt und genießt seit dem 29. Juni 2016 den Status eines Naturschutzgebiets. Durch die Unterschutzstellung und die Durchführung verschiedener Maßnahmen wird die biologische Vielfalt erhalten und gefördert. Die Mergelgrube dient im Besonderen als Rückzugsgebiet für Relikte der ehemaligen Vegetation, vor Beginn der maschinellen Landwirtschaft.

Beispiel 2: Bergische Gartenarche – eine Arche zur Erhaltung der Pflanzenvielfalt

Die Gewinnung von Saatgut und Züchtung von Pflanzen war bis zum Anfang des Jahrhunderts selbstverständlicher Teil unserer Kultur. Durch die Industrialisierung der Landwirtschaft wurde es interessant, Patente auf Sorten und damit gesicherte Gewinne zu erzielen. In der Folge sind viele unrentable Sorten und Arten für immer verschwunden. Die Bergische Gartenarche (Nordrhein-Westfalen) will diesem Artenschwund durch Sammlung, Vermehrung und Weitergabe der regionalen bergischen Sorten entgegenwirken.

Ziel ist es, alte, regionale Gartenpflanzen aufzuspüren, zu erhalten und erfolgreich zu vermehren. Über regelmäßige Pflanzentauschbörsen und Informationsveranstaltungen zu Garten- und Umweltthemen aller Art bietet die Bergische Gartenarche interessierten Menschen die Möglichkeit, ihren Beitrag zum Erhalt dieser regionalen Sorten zu leisten. Die Pflanzen werden im Rahmen von Patenschaften an engagierte Gärtner/innen vermittelt, die sich verpflichten, diese »Gartenschätze« verantwortungsbewusst zu pflegen und zu vermehren, damit die Weitergabe von Saatgut oder Ablegern an neue Interessenten gewährleistet ist.

Zudem wird versucht, Lebensräume für die Pflanzengesellschaften zu schaffen, die mittlerweile in NRW auf der Roten Liste stehen.

Begleitet und unterstützt wird das Projekt unter anderem vom Verein zur Erhaltung der Nutzpflanzenvielfalt (VEN), vom Freilichtmuseum Lindlar, vom NABU Oberberg, vom Botanischen Garten Wuppertal, von der Station Natur und Umwelt Wuppertal, von der Akademie für Vegetationskunde in Witten und von vielen engagierten Mitgärtner/innen sowie Patinnen und Paten.

Neben den Kulturpflanzen widmet sich das Projekt auch dem Erhalt gefährdeter Wildpflanzen, deren Vielfalt einst durch die von Menschen geschaffenen Kulturlandschaftsräume hervorgebracht wurde und später im Zuge der Intensivierung der Landwirtschaft und Verarmung der Gärten stark zurückgegangen ist. Insgesamt werden der ökologische Wert und die Schönheit dieser Pflanzen sowie die damit verbundenen Lebensräume für zum Teil ebenfalls gefährdete Tierarten aufgezeigt und erlebbar gemacht.

Beispiel 3: Städte wagen Wildnis – Vielfalt erleben

Wildnis ist fast überall möglich. Zieht sich der Mensch zurück, übernimmt die Natur das Steuer – selbst mitten in der Großstadt. Im Projekt »Städte wagen Wildnis« stellen sich Hannover, Frankfurt am Main und Dessau-Roßlau zusammen mit vier weiteren Projektpartnern der Herausforderung und wagen gemeinsam mehr Wildnis. Die drei unterschiedlichen Städte lassen von 2016 bis 2021 ausgewählte urbane Flächen »verwildern«. Mithilfe des Projekts soll ein Beitrag zur Erhaltung und Förderung von Arten- und Biotopvielfalt geleistet werden. Ferner soll es die Lebensqualität in den Städten steigern, Menschen für Stadtwildnis begeistern, urbane Natur erreichbar und erlebbar machen, neuartige Landschaftsbilder etablieren sowie Pflege- und Nutzungsstrategien erproben und schließlich den Weg für mehr Wildnis in weiteren Städten ebnen.

Gemäß dem Motto »Do it yourself« bleibt die Natur auf den Flächen zu einem großen Teil sich selbst überlassen, gefördert durch das Bundesamt für Naturschutz mit Mitteln des Bundesministeriums für Umwelt, Naturschutz und nukleare Sicherheit.

Durch die Wildnisentwicklung auf städtischen Grünflächen werden sich die Lebensbedingungen für Tiere und Pflanzen verändern. Wenn ein bislang einheitlich kurz gemähter Rasen nun ungestört wachsen kann, kommen nicht nur Gräser, sondern auch andere Pflanzen mit unterschiedlichen Wuchs- und Blütenformen zur Entwicklung. Dadurch verbessert sich zum Beispiel das Nahrungsangebot für Schmetterlinge und Wildbienen. Sich ausbreitende Gebüsche bieten verschiedenen Vogelarten Nistmöglichkeiten. Im Laufe der Zeit werden neue Tier- und Pflanzenarten auftauchen, während sich andere zurückziehen. Zur Bewertung dieser Veränderungen wird die Vielfalt der Arten und ihrer Lebensräume in den kommenden Jahren regelmäßig auf den Wildnisflächen erfasst und im Rahmen einer naturwissenschaftlichen Evaluation dokumentiert.

Beispiel 4: Naturschutz und Denkmalpflege auf dem Jüdischen Friedhof Weißensee

Der Jüdische Friedhof Berlin-Weißensee ist mit 42 ha einer der größten jüdischen Friedhöfe Europas. Er ist als Gartendenkmal und als Nationales Kulturdenkmal geschützt. Aber der Friedhof hat auch eine große Bedeutung für die Biodiversität in der Stadt.

Nach dem Zweiten Weltkrieg war eine angemessene Pflege nicht gegeben, sodass Teile des Friedhofs komplett sich selbst überlassen wurden. Sie bilden heute eine undurchdringliche Wildnis mit einer hohen biologischen Vielfalt. Dies stellt besondere Anforderungen an die Berücksichtigung der Interessen unterschiedlicher betroffener Akteure: Für die Jüdische Gemeinde steht die Erhaltung und Pflege als Bestattungs- und Erinnerungsort im Vordergrund, die Denkmalpflege ist der Erhaltung des überregional bedeutsamen Garten- und Kulturdenkmals verpflichtet, und der Naturschutz setzt sich für die Bewahrung der vorhandenen biologischen Vielfalt ein. Mit dem Ziel, die biologische Vielfalt des Friedhofs zu erforschen und diese in die Anstrengungen zur Bewahrung und Entwicklung zu integrieren, wurde an der Technischen Universität Berlin ein von der Deutsche Bundesstiftung Umwelt (DBU) gefördertes Forschungsvorhaben bearbeitet. In diesem Projekt wurde der Bestand an Gefäßpflanzen, Moosen, Flechten, Vögeln, Fledermäusen, Laufkäfern und Spinnentieren untersucht. Mit 363 wild wachsenden Gefäßpflanzenarten ist der Friedhof überdurchschnittlich artenreich. Grabsteine aus porösen Materialien sind Wuchsorte für bedeutende Flechten und Moose, die bei Restaurierungsarbeiten erhalten werden sollten und darüber hinaus auch eine schützende Funktion für die Grabsteinsubstanz besitzen können.

In Abstimmung mit der Jüdischen Gemeinde und Akteuren der Denkmalpflege und des Naturschutzes wurde ein Konzept für eine abgestufte, differenzierte Pflege erarbeitet. Auf diese Weise soll der Friedhof als Ort der Erinnerung und jüdischer Kultur, die herausragende Denkmalsubstanz der Grabmale und Gebäude, die als Gartendenkmal geschützte Gesamtanlage und die Vielfalt der auf dem Friedhof vorkommenden Arten und Lebensgemeinschaften geschützt und erhalten werden. Die vorgeschlagenen Maßnahmen konzentrieren sich auf die Erhaltung bzw. Entwicklung eines Mosaiks naturnaher und parkartiger Gehölzbestände in der Fläche, aber auch auf die Erhaltung von Grabgehölzen, Friedhofsalleen, Friedhofswiesen und bewachsenen Friedhofsmauern.

Beispiel 5: Muschelschutz 2.0 – Herausforderungen beim Erhalt natürlicher Wasserfilter

Großmuscheln sind aufgrund ihres komplexen Lebenszyklus, ihrer hohen Habitatansprüche und ihrer Langlebigkeit hervorragende Bioindikatoren für die Funktionalität von Gewässerökosystemen. Dem heutigen Zustand einheimischer Großmuschelbestände nach zu urteilen, weist ein Großteil der Gewässer immer noch gravierende Defizite auf. Das sächsisch-bayerische Verbundprojekt ArKoNaVera setzt sich für den Erhalt zweier bedrohter Großmuschelarten ein. Dazu zählen die vom Aussterben bedrohte Flussperlmuschel und die Malermuschel. Die verbliebenen Populationen beider Arten sind aufgrund fehlender Reproduktion stark überaltert, in ihren Vorkommen isoliert und häufig genetisch verarmt. Ziel des Verbundprojektes ArKoNaVera ist die nachhaltige Sicherung der Flussperl- und Malermuschelbestände in Sachsen und Bayern. Einen Schwerpunkt stellt die Nachzucht von Flussperlmuscheln dar, um fehlende Jungmuscheln zur Bestandsstützung zu generieren. Die nachgezüchteten Muscheln dienen sowohl zur Sicherung der genetischen Linien als auch als Bioindikatoren bei der Untersuchung potenzieller Wiederansiedlungshabitate. Dazu wurden bereits mehrere Hundert Jungmuscheln vermessen, in spezielle Käfige überführt und in ausgewählte Gewässerabschnitte gesetzt. Nach einem definierten Zeitraum werden die Käfige wieder geborgen, die Überlebensrate bestimmt und das Wachstum der Muscheln analysiert. Diese Schritte liefern erste Anhaltspunkte zur Habitatqualität der Gewässer.

Regionale Umweltbildungsveranstaltungen und gezielte Öffentlichkeitsarbeit bilden einen wichtigen Bestandteil zur Akzeptanzbildung innerhalb der regionalen Bevölkerung, bei Akteuren und deren Interessenvertretern. Darüber hinaus werden Labor- und Freilandexperimente mit Jungmuscheln durchgeführt, denen unterschiedliche Nahrungsquellen zur Verfügung stehen. Basierend auf den Ergebnissen des Projekts wird ein neues überregionales Artenschutzkonzept für Großmuschelarten erarbeitet, das auch auf andere stark fragmentierte Arten übertragbar sein soll. Ein großflächiger Erhalt von Muschelhabitaten schließt angrenzende terrestrische Habitate ein. Dadurch ergibt sich ein vielfältiges Mosaik unterschiedlicher Lebensräume und Nischen, die auch anderen Organismen geeignete Bedingungen bieten.

Beispiel 6: Das Moselprojekt

Gemeinsam mit rheinland-pfälzischen Winzerinnen und Winzern werden produktionsintegrierte Naturschutzmaßnahmen im Weinbau umgesetzt. Ziel ist es, zu zeigen, ob und wie vielfaltsfördernde Maßnahmen für Pflanzen und Tiere in einem Miteinander mit ökonomisch erfolgreichem Weinbau möglich sind. Die von intensiver Sonneneinstrahlung geprägte Offenlandschaft an der Mosel beherbergt eine große Vielfalt an Spezialisten in Flora und Fauna. Das Projekt »Steillagenweinbau schafft Vielfalt – das Moselprojekt« will die Artenvielfalt der Vegetation im trockenwarmen Klima und der wärmeliebenden Tierarten fördern. Hierfür sind in Steillagen – das sind Rebflächen mit einer Steigung von mehr als 30 Prozent – an der Mittel- und Untermosel Maßnahmen vorgesehen, die ein Plus an Blühvielfalt und spezifischen Lebensräumen zum

Ziel haben. Sie können mehr Nektar- und Futterangebote für Insekten wie Wildbienen, Schmetterlinge und Heuschrecken und in der Folge auch mehr Nahrungsangebote für Sekundärkonsumenten wie zum Beispiel Reptilien oder Vögel schaffen. Die Lebensbedingungen für eine Vielzahl von Tierarten und damit deren Arterhaltung werden ganzjährig verbessert. So ist Artenvielfalt durch Nutzung möglich. Ungenutzte Flächen hingegen verbrachen, verbuschen und vernichten das wertvolle Sekundärbiotop »Weinberg«.

Die Förderung der Blühvielfalt geschieht durch die Ansaat von Regio-Saatgut mit autochthonen, standorttypischen Wildblumen in den Rebzwischenzeilen und an den Rändern der Rebflächen. Gezielte Pflege vorhandener Säume und brachgefallener ehemaliger Rebflächen wird durchgeführt, um die Biodiversität der für die trockenheißen Standorte an der Mosel typischen Trockenrasen-Pflanzengesellschaften zu fördern. Man betreibt gezielte Vermehrung von zum Teil gefährdeten Pflanzenarten. Und es werden Maßnahmen zur Aufwertung von Lebensräumen durch das Herstellen von Kleinbiotopen (z. B. Lesesteinhaufen, Nisthilfen für Insekten, Nistkästen für Vögel, Freistellen von Trockenmauern) umgesetzt. Die Maßnahmen ermöglichen neben der Förderung der Biodiversität auch den Erhalt der Ökosystemleistungen wie Erosionsschutz, Bodenbildung und Bestäubung. Projektbegleitend wird auf ausgesuchten Flächen Monitoring durchgeführt. Ziel ist auch, die Projektidee mit ihren Maßnahmen in andere Weinbauregionen zu übertragen.

Beispiel 7: Fledermäuse selbst entdecken

Mit dem neuen Angebot der »Nationalen Naturlandschaften Thüringen« erhalten Interessierte an ausgewählten Stellen einen Fledermausrucksack mit Routenvorschlägen und Ausrüstung für bis zu vier Personen. Fledermäuse sind stille Nachtjäger, die lange Zeit für viele Menschen unheimlich und Furcht einflößend waren. Selbst heute sind sie oft unbekannte Wesen, die man kaum zu Gesicht bekommt und deren Rolle in unserer natürlichen Umwelt für die meisten Menschen tatsächlich »im Dunkeln bleibt«. Kaum jemand weiß, welche Fledermausarten und wie viele in der eigenen Umgebung leben.

Eine praktikable und dazu spannende Möglichkeit bietet der Fledermausrucksack, der mittlerweile an mehreren Orten in Thüringen ausgeliehen werden kann. Damit wird man nicht zum »Batman«, aber es ist möglich, während einer abendlichen Wanderung ein Stück in die Welt der Fledermäuse einzutauchen, indem man ihnen bei ihren Jagdausflügen zuhört. Der Fledermausrucksack enthält einen Detektor, der die Rufe der Fledermäuse empfängt und für den Menschen hörbar macht. Bestimmungshilfe, Taschen- und Stirnlampen sowie genaue, getestete Routenvorschläge sorgen für eine hohe Beobachtungswahrscheinlichkeit. Werden bei der Wanderung Fledermäuse aufgespürt, überrascht die Eigenart und Vielfalt der Geräusche, mit denen sie sich orientieren und jagen. Die meisten Menschen sind fasziniert, mit welchem rasanten Tempo die kleinen Jäger im Dunkeln mithilfe des Ultraschalls geschickt ihre Insektenbeute verfolgen. Und natürlich entdeckt man im Licht der Taschenlampen noch zahlreiche andere große und kleine Tiere.

Eine solch ungewöhnliche und erlebnisreiche Wanderung bleibt in Erinnerung, regt zum Nachdenken an und kann das Verständnis für die Bedeutung der biologischen Vielfalt fördern. Der eine oder andere kann vielleicht dazu bewogen werden, auch ganz persönlich Maßnahmen zum Schutz und Erhalt der Biodiversität umzusetzen. Der Naturpark Thüringer Schiefergebirge/Obere Saale ist das erste Einsatzgebiet des neu entwickelten Fledermausrucksacks. Er soll in den anderen Nationalen Naturlandschaften Thüringens ebenfalls eingeführt werden.

Beispiel 8: Naturführerschein

Beim Naturführerschein im Naturerbe Zentrum Rügen erforschen Kitakinder im Alter von vier bis sechs Jahren gemeinsam mit Umweltpädagogen und Erziehern wöchentlich die biologische Vielfalt Rügens. Der Naturführerschein ist auf zehn Wochen angelegt. Nach der spielerischen Wissensvermittlung folgt eine kleine Abschlussprüfung auf dem Baumwipfelpfad, bei der die Kinder das gelernte Wissen reflektieren und anwenden sollen. Methodik und Didaktik des Naturführerscheins sind auf andere Regionen übertragbar; die Inhalte können regional angepasst werden.

Sei es am Lebensraum »Kleiner Jasmunder Bodden«, im Wald oder auf Wiesen, ob es um große Bäume geht oder um kleine Krabbelwesen: allem und jedem wird gemeinsam hinterhergeforscht. Ohne es bewusst zu merken, eignen sich die kleinen Entdecker viel Wissenswertes zur biologischen Vielfalt an und lernen nachweislich von klein auf einen verantwortungsvollen Umgang mit Natur und Landschaft. Mit verschiedenen umweltdidaktischen Methoden – Rollenspiele, Geschichten erzählen, Mikroskopie, Kreativspiele, Bestimmungsübungen, Zeichnen oder mit Naturmaterialien basteln – werden spielerisch die verschiedenen Ökosysteme entdeckt und begriffen. Neben umweltdidaktischen Inhalten und Methoden sind die Spiele und Aufgaben zudem so zugeschnitten, dass sprachliche, motorische und soziale Kompetenzen der Kinder gefördert werden. Das Konzept eignet sich daher gerade auch für Kinder, die Auffälligkeiten in ihrer Entwicklung aufweisen.

Mit dem regionalen Ansatz lernen die Kinder als kleine Entdecker die Variabilität der Ökosysteme Rügens mit ihrer Flora und Fauna kennen. Durch Beschäftigung und Vertiefung in den einzelnen Modulen des Naturführerscheins wird der Bogen zur globalen Dimension der biologischen Vielfalt gespannt. So können die jungen Forscher zum Abschluss des Naturführerscheins einen ökosystemischen Bezug der Landschaft Rügens zu einem globalen Netz der Biodiversität herstellen.

Beispiel 9: Biodiversität auf Campingplätzen in Deutschland

Campingplätze sind wie geschaffen für biodiversitätsfördernde Maßnahmen und deren Vermittlung an eine breite Öffentlichkeit. Zum einen ermöglichen sie Naturerlebnisse im Urlaub und öffnen den Blick für Neues. Damit können sie ein Umdenken fördern und Verhalten nachhaltig beeinflussen. Zum anderen kann auf Campingplätzen Artenvielfalt an unterschiedlichen Punkten positiv beeinflusst werden, z. B. weg vom »sauberen« Rasen und hin zu bunten Blumenwiesen mit standortgerechter Bepflanzung und vielen kleinen und großen Biotopinseln wie Naturteichen, Schmetterlingswiesen, Laubhaufen, Unterholzbereichen und Streuobstbeständen. So locken sie viele Arten an. Aber auch ein ausgeklügeltes Beschaffungswesen mit regionalen, fairen, nachhaltigen Produkten in Läden, Gastronomie sowie in der betriebsinternen Verwendung, die Information der Campinggäste und die Entwicklung und Vermarktung von hochwertigen Naturerlebnisangeboten unterstützen Biodiversität auf den Zeltplätzen.

In Deutschland zeigen bereits 220 Campingplätze ihr Engagement mit der Auszeichnung ECOCAMPING und haben im Rahmen dieses Nachhaltigkeitsmanagements diverse Maßnahmen zur Steigerung der Biodiversität in Angriff genommen. Es gibt also bereits jetzt einige Plätze aus dem ECOCAMPING-Netzwerk, die vorbildlich zum Schutz der Arten-, Gen- und Biotopvielfalt beitragen. Deren Erfahrungen werden im Projekt genutzt, sodass weitere Campingunternehmen davon lernen und Bewährtes für die Umsetzung eigener Maßnahmen nutzen können. Die Erfahrungen dieser »Biodiversitäts-Pioniere« sind somit neben den Vorerfahrungen aus anderen Branchen und den zu erarbeitenden Ansätzen die Grundlage für die Projektarbeit.

Beispiele für Maßnahmen zur Förderung der Biodiversität auf Campingplätzen sind etwa die Nutzung von Freiflächen zur Schaffung von Feuchtbiotopen, der Bau von Nisthilfen für Vögel, Fledermäuse und Insekten, die extensive Begrünung von Dachflächen sowie das Anlegen naturnaher Spielgelände. Das Projekt wirkt langfristig, indem Strukturen und Verfahren etabliert werden, die das Thema Biodiversität in der Campingwirtschaft fest verankern und zu einem wichtigen Baustein des touristischen Angebots machen.

Beispiel 10: Portal Beee – Biodiversität erkennen, erforschen, erhalten

Die Kommunikationsplattform Portal Beee (Biodiversität erkennen, erforschen, erhalten) dient als Schnittstelle zwischen Wissenschaft und Gesellschaft. Engagierten Bürgerinnen und Bürgern wird über das Internetportal die Möglichkeit geboten, an bürgerwissenschaftlichen Projekten (sogenannten Citizen-Science-Projekten) mitzuwirken. Berliner und Brandenburger Bürgerinnen und Bürger können zum Beispiel über Portal Beee an den Projekten »Igel in der Stadt«, »Feldhasen in Berlin« und »Füchse in der Stadt » (in Kooperation mit dem Rundfunk Berlin-Brandenburg, rbb) mitwirken, indem sie Sichtungen und Verhaltensbeobachtungen dieser Tiere melden, entweder online auf Portal Beee oder durch Zusendung eines ausgefüllten Fragebogens. Die Projekte sollen helfen, die Lebensweise und die Anpassungsstrategien von Wildtieren in der Stadt zu verstehen.

Der bürgerwissenschaftliche Anteil der Projekte wird kontinuierlich weiterentwickelt: Interessierte können sich inzwischen über Tiermeldungen hinaus noch aktiver an der Forschung beteiligen, indem sie sich über eine »interaktive Karte« für Forschungsaufgaben wie etwa Verkehrszählungen oder Igelsuchläufe anmelden.

Ziel der Citizen-Science-Projekte auf Portal Beee ist es, dass beide Seiten von der Beteiligung profitieren. Wissenschaftlerinnen und Wissenschaftler können auf diese Weise Gesellschaftswissen und umfangreiche Datenmengen sammeln, die sie alleine nicht oder nur mit sehr viel Zeitaufwand zusammentragen könnten. Die Teilnehmenden wiederum erhalten Einblicke in wissenschaftliche Forschung und Informationen zu interessanten Themen, und sie können einen Beitrag zur Beantwortung von Fragen leisten, die für ein nachhaltiges Management von Wildtieren in der Stadt essenziell sind. Portal Beee wird weiterhin neue wissenschaftliche Projekte präsentieren, an denen sich Bürgerinnen und Bürger beteiligen können.

Wissen wie's geht – Die Wiesenmacher

Was hat das Parkdeck der Münchner Allianz-Arena mit Hohenlohe zu tun? Die Antwort trägt bunte Blüten. Dort und an vielen anderen Orten in Deutschland finden wieder Tagpfauenauge, Zweifarbige Schneckenhausbiene, Goldwespen und andere Insektenarten Nahrung – dank eines Wildblumenpioniers.

Die Anfahrt ist abenteuerlich. Es geht auf fast schon alpin anmutenden Sträßchen durch idyllische Waldhänge hinunter, quer durch verträumte Ansiedlungen, die Liebesdorf, Weckelweiler oder Diembot heißen. Auf der anderen Talseite geht es wiederum gewundene Waldsträßchen hinauf, bis schließlich Raboldshausen auftaucht. Ein alter Turm, einige Bauernhöfe, ein paar Häuser und viel, viel Landschaft. Wer aber meint, hier ruhe alles in ländlicher Behäbigkeit, täuscht sich gewaltig. Denn von diesem abgeschiedenen Ort im Nordosten Baden-Württembergs ging eine ökologische Revolution aus, die mittlerweile Landschaften und das sogenannte öffentliche Grün in ganz Deutschland positiv verändert.

Ziel der Revolution war nichts anderes, als die Grundlage für blühende Landschaften zu schaffen. Der Pionier Ernst Rieger legte dafür mit seiner Familie den Grundstein. Er erkannte schon Mitte der 1980er-Jahre, dass blumenreiche Wiesen durch die Intensivierung in der Landwirtschaft verschwinden und für die Neuanlage artenreicher Flächen an Straßenrändern, in öffentlichen Parks oder auf den mehr und mehr entstehenden Flachdachbauten kein heimisches Saatgut zur Verfügung steht. Landwirt Rieger sammelte die Samen von allerlei Wildblumen, Kräutern und Gräsern, experimentierte und baute die jeweiligen Arten wie Acker-Witwenblume, Kartäusernelke oder Wiesenglockenblume im Reinbestand an. Nach und nach entstand so ein umfangreiches Repertoire, das heute über 310 Blumenarten, rund 80 Gräser- und rund 25 Wildgehölzarten umfasst. Aus diesen Einzelarten werden deutschlandweit regionenspezifische Wiesen- und Saummischungen erstellt. Da sie die Zusammensetzung natürlicher Pflanzengesellschaften nachempfinden und die regionale Verbreitung der Arten berücksichtigen, sind sie nicht nur für Hausgärten, sondern gerade auch für die freie Landschaft geeignet.

Wie viele andere Pioniere musste auch Ernst Rieger viele Hürden überwinden, Bedenkenträger überzeugen und Rückschläge hinnehmen. Und wie immer, wenn eine Idee zum Erfolg wird, galt es, aufkreuzende Neider zu ignorieren. Dass der Blumenpionier und Wildsaatenspezialist recht hatte, zeigt sich heute, da die bunte Vielfalt von Blumenwiesen, Trocken- und Magerrasen und Feuchtgrünland zur Rarität geworden ist.

Doch von nichts kommt nichts. Was heute aus Raboldshausen an Ansaaten für die freie Landschaft, Saatmischungen für trockene Dachbegrünungen, Feuchtwiesen, Verkehrsinseln oder für die blumenreiche Begrünung von Reb- und Obstzeilen kommt, geht auf eine ausgefeilte Kombination von Ackerbaukunst, Artenkenntnis und Landschaftsanalyse zurück. Natürlich gehören auch moderne Betriebsabläufe wie Produktentwicklung, Marketing und konsequentes Controlling dazu. Alles beginnt aber in Feld und Flur.

Das zeigt uns einer der Gründersöhne, Johannes Rieger, bei einer Begehung. Die Luft flimmert; viele Pflanzen stehen in voller Blüte. Es wirkt, als wäre ein Maler des Impressionismus mit seinen Farbtöpfen durch die Landschaft gezogen, um sie mit lockerer Pinselführung in märchenhafte Farben zu tauchen. Hier ein Acker mit dem satten Purpur der Kartäusernelken, dort ein Feld, das mit dem Blau der Wiesen-Glockenblumen den Himmel zu spiegeln scheint. Und dann wieder ein Stück Land, auf dem die Doldenblüten der Wilden Möhre in sattem Weiß um die Wette leuchten. Überall ertönt das Summen und Brummen von emsigen Wildbienen sowie Grab- und Schlupfwespen. Ein Kribbeln und Krabbeln von Käfern, Zikaden und Ameisen, und dann das Flattern von Kleinem Fuchs, Pfauenauge, Schwalbenschwanz und anderen Faltern.

Aus heimischen Gefilden

Nicht nur in Raboldshausen bei Blaufelden gibt es solche Felder mit Blumen- und Gräsersamen, sondern in insgesamt acht Produktionsräumen in ganz Deutschland. Alle haben das Ziel, Saatgut zu gewinnen, das in der jeweiligen Region passt. »Auch wenn es sich um dieselbe Pflanzenart handelt, so sind die einzelnen Bestände entsprechend den Bodenverhältnissen und dem regionalen Klima genetisch angepasst«, erklärt Johannes Rieger. Deshalb lagern die Blumen- und Gräsersamen aus den acht Produktionsräumen und 22 kleinteiligeren Ursprungsgebieten streng getrennt und gut gekühlt. Sie stammen etwa aus dem nordwestdeutschen Tiefland oder dem südost- und ostdeutschen Bergland. »Wer Blumensamen einzelner Arten oder Saatgutmischungen für die Gegend um Hannover bezieht, bekommt auch genetisches Material aus dem entsprechenden Produktionsraum; genauso ist es mit Wiesenaussaaten in Nürnberg oder Frankfurt.«

Kontrolle ist dabei genauso wichtig wie Vertrauen. Deshalb durchlaufen alle Produkte regelmäßig Kontrollen durch den Verband deutscher Wildsamen- und Wildpflanzenproduzenten. Hinzu kommt ein Expertenteam von Biologen, Agrarwissenschaftlern und Landschaftsplanern, die in den verschiedenen Regionen Deutschlands nicht nur Herkunft und Anbau der Wildsamen kontrollieren. Sie beraten auch Behörden, Planer, Straßenbauer und Naturschutzorganisationen im Rahmen von Renaturierungsprojekten oder Neuanlagen unterschiedlichster Blumenwiesen oder Dachbegrünungen ganz individuell.

Lebensraum für viele Arten

Zu den Spezialitäten gehören salzverträgliche Bankettmischungen oder Mischungen für bunte Ackersäume. Einzelne Saatgutmischungen wie etwa für Mager- und Sandrasen, die auf kargen Standorten höchste Artenvielfalt hervorbringen, bestehen aus dem Saatgut von über 60 Blütenpflanzen und 13 Gräserarten. Natürlich gibt es auch Mischungen für Hausgärten, die nicht nur Farbe in die Umgebung bringen, sondern – im Gegensatz zum deutschen Einheitsrasen – auch vielen Tieren Lebensraum bieten. Das Farbenspiel auf den Äckern der Familie Rieger, der unvergleichliche Geruch von trockenen Blumen und frischem Heu in den Firmenräumen, die Vielfalt an Blüten in jeder Ecke des Betriebsgeländes wirken fast berauschend. Wenn immer mehr Menschen schon im eigenen Garten heimischer Natur wieder eine Chance geben, könnten solche Erlebnisse auch andernorts häufiger werden: den Wiesenmachern sei Dank.[68]

Wissen wie's geht – Bringt der Handel den Wandel?

Das hätten viele nicht gedacht: die Lebensmitteldiscounter schwenken um. Jahrelang standen Lebensmittelkonzerne wegen ihrer Politik der Niedrigpreise und den damit verbundenen Auswirkungen auf die intensive Landwirtschaft (Massenproduktion) im Kreuzfeuer der Umweltverbände. Jetzt könnte es durchaus der Handel sein, der einen Wandel von der lebensfeindlich gewordenen Agrarindustrie hin zu einer verantwortlichen und vielfaches Leben in den Fluren fördernden Nahrungsmittelproduktion einleitet. Ob dies gelingt, hängt davon ab, wie zügig die Lebensmittelkonzerne wie Aldi, Lidl, Rewe, Edeka und Co. mit ihren Ankündigungen Ernst machen, Produkte, die mit Einsatz von Glyphosat und anderen Pestiziden erzeugt sind, nach und nach aus ihrem Sortiment zu verbannen. Nach jahrelanger gegenseitiger Preisunterbietungsschlacht scheint ein zwar noch zaghafter, aber doch erkennbarer Wettbewerb unter den Handelsketten entbrannt zu sein, sich gegenseitig mit Ideen zur Förderung der biologischen Vielfalt und zur Umweltvorsorge zu überbieten. Neben Projekten zur Schaffung und Vernetzung von Biotopen bei Edeka sind es unterschiedliche Projekte zum Schutz von Bienen und damit auch zur Eindämmung des Agrarchemieeinsatzes. Ist doch die Biene seit der Krefeld-Studie zum Symboltier für das Insektensterben und den Artenschwund in den Fluren geworden.

Dass sich solche Initiativen zur Förderung der Artenvielfalt auch ins Kerngeschäft integrieren lassen, zeigt der Lebensmitteleinzelhändler Lidl mit dem Programm »Lidl Lebensräume«. Maßnahmen zum Schutz von Wildbienen und zur Förderung der Artenvielfalt gibt es gemeinsam mit Lieferanten seit 2013; sie wurden 2018 nochmals intensiviert. Im schwäbischen Neckarsulm scheint man erkannt zu haben, dass heute die Weichen gestellt werden müssen, wenn man auch in Zukunft noch Obst und Gemüse verkaufen will. Die Initiative setzt sich aus mehreren Bausteinen zusammen: So werden Blühstreifen bei Lieferanten und Produzenten gerade auch für die Wildbienen und andere Insekten angelegt. Das alleine wäre nichts Besonderes, wenn es kleine Einzelaktionen wären. Aber die Bilanz ist schon erstaunlich: Über 2,1 Mio. Quadratmeter (Stand 2018) wurden bereits realisiert. Und in

Kooperation mit der Universität Hohenheim (Stuttgart) gestaltet Lidl zusätzlich über 20 000 m^2 Fläche an sieben Logistikstandorten naturnah um; weitere Logistikstandorte sollen folgen.

Ergänzend wurden bienenfreundliche Pflanzen ins Sortiment genommen und zur Optimierung von Pflanzenschutzmaßnahmen und der Reduktion des Chemieeinsatzes in Kooperation mit einem Institut für Lebensmittelsicherheit und Rückstandsanalytik sowie Lidl-Obstlieferanten im Frühjahr 2018 ein Pilotprojekt in Griechenland gestaltet. Nach der jahrelangen »Beglückung« der Welt mit Agrarchemie aus Deutschland (z. B. Bayer) wäre dies wirklich eine andere Botschaft.

Ziele sind nach Angaben von Lidl die Erweiterung des Nahrungsangebots für nektar- und pollensuchende Insekten wie Wildbienen, die Verbesserung der Nistmöglichkeiten für Insekten sowie die Schaffung von Rückzugsflächen für den ungestörten Aufwuchs von Feldhasen, Rehkitzen, Rebhühnern und anderen Vögeln zu bieten. Gleichzeitig soll der Einsatz von Pflanzenschutzmitteln deutlich reduziert werden. Ob die im Verhältnis zur landwirtschaftlich genutzten Fläche sicherlich gering erscheinende Anzahl an Quadratmetern einen tatsächlichen Mehrwert für Insekten stiftet, ist freilich fraglich. Dass aber bei großen Global Playern wie Lidl mit weltweit 260 000 Mitarbeitern jetzt doch ein Umdenken in Sachen Artenschutz einsetzt und die Erkenntnis reift, die Zusammenhänge vernetzt zu sehen und dem unsäglichen Chemiebombardement in den Fluren nicht länger zuzusehen, lässt hoffen. Und es lässt hoffen, dass sich auch andere Unternehmen der Nahrungsmittelbranche noch mehr in diese Richtung entwickeln. Es bleibt den Verbrauchern, den kritischen Medien sowie den Umweltorganisationen vorbehalten, die Entwicklung aufmerksam zu verfolgen und durch offenen und gleichermaßen kritischen Dialog sicherzustellen, dass hoffnungsvolle Ansätze nicht klammheimlich wieder einkassiert werden. Schließlich zählen nur konkrete Beiträge, die eine echte Agrarwende einleiten könnten. Die Marktmacht des Lebensmitteleinzelhandels könnte einiges in Bewegung bringen, das von der immer müden Politik bislang nur halbherzig angegangen wurde.

Vom Werden und langsamen Wirken des europäischen Naturschutzrechts. Gedanken zu Natura 2000

Aus den Wipfeln der mächtigen Bäume sind die seltsamen Rufe eines Pirols zu hören. Ab und zu macht ein Schwarzspecht mit lautem Trommelwirbel seine Artgenossen darauf aufmerksam, dass er Anspruch auf das Revier erhebt. Immer wieder piepen alle möglichen Vögel in dem mehr oder minder dichten, dschungelartig vom Lianengewirr der Waldreben durchwobenen Auwald. Es pfeift und trällert in allen möglichen Tonlagen und unterschiedlichsten Intervallen. Manche Vögel – wie der Graureiher – starten mit einem aufgeregten Schrei vom Ufer, um sich wenige Meter später wieder niederzulassen. Der Taubergießen, eines der spektakulärsten Naturschutzgebiete in Baden-Württemberg, ist zusammen mit dem Naturschutzgebiet Kühkopf-Knoblochsaue, dem größten Naturreservat in Hessen, eines der letzten Auenurwaldgebiete entlang des Rheintals. Auch wenn diese Landschaft viele Änderungen erfahren hat und es nicht mehr der »ganz echte« Urwald ist, mag es so einmal in der gesamten Aue ausgesehen haben, als der Fluss noch nicht begradigt und das Wasser freien Lauf hatte.

An schwülheißen Tagen liegt der Gedanke an die Everglades in Florida gar nicht fern: Zwischen üppigem Grün schimmert silbrig das träge Wasser hindurch. Flirrende Hitze liegt über der Landschaft und lässt die Konturen verschwimmen. Wirklich gefährlich ist es zwischen Rust im Süden und Kappel im Norden allerdings trotz des glucksenden Wassers nicht. Auch wenn das Ganze aussieht wie ein Dschungel, gibt es hier in Mitteleuropa ja weder Würgeschlangen noch Alligatoren. Wenn nicht unliebsame Zeitgenossen ihre zu groß gewordenen Aquarien- und Terrarienpfleglinge aussetzen.

Der Taubergießen ist gleichwohl Zuflucht und Heimat von Arten, die es anderwärts entlang des begradigten und gebändigten Flusses schwer haben und daher längst verschwunden sind. Und er gibt das Bild einer Landschaft ab, in der der Hochwasserschutz weniger eine Frage von Dämmen und allerhand weiteren künstlich-kunstvollen Schutzmaßnahmen von menschlicher Hand war, sondern ein Naturereignis, mit dem man lebte. Das Wasser kam und ging. Der Fluss hatte einst noch Platz, sich in alle Richtungen auszudehnen. Die Umgebung wiederum, Böden, Bäume, Sträucher und Tiere, passte sich entsprechend an. Die ausgedehnte Auenwaldlandschaft wird bei Umfragen oder Abstimmungen regelmäßig zu Deutschlands bedeutendsten Naturwundern gezählt. Das Naturschutzgebiet befindet sich rechts des Rheins zwischen Oberhausen und Wittenweiler und hat eine Länge von rund zehn Kilometern und eine Größe von rund 1600 Hektar. Was heute als ökologisches Highlight sowohl nach europäischem als auch nationalem Naturschutzrecht streng geschützt ist, sind nur kümmerliche Reste einst paradiesischer Auenwälder mit Altwässern, Seen, Tümpeln, Sümpfen, Flussschleifen, Tausenden von Inseln und von der Dynamik des Wassers geprägter ständiger Veränderungen. Und einer Pflanzen- und Tierwelt, die wir uns in dieser Dimension heute gar nicht mehr vorstellen können.

Heute müssten wir es besser wissen

Dass am Rhein nur wenig von der Urnatur übrig ist, geht auf den badischen Ingenieur Johann Gottfried Tulla (1770–1828) zurück, der die Rheinbegradigung plante und organisierte. Tulla und sein Nachfolger Max Honsell (1843–1910) verkürzten durch den Durchstich von Mäandern die Rheinstrecke zwischen Basel und Bingen um mehr als 80 Kilometer. Dadurch wurde der Oberrhein bis Basel schiffbar gemacht; in manchen Bereichen der Rheinaue wurde Landwirtschaft möglich. Aber durch die Tiefenerosion des jetzt rascher abfließenden Wassers sank vielerorts der Grundwasserspiegel, und weite Teile der Auwälder starben ab.

Tulla und Honsell konnten ebenso wie die Verantwortlichen in Regierungen zur damaligen Zeit, die alles richtig machen wollten und die Natur vielfach als Feind des Menschen betrachteten, die ökologischen Folgen ihres Handelns noch nicht ahnen. Sie glaubten fest, die Hochwassergefahr gebannt und der Bevölkerung geholfen zu haben. Ähnlich lief es im Großen wie im Kleinen auch in anderen Regionen Mitteleuropas. Aus heutiger Sicht ist es natürlich schon etwas vermessen, rückblickend Fehlentwicklungen in so weit zurückliegenden Zeiten zu kritisieren. Doch spätestens seit nach dem Zweiten Weltkrieg in vielen

Regionen Mitteleuropas Schaumberge die Flüsse und Bäche bedeckten und überall tote Fische signalisierten, dass die Gewässer umkippten und selbst früher häufige Tier- und Pflanzenarten verschwanden, wissen wir über die negativen Folgen von Eingriffen in Ökosysteme und nicht naturgemäßem Wirtschaften Bescheid. Wissen und Handeln scheinen jedoch Galaxien voneinander entfernt zu sein. Und so dauerte es lange, bis sich Schutzmaßnahmen für Naturrefugien durchsetzten. Waren noch im 19. Jahrhundert nur einzelne, besondere Baumveteranen oder einzelne, kleinere Bereiche – wie etwa der Drachenfels im Siebengebirge zwischen Königswinter und Bad Honnef (1922) oder Teile des Wienerwaldes unter Schutz gestellt oder bestimmte Tierarten von der Jagd ausgenommen, so gab es erst gegen Ende des 19. und dem Beginn des 20. Jahrhunderts zaghafte Ausweisungen von Naturreservaten. Erste umfassende Rechtsvorschriften erfolgten durch die Nationalsozialisten mit dem Reichsnaturschutzgesetz im Jahre 1935. Doch gleichzeitig wurden durch die sogenannte Erzeugungsschlacht der Nationalsozialisten und die damit verbundene »Urbarmachung« von Mooren, Heiden und anderen Gebieten weiter wertvollste Biotope zerstört. Die amtlichen Naturschützer hatten keinerlei Einfluss. Und die noch relativ jungen Organisationen, die sich mit Natur- und Umweltschutz beschäftigten, wurden gegängelt und schließlich aufgelöst.

Während nach Ende des Zweiten Weltkriegs die Wirtschaft boomte und der Wiederaufbau mit all den heute bekannten negativen Folgen für Natur und Umwelt oberste Priorität hatte, formierten sich ab den Fünfzigerjahren die Naturschutzorganisationen – wie etwa der Deutsche Naturschutzring im Jahr 1950 – wieder neu, Naturschutzbehörden wurden geschaffen, und 1962 wurde sogar die österreichische Bundesverfassung um einen Absatz erweitert, der den Natur- und Heimatschutz betrifft. In Deutschland sollte es nach Inkrafttreten des Grundgesetzes noch 45 Jahre dauern, bis der Umweltschutz als Staatsziel in die Verfassung Eingang fand. Seit 1994 heißt es im Art. 20a des Grundgesetzes: »Der Staat schützt auch in Verantwortung für die künftigen Generationen die natürlichen Lebensgrundlagen und die Tiere im Rahmen der verfassungsmäßigen Ordnung durch die Gesetzgebung und nach Maßgabe von Gesetz und Recht durch die vollziehende Gewalt und die Rechtsprechung.« Acht Jahre später fand dann auch der

Tierschutz Eingang in die Verfassung. Bis zum Erlass des Bundesnaturschutzgesetzes[69] sollte es noch bis 1976 dauern. Unglaublich, aber wahr: Erst damit wurde das Reichsnaturschutzgesetz von 1935 abgelöst. In der damaligen DDR galt ein 1970 erlassenes Landeskulturgesetz, das mit dem Beitritt der neuen Bundesländer zur »alten« Bundesrepublik »ersetzt« wurde. Vor dem vom Bund auf der Grundlage seiner Rahmenkompetenz erlassenen Bundesnaturschutzgesetz – das mittlerweile mehrfach geändert wurde – erließen 1973 bereits Bayern, Rheinland-Pfalz und Schleswig-Holstein und 1975 Baden-Württemberg und Nordrhein-Westfalen eigene Landesnaturschutzgesetze.

Betrachtet man all diese Rechtsvorschriften, die in Österreich und der Schweiz in ähnlicher Weise erlassen wurden, müsste es um unsere Tier- und Pflanzenwelt eigentlich bestens bestellt sein.[70] Da ist von Juristen mit viel fachlicher Beratung durch Biologen und Ökologen akribisch ausgedacht und formuliert und von Politikern nach vielen Streitereien als Legislative sanktioniert, welche Lebensräume, welche einzelnen Tier- und Pflanzenarten besonders geschützt sind, was als genehmigungspflichtiger Eingriff in Natur und Landschaft gilt, wie diese auszugleichen sind und mit welchen Sanktionen zu rechnen ist, wenn gegen die Bestimmungen verstoßen wird.

Natura 2000 – der internationale Ansatz

Doch zwischen Gesetz und Wirklichkeit besteht leider ein großer Unterschied, denn die genannten Gesetze und die auf deren Basis erlassenen – nicht minder umfangreichen – Verordnungen haben den Ausverkauf der Natur nicht verhindern können. Besonders deutlich wird dies im europäischen Maßstab. Denn auf Drängen von Wissenschaftlern und internationalen Naturschutz- und Umweltorganisationen reifte bei Politikern in verschiedenen Ländern die Erkenntnis, dass die Lebensräume von Tieren und Pflanzen nicht punktuell durch einzelne Jagdverbote oder Schutzgebiete, sondern wegen der vielfachen Vernetzungen in der Natur nur im internationalen Maßstab zu schützen sind. Am deutlichsten zeigen dies die Zugvögel jedes Jahr mit ihren gefahrvollen Wanderungen, etwa von den Brutgebieten in Mittel- und Nordeuropa nach Südeuropa und von dort nach Afrika und im Frühjahr beim Rückzug von den Winterlebensräumen in den Tropen und Subtropen in die hiesigen Brutgebiete. Natur kennt keine Grenzen.

Gab es in den 60ern und Anfang der Siebzigerjahre trotz mancher Rückgänge bei einzelnen Arten bei den meisten Singvogelarten noch eine hohe Individuendichte, so wurde schon viel früher anhand der Wat- und Wasservögel deutlich, wie die Bestände durch die Vernichtung von Rast- und Überwinterungsplätzen abnahmen. Ein erster Lichtblick in Richtung rechtlichem Schutz sollte die Ramsar-Konvention[71] sein. Damit sollten vor allem Rastplätze zur Sicherstellung der Überlebensmöglichkeiten für Wasservögel – verschiedene Enten und Gänsearten, Hauben-, Schwarzhals- und Zwergtaucher, aber auch Arten wie Pelikane, Flamingos, Kormorane sowie Watvögel wie Säbelschnäbler, Bekassine, Flussregenpfeifer und Brachvogel – geschützt werden. Letztlich kann eine Art ja nur überleben, wenn ihre Teillebensräume wie Brutgebiete, Durchzugs-, Rast- und Überwinterungsgebiete gesichert sind. Und dies ist bei den Wat- und Wasservögeln nur durch die großflächige Bewahrung von Mooren, Sümpfen, Seen, naturnahen Flüssen und Küstenbereichen möglich. Die Ratifikation erfolgte in Deutschland und der Schweiz im Jahr 1976; der Beitritt Österreichs durch Akzession 1982. Mittlerweile gehören der Ramsar-Konvention 73 Staaten an. Doch während internationale Schutzabkommen auf dem Papier anwachsen, gehen nicht nur die genannten Wetland-Arten zurück. Nach wie vor werden in großem Maßstab vor allem in Südeuropa und in Afrika Feuchtgebiete vernichtet oder durch Schadstoffeinleitungen belastet. Feuchtlebensräume schwinden; zusätzlich wird den Zugvögeln mit Gewehren und Fallen, wie etwa Leimruten, Klappnetzen und sogenannten Japannetzen nachgestellt. Das konnten auch die verschiedenen Programme und Gesetze der sonst in vielem vorbildlichen Europäischen Union nicht verhindern.

Eigentlich spitze, aber …

Von der international verflochtenen Wirtschaft und der damit verbundenen Friedenssicherung abgesehen, gibt es wohl keinen Bereich, der so deutlich internationale Zusammenarbeit auf europäischer Ebene erfordert wie der Klimaschutz und die Bewahrung der wild lebenden Tier- und Pflanzenwelt und ihrer Lebensräume. Die Rechtsvorschriften der Europäischen Union sind einfach gesagt spitze und verdienen höchstes Lob. Eigentlich. Aber in der Europäischen Union und ihren Ländern werden die Gesetze von den Politikern und manchen Administrationen nicht beachtet, die sie selbst entwickelt und verabschiedet haben.

Wer verstehen will, warum immer mehr Stimmen in der Natur verstummen, warum die Vielfalt der Tiere und Pflanzen in den verschiedenen Landschaften rapide abnimmt, kommt nicht umhin, einen Blick in das zwar »trockene«, aber eminent wichtige europäische Naturschutzrecht zu werfen. Wir versuchen an dieser Stelle, wenigstens einen kleinen Einblick in die Ziele des europäischen Naturschutzrechts und der mangelhaften Umsetzung zu geben. Die Stichworte heißen Natura 2000, EU-Vogelschutzrichtlinie und EU Fauna-Flora-Habitatrichtlinie »FFH«.

Fangen wir mit der FFH-Richtlinie[72] an. Abgleitet von Fauna (= Tierwelt), Flora (= Pflanzenwelt) und Habitat (= Lebensraum) hat die 1992 in der EU beschlossene Richtlinie in Umsetzung der Berner Konvention von 1979[73] zum Ziel, die biologische Vielfalt in den Mitgliedsstaaten durch Festlegung eines gemeinsamen Rahmens für die Erhaltung der wild lebenden Pflanzen und Tiere und ihre Lebensräume »von gemeinschaftlichem Interesse« aufrechtzuerhalten. Die auf Basis der FFH-Richtlinie definierten Schutzgebiete werden unter dem Begriff Natura 2000 zu einem zusammenhängenden Schutzgebietsnetz zusammengefasst. Dieses Schutzgebietsnetz beinhaltet auch die Schutzgebiete nach der Vogelschutzrichtlinie.[74] In Deutschland sind (Stand: 2018) rund 15,5 Prozent der terrestrischen und 45 Prozent der marinen Fläche mit mehr als 5 200 Schutzgebieten (davon mehr als 700 Vogelschutzgebiete) ausgewiesen. Über das Internet sind diese mit jeweiligen Gebietssteckbriefen abrufbar (www.ffh-gebiete.de). Aufgelistet sind alle FFH-Lebensraumtypen, die Verbreitung der Lebensraumtypen und das Management der Habitate. Die Verbreitung verschiedener Artengruppen wie Amphibien und Reptilien, Vögel, Säugetiere, Fische usw. wird in Übersichtskarten dargestellt. Sind FFH-Gebiete festgelegt, so bedeutet die Ausweisung, dass bei – nicht grundsätzlich verbotenen –

Eingriffen durch entsprechende Pläne und Projekte eine Verträglichkeitsprüfung durchgeführt werden muss. Für die Tier- und Pflanzenwelt bedeutet dies ein grundsätzliches Verschlechterungs- und Störungsverbot. Als wichtigste Basis für das EU-Schutzgebietssystem »Natura 2000« müssen die Mitgliedsstaaten also in den besonderen Schutzgebieten alle erforderlichen Maßnahmen treffen, um die Erhaltung der Lebensräume zu garantieren und ihre Verschlechterung zu vermeiden.

Bei der Umsetzung des Natura-2000-Programms ergeben sich u.a. als Aufgaben die Förderung der Verwaltung von Landschaftselementen, die seitens der EU-Mitgliedsstaaten für die Wanderungen und die Verbreitung sowie den genetischen Austausch von wild lebenden Arten für wesentlich gehalten werden. Außerdem Ziel des Natura-2000-Programms: Die Einführung eines strengen Schutzsystems für bedrohte Tier- und Pflanzenarten und die Prüfung von Möglichkeiten, diese Arten auf ihrem jeweiligen Gebiet wieder neu einzuführen (Wiederansiedlung). Auch das Verbot der Anwendung sogenannter nicht-selektiver Methoden zur Entnahme aus der Natur, des Fangs und der Tötung bestimmter Tier- und Pflanzenarten gehört zu den Natura-2000-Aufgaben. In Deutschland sind die Bundesländer für die Umsetzung von Natura-2000-Zielen zuständig. Für die ausschließliche deutsche Wirtschaftszone der Nord- und Ostsee ist es das Bundesamt für Naturschutz (BfN, Bonn). Mit dem Beitritt der zehn neuen EU-Mitgliedsstaaten im Jahre 2004 wurde das Schutzgebietsnetz Natura 2000 um wertvollste Lebensräume sowie Tier- und Pflanzenarten bereichert. Zumindest auf rechtlicher Ebene ist damit der Schutzstatus von Habitaten und Arten in den neu beigetretenen Ländern ganz wesentlich verbessert worden.

Doch ein Problem, das der EU seit Jahrzehnten innewohnt, ist auch dort schnell zutage getreten, nämlich die verheerende Subventionspolitik! Vielfach werden Projekte und Maßnahmen gefördert, die den Zielen von Natura 2000 vollkommen entgegenstehen. Wissenschaftler, die sich mit der Bewahrung der biologischen Vielfalt beschäftigen, fordern ebenso wie Umwelt- und Naturschutzverbände eine konsequente Integration der Natura-2000-Ziele in die verschiedenen Aufgaben und Politikbereiche der EU sowie aller politischen Bereiche und Verwaltungsebenen der Mitgliedsstaaten.

Wie bedrohlich der Verlust der biologischen Vielfalt durch das Versagen der Europäischen Union, der Mitgliedsländer und auch der deutschen Bundesländer ist, zeigen ein paar Zahlen und Fakten.

Europa: grüne Natur in roten Zahlen

Auf dem europäischen Kontinent sind 42 % der Säugetiere, 15 % der Vögel, 45 % der Schmetterlinge, 30 % der Amphibien, 45 % der Reptilien und 52 % der Süßwasserfische gefährdet oder vom Aussterben bedroht. Bei einer Gruppe von 23 heimischen Feldvogelarten und 24 heimischen Waldvogelarten, die in 18 europäischen Ländern beobachtet wurden, musste bereits zwischen 1980 und der Jahrtausendwende ein Rückgang von 71 % festgestellt werden. Die prozentualen Angaben schwanken und hängen letztlich von der Methodik und der publizierenden Institution ab. Fakt ist jedoch, dass der Artenschwund in den letzten 50 Jahren in Europa Ausmaße angenommen hat, wie er über die letzten 5000 Jahre wohl nie in dieser Dimension stattfand. Zu den hoch bedrohten Arten in der EU gehört u.a. der Iberische Luchs. Von der einst in Spanien und Portugal weitverbreiteten Großkatze gibt es nur noch einige Hundert Exemplare in wenigen isolierten Gebieten in Spanien. Damit gehört der Iberische Luchs zu den weltweit am stärksten gefährdeten Großkatzen. Das Beispiel zeigt deutlich, dass nicht nur in sogenannten Dritte-Welt-Ländern Natur bedroht ist und die wirtschaftlich starke EU ihre »Hausaufgaben« beim Naturschutz noch lange nicht erledigt hat. Dies gilt auch für andere Großsäuger wie Braunbär, Wolf, Europäischer Luchs und Wildkatze. Noch immer sterben Wildtiere und alte, an die jeweiligen Landschaftsformen angepasste Haustierrassen aus.

Die Ursachen für die Bedrohung der Fauna und Flora in Europa sind vielfältig, die Hauptursache liegt aber eindeutig im rapiden Verlust der Lebensräume. Dazu gehört sowohl die Zurückdrängung unberührter Naturlandschaften wie auch die Veränderung besonders der traditionellen landwirtschaftlichen Praxis in genutzten Kulturlandschaften. So wurden zahlreiche Feuchtgebiete – etwa in Griechenland, Italien, Spanien, Portugal oder Südfrankreich – durch Entwässerung, Auffüllung und andere Formen der Urbarmachung ganz oder teilweise trotz des Schutzes nach EU-Recht zerstört. Damit fehlen wichtige Brutgebiete für Vogelarten, die auf Feuchtlebensräume angewiesen sind. Zugleich fehlen Rast-, Nahrungs- und Überwinterungsflächen für Watvögel, Enten, Gänse, Taucher, Reiher, Störche, Kraniche und andere Arten. In vielen ursprünglichen, noch wenig vom Menschen veränderten Gebirgslagen erfolgte vor allem in den 1970er- und 1980er-Jahren die Erschließung mit Wegen und Straßen sowie die Anlage touristischer Einrichtungen wie etwa Skilifte und dergleichen. Viele naturnahe Waldbereiche gingen durch die Anlage von Wohn- und Gewerbegebieten, Brandstiftung und anschließende Überweidung, Rodung und spätere Umwandlung in forstliche Intensivkulturen verloren. In der spanischen Extremadura wurden in den 1980er-Jahren mediterrane Hartlaubwälder in monotone und – in Europa – lebensfeindliche Eukalyptuskulturen umgewandelt. Solche finden sich großflächig auch in Asturien und Galicien im Norden Spaniens, wo urwüchsige Bergwälder den schnell wachsenden Baumarten weichen mussten. In der Folge verloren viele Tierarten – unter ihnen der Iberische Braunbär – große Teile ihrer angestammten Lebensräume.

Viele Tierarten sind auch durch direkte Verfolgung – etwa im Rahmen illegaler Jagd und Wilderei – gefährdet. Ein Beispiel ist die noch immer viel zu wenig kontrollierte Tötung von Zugvögeln durch Abschuss und Fang mit Netzen und Leimruten, z. B. auf Malta oder in Süditalien. Viele Tier- und Pflanzenarten verlieren ihre Lebensgrundlage durch die immer stärkere Fragmentierung und Zerschneidung von Lebensräumen durch den Bau von Straßen und anderen Verkehrswegen.

Die Bedrohung des Naturerbes erfolgt jedoch auch durch die Vernichtung von Lebensräumen der Kulturlandschaft. Hauptursache ist der Strukturwandel in der Landwirtschaft und deren stetige Intensivierung durch großflächigen Ackerbau, den Einsatz von Pestiziden und die damit verbundene Beeinträchtigung bzw. Vernichtung vieler Biotopelemente wie Hecken, Feldgehölze, Raine, Kleingewässer sowie die Überdüngung von Magerstandorten bzw. die Aufgabe traditioneller Nutzungen. Dazu hat zum Großteil die EU durch ihre Förderpolitik im Rahmen der gemeinsamen Agrarpolitik (GAP) sowie der Strukturfonds beigetragen. Umweltverbände kritisierten jahrelang, dass viele Milliarden Subventionsgelder Natur und Landschaft sowie die Lebens- und Umweltqualität der Bürger vernichten. Auch der Europäische Rechnungshof wies mit verschiedenen Sonderberichten auf Fehlsubventionen bzw. Subventionsmissbrauch zulasten der natürlichen Lebensgrundlagen hin. Nicht besser steht es um die Meeresbiotope der EU. Durch Schadstoffeinleitungen, Überfischung, Zerstörung von Laichgebieten und andere Einflüsse stehen nach Angaben der EU 80 % der Fischbestände der EU vor dem Zusammenbruch oder ihr Zustand ist unbekannt. 40 % der Fischfänge in der EU wurden schon zur Jahrtausendwende aus Beständen erzielt, die die sichere biologische Grenze unterschritten hatten. Für verschiedene Fischarten – vor allem Kabeljau, Schellfisch, Seehecht und andere Rundfische, sowie Lachs und Meerforelle – lag der Anteil schon bei 60 Prozent. Die Situation verschärft sich seitdem dramatisch.

Naturschutzrecht der EU – making of

Eine der ersten umfassenderen Maßnahmen der EU gegen den Artenschwund und die Lebensraumvernichtung war 1979 die Vogelschutzrichtlinie. 1992 folgte die Fauna-Flora-Habitatrichtlinie, quasi das moderne Naturschutzgesetz der EU. Aus den nach der FFH-Richtlinie und der Vogelschutzrichtlinie ausgewiesenen Gebieten wurde das Natura-2000-Netz entwickelt. So sollte ein Verbund von Lebensräumen geschaffen und gesichert werden, mit dem die Bewahrung des Naturerbes gelingen sollte. Das Netz hatte ausdrücklich zum Ziel, den Verlust von Biodiversität bis zum Jahr 2010 zu stoppen.

Zur Unterstützung der Naturschutzziele hat die EU 1992 innerhalb des Programms LIFE die Initiative LIFE-NATURE und das Nachfolgeprogramm LIFE+ aufgelegt. Es soll zur Kofinanzierung von Projekten dienen, die der Erhaltung der natürlichen Umwelt und der Umsetzung der Vogelschutz- und der FFH-Richtlinie dienen. Die hierfür aufgewandten Mittel sind jedoch nur ein Bruchteil der Mittel, die letztlich für umweltschädliche Investitionen ausgegeben wurden, und stehen so in krassem Gegensatz zu den erheblichen Finanzmitteln, deren Einsatz direkt oder indirekt zum Artenschwund und zur Habitatzerstörung führt.

Außerdem hat die EU 1992 das auf dem Weltgipfel von Rio verabschiedete Übereinkommen über die Biologische Vielfalt unterzeichnet. Hauptziele sind Schutz und Erhalt der biologischen Vielfalt, die nachhaltige Nutzung ihrer Bestandteile und die ausgewogene und gerechte Aufteilung der sich aus der Nutzung der genetischen Ressourcen ergebenden Vorteile. Hierzu wurden 2001 vier Aktionspläne – ergänzt durch den Aktionsplan zur biologischen Vielfalt 2006 – aufgelegt. Sie legen die Einzelheiten der Strategie zur Biologischen Vielfalt fest und behandeln Fragen zur Landwirtschaft, Fischerei, Nutzung natürlicher Ressourcen und die Wirtschafts- und Entwicklungszusammenarbeit. Damit sollte sichergestellt werden, dass Maßnahmen auf diesen Politikfeldern nicht die Erhaltungsanstrengungen unterlaufen.

Entwicklungen und Erwartungen

Eine Verbesserung der Situation erhofften sich viele Naturschützer durch die Agrarreform. Bereits 2003 erfolgte eine Halbzeitbewertung der gemeinsamen Agrarpolitik (GAP), in deren Folge die frühere (und in ihren Auswirkungen auf den Naturhaushalt katastrophale) Verknüpfung von Subventionen und Produktionsmengen gekappt wird. Im Gegenzug sollten die nachhaltige Entwicklung des ländlichen Raums und die Agrarumweltmaßnahmen stärker unterstützt werden.

Langfristige Verbesserungen für den Schutz der Natur sind auch durch die im Jahr 2000 verabschiedete EU-Wasserrahmenrichtlinie zu erwarten. Ziel ist es, mithilfe einer grenzübergreifenden nachhaltigen Wasserbewirtschaftung Gewässer zu schützen und eine gute Qualität aller Wasserressourcen in der EU zu erreichen. Dies wird auch die Lebensbedingungen vieler wasserbewohnenden Tierarten wie Fische, Krebse und Muscheln sowie auf intakte Gewässer angewiesene Arten wie Eisvogel, Wasseramsel, verschiedene Enten- und Gänsearten sowie Gänsesäger, Flussuferläufer u.a. verbessern helfen bzw. der Verschlechterung der Gewässerhabitate entgegenwirken.

Trotz der bedenklichen Situation der Natur in der EU gibt es auch Erfolge zu verzeichnen: So führten artenspezifische Aktionspläne der EU sowie regionale Maßnahmen dazu, dass etwa der Bestand des Spanischen Kaiseradlers von 50 Paaren 1974 auf 253 Paare 2008 und die Population des Mönchsgeiers von 270 Paaren 1984 auf 1500 Paare 2006 angestiegen sind. Auch Kranich, Weißstorch, Schwarzstorch, Fischotter und Biber sind wieder weiter verbreitet.

Das Gebiet der Europäischen Union umfasst folgende biogeografische Regionen: Mediterran, Makronesisch, Alpin, Atlantisch, Kontinental, Boreal (vgl. FFH-Richtlinie 92/43). Mit der EU-Osterweiterung kam die Pannonische biogeografische Region hinzu. Vor der EU-Erweiterung waren 218 Lebensraumtypen (Anhang I FFH-Richtlinie), annähernd 900 Arten (Anhang II FFH-Richtlinie, ohne Vögel) und 183 Vogelarten (Anhang I Vogelschutzrichtlinie) in den EU-Bestimmungen für den Naturschutz aufgelistet. Mit der EU-Ostererweiterung kamen zahlreiche weitere gefährdete Arten und Lebensräume hinzu. Die neuen Mitgliedsstaaten beherbergen vielfach Arten und Habitatstrukturen, die im westlichen Europa schon verschwunden sind bzw. zerstört wurden. Damit ist die große Herausforderung verbunden, die in den westlichen EU-Staaten gemachten Fehler von Fehlsubventionen, die zur Landschafts- und Naturvernichtung führten, nicht auf Osteuropa zu übertragen bzw. dort zu wiederholen.

Langfristig wird es eine Zielerfüllung des Naturschutzes auf EU-Ebene nach Auffassung aller Naturschutzexperten nur geben, wenn es gelingt, eine echte Partnerschaft zwischen Naturschutz und Landwirtschaft zu entwickeln und klarere Vorgaben für den Einsatz der Naturschutzmittel zu kontrollieren. So kritisiert der Europäische Wirtschafts- und Sozialausschuss (WSA) in seiner Stellungnahme zur »Halbzeitbewertung der Umsetzung des gemeinschaftlichen Aktionsplan zur Erhaltung der biologischen Vielfalt« (ABl. C 317 von 2009), dass das Ziel der EU, den Biodiversitätsverlust bis 2010 zu stoppen, nicht erreicht wurde. Außerdem wird bemängelt, dass trotz einiger erfreulicher Entwicklungen in der Folge der FFH- und Vogelschutzrichtlinie dennoch ein schwerer Artenverlust – vor allem außerhalb der Schutzgebiete – im Rahmen leider völlig legaler Wirtschaftspraktiken vonstattengeht. Der WSA vertritt die Auffassung, dass grundsätzlich keine neuen Ziele formuliert werden müssen, sondern auf allen Ebenen das bisherige Ziel »Stopp des Biodiversitätsverlustes und Wiederherstellung von natürlichen Habitaten« ernster genommen und mit größtem Nachdruck vertreten werden müsse. Naturschutz werde häufig aus wirtschaftspolitischer Sicht als Behinderung bzw. Bedrohung angesehen. Das Argument des wirtschaftlichen Wertes der Biodiversität habe bislang noch keinen Eingang in die praktische Politik gefunden. Da in vielen Regionen und an vielen Standorten, z. B. in Moorgebieten, in Berg- und in Küstenregionen, auf Grünlandstandorten sowie in den Flussauen etc. der Schutz und die Wiederherstellung natürlicher Lebensräume gleichzeitig auch ein wichtiger Beitrag zum Klimaschutz sei, seien Klima- und Biodiversitätspolitik noch enger als bislang zu verzahnen. Auch um den Arten eine Anpassung an veränderte Klimabedingungen zu ermöglichen, müssen nach Auffassung des WSA – dies deckt sich mit den Forderungen der einschlägigen Verbände – die Lebensräume besser vernetzt werden. Vorgeschlagen wird u.a. der Aufbau eines »transeuropäischen Netzes Natur«. Neben einer Verringerung des Flächenverbrauchs in Europa fordert der WSA eine verbesserte Verbraucherinformation zu den Folgen bestimmter Produktionsverfahren (vor allem in der Landwirtschaft) sowie die Entwicklung nachhaltiger Produktionspraktiken.

Informationen zur Situation des Naturschutzes auf dem Gebiet der EU werden ebenso wie entsprechende Vorschläge für konkrete Maßnahmen durch die europäische Umweltagentur aufbereitet. Die Kommission informiert regelmäßig auf ihrer Homepage über den Status der Umsetzung der Habitatrichtlinie sowie zur Situation des Schutzes verschiedener gefährdeter Tier- und Pflanzenarten.

Es ist also ein Dschungel aus Paragrafen und Vorschriften, der Haupt- wie ehrenamtliche Naturschützer beschäftigt, von zentralen anderen Aufgaben abhält und verwirrt, während sich das Geflecht des Zusammenhangs von Tieren, Pflanzen und ihren Lebensräumen immer mehr lichtet. Irgendwann werden viele Arten nur noch auf Listen in Anhängen zur FFH- und zur Vogelschutzrichtlinie sowie verschiedenen Naturschutzgesetzen und daraus ergangenen Verordnungen existieren.

Immer wieder mahnt die Europäische Union Deutschland, die FFH-Richtlinie konsequenter umzusetzen und die entsprechenden Gebiete zu definieren und zu melden. Doch scheitert diese ganz vernünftig gedachte Umsetzung schon an der ansonsten bewährten föderalen Struktur Deutschlands. Hier sind für die Umsetzung der FFH-Richtlinien nämlich die Bundesländer zuständig, sodass die Bundesregierung in Berlin und die agierende Umweltadministration relativ machtlos sind und die Umsetzung lediglich anmahnen können. So erweist sich die FFH-Richtlinie wie das gesamte Natura-2000-Programm immer wieder als zahnloser Tiger. Im ehrlichen Bestreben der ohnehin permanent unterbesetzten Naturschutzverwaltungen in den Bundesländern, den rechtlich durchaus vernünftigen Vorgaben aus Brüssel nachzukommen, werden diese zunehmend zeitlich belastet und von anderen, drängenden Aufgaben zum Schutz der Biodiversität – insbesondere im Bereich der Landwirtschaft – abgehalten.

Fazit: Die Bewahrung des Naturerbes ist in der EU eine der größten Herausforderungen, für die einzelnen Mitgliedsstaaten wie für die ganze Gemeinschaft. Denn der Verlust der biologischen Vielfalt hat bedrohliche Ausmaße angenommen. Natura 2000 konnte manche Erfolge erzielen; dies wird von Naturschutzverbänden wie -verwaltungen einhellig so gesehen. Der Ausverkauf der Natur konnte dennoch nicht gestoppt werden.

Eine nationale Strategie zur biologischen Vielfalt

Wer internationale Vereinbarungen unterzeichnet, muss sie auch umsetzen, sonst werden Willenserklärungen zu Wortmüll. Und nachdem Deutschland die UN-Konvention zur biologischen Vielfalt (Convention on Biological Diversity, CBD) 1992 unterzeichnet hat, galt es auch, eine Umsetzungsstrategie zu entwickeln. Nach langem Hin und Her, verschiedenen Entwürfen und politischen Diskussionen wurde mit dem Koalitionsvertrag 2009 das Bundesprogramm Biologische Vielfalt mit dem Titel »Leben. Natur. Vielfalt« gestartet. Damit soll – koordiniert vom Bundesamt für Naturschutz mit zahlreichen Maßnahmen – in Bund, Bundesländern und Kommunen der Rückgang der biologischen Vielfalt gestoppt werden. Die nationale Strategie zur biologischen Vielfalt ist im Internet unter www.bfn.de einsehbar.

Das Programm ist wirklich umfassend und ideenreich. Es mangelt also nicht an klar definierbaren Zielen. Mit der Umsetzung in der Praxis hapert es aber gewaltig. Liest man die einzelnen wissenschaftlichen und praktischen Ziele und Maßnahmenvorschläge, so müsste die Natur nicht verstummen, würden auch künftig faszinierende Tiere und Pflanzen unsere Fluren bevölkern. Leider sind wir davon noch weit entfernt. Dasselbe gilt für die Biodiversitätsstrategien der Bundesländer. Am Bewusstsein mangelt es auch dort nicht. »Wenn in 230 Jahren mehr als 140 Pflanzenarten aussterben, ist es höchste Zeit, die biologische Vielfalt in Hessen zu erhalten«, heißt es etwa in der dortigen Biodiversitätsstrategie. Bayern gliedert die Biodiversitätsstrategie des Landes in die vier zentralen Ziele: Sicherung der Arten- und Sortenvielfalt, Erhaltung der Vielfalt der Lebensräume, Verbesserung der ökologischen Durchlässigkeit von Wanderbarrieren wie Straßen, Schienen und Wege und Vermittlung und Vertiefung von Umweltwissen. Baden-Württemberg überschreibt die »Naturschutzstrategie Baden-Württemberg 2020« mit dem Motto »Natur – das grüne Kapital unseres Landes«, plädiert »für ein neues Miteinander von Mensch und Natur« und widmet sich dem Spannungsfeld Naturlandschaft/Kulturlandschaft mit dem Lösungsansatz »Natur und Kultur Hand in Hand«. Das Gesamtziel Naturschutz 2020 lautet: Optimieren, investieren, ausbilden und forschen.

Sachsen umschreibt sein Programm zur biologischen Vielfalt mit sechs Grundprinzipien. Diese umfassen »Einheit zum Schutz und nachhaltiger Nutzung«, »Kooperation vor Restriktion«, »Integration vor Segregation«, »Bewahrung für Restauration«, »Vermeidung vor Kompensation« sowie »Vorbildwirkung des Staates und die Vorrangigkeit der Umsetzung funktional vernetzender Maßnahmen«. Nordrhein-Westfalen hat ähnliche Ziele in der Biodiversitätsstrategie. Die Ansätze sind vergleichbar; eine wesentliche Rolle spielen neben der nachhaltigen Entwicklung auch Schutzgebiete.

Anspruch und Wirklichkeit klaffen weit auseinander

Die Bedrohungslage ist erkannt, die Gefährdung des Patienten Natur richtig diagnostiziert. Auch die richtige Behandlung samt Medikamenten ist hinlänglich beschrieben. Doch vielerorts werden diese Medikamente nicht verabreicht, die Behandlung erfolgt nur halbherzig oder gar nicht. Allzu oft stellt der Staat Nutzungsinteressen über die Chancen, das Artensterben zu stoppen. Nur zwei von vielen Beispielen sind die gescheiterten Nationalparks im Steigerwald und im Spessart. »Hier wurde in den fachlich geeigneten Gebieten ohne zwingende Gründe eine Chance für die Natur und die Menschen vertan. Dabei bleibt leider völlig außen vor, dass die Einrichtung noch jedes Nationalparks in Deutschland auch aus sozio-ökonomischer Sicht ein voller Erfolg gewesen ist«, klagt etwa Dr. Andreas von Lindeiner vom Bayerischen Landesbund für Vogelschutz (LBV).

Gute Zahlen bedeuten noch lange keine gute Bilanz

Betrachtet man die stetig zunehmende Zahl der Schutzgebiete, so müssten die Aussichten für die vielen Hundert bedrohten Pflanzen- und Tierarten besser sein. So gibt es nach Angaben der Europäischen Umweltagentur (European Environment Agency) in Europa mittlerweile 96 446 Schutzgebiete. Alle zusammen haben eine Gesamtfläche von 1 146 827 Quadratkilometern. Allerdings beträgt die durchschnittliche Fläche pro Schutzgebiet umgerechnet nur rund 11,9 Quadratkilometer. So erfreulich die Ausweisung von Schutzgebieten ist, dürfen die Zahlen doch nicht darüber hinwegtäuschen, dass etwa ein Nationalpark, dessen Flächen oder Flächenanteile zuvor schon als Naturpark erklärt waren, nur einen anderen Rechtstatus erhält, sodass letztlich keine »neue« Natur geschaffen wird. Auch hier gilt: Die Ziele für die Umsetzung der Biodiversitätsstrategien sind klar, die Ausweisung von Schutzgebieten eine von vielen Handlungsoptionen, doch es mangelt an Umsetzung, Durchsetzung und späterer Kontrolle.

Ein Ansatz, einzelne Tier- oder Pflanzenarten oder ganze Lebensgemeinschaften zu schützen, ist seit Jahrzehnten die Ausweisung von Schutzgebieten. Die erforderlichen rechtlichen Verfahren sind genau vorgeschrieben, langwierig, für beteiligte Verwaltungen, Verbände und andere zu beteiligenden Personen und Interessengruppen kräftezehrend und für die Natur selbst oft genug ein fauler Kompromiss. Es ist zwar verständlich, dass nach großem Aufwand der Planung und rechtlichen Durchsetzung neue Schutzgebiete von Verbänden wie Verwaltungen gefeiert werden; sind doch gerade die Erfolge im Naturschutz selten. Dennoch dürfen sie nicht darüber hinwegtäuschen, dass mit jedem »neuen« Schutzgebiet nicht weitere, neue Natur geschaffen wird, sondern lediglich eine Umdeklaration stattfindet und meist bislang einigermaßen intakt gebliebene Natur zu deren langfristigem Schutz lediglich ein neues Label erhält. Dennoch sind Schutzgebiete als letzte Rückzugsorte wichtig; nur geht die Ausweisung viel zu langsam vonstatten, und die letzten Paradiese sind vielfachen Einflüssen »von außen« ausgesetzt. Ob der Eintrag von Luftschadstoffen, Chemikalien aus der intensiv bewirtschafteten Agrarflur, Straßen und Wege, die wertvolle Lebensräume wie Todeszonen abriegeln, sodass nicht flugfähige Tiere gar nicht dort hingelangen können (Biotopisolierung) oder fehlende Kontrolle oder Betreuung: all diese Faktoren sorgen dafür, dass Schutzgebiete nur ökologische Notreparaturen sein können.

Was bedeuten die einzelnen Formen von Schutzgebieten? Wie unterscheidet sich ein Naturschutzgebiet von einem Landschaftsschutzgebiet? Die Materie ist für Nichtjuristen oder Leute, die nicht in der Naturschutzszene engagiert sind, höchst verwirrend. Der nachstehende Überblick soll deshalb etwas Licht in das Dunkel der Schutzgebietsvielfalt bringen. Wir beschreiben die Reservate der Größe nach. Beginnend von den Großschutzgebieten bis zu kleineren – im Einzelfall nicht weniger bedeutsamen – Schutzzonen.

FFH-Gebiet

FFH-Gebiete werden von den Mitgliedsländern der Europäischen Union (in Deutschland sind die Bundesländer als ausführende Staats- und Verwaltungsebenen zuständig) definiert beziehungsweise festgelegt. Es handelt sich um Landschaftsräume, die bestimmte Lebensraumtypen beherbergen und als Habitate für bestimmte Tier- oder Pflanzenarten von »gemeinschaftlichem EU-Interesse« sind. Solche Lebensraumtypen können zum Beispiel großflächige Buchenwälder oder Moorkomplexe sein. Andere FFH-Gebiete sind solche Lebensräume, die besonders gefährdete Arten – als Leitart für andere in diesen Bereichen lebende Arten – beherbergen. So steht der Dunkle Wiesenknopf-Ameisenbläuling (eine Schmetterlingsart) für die Lebensgemeinschaft der durch Nutzungsaufgabe oder direkte Zerstörung bedrohten Feuchtwiesen. Die Bechsteinfledermaus (*Myotis bechsteinii*) steht für vielfältige Wälder mit alten und vor allem höhlenreichen Bäumen.

FFH-Gebiete können auch andere Schutzgebietstypen – wie sie nachstehend beschrieben werden – beinhalten.

Nationalparks

Besonders natürliche oder naturnahe, weiterzuentwickelnde Wildnisgebiete können als Nationalpark ausgewiesen werden. Schutzziel ist zumindest für die Kernzonen, dass sich die Natur ohne menschliche Eingriffe oder Störungen (außer, es handelt sich um gezielte Schutzmaßnahmen) entwickeln kann. Die Mindestgröße beträgt entsprechend der internationalen Standards 75 Prozent der Gesamtfläche. Es gibt verschiedene Nationalparktypen, die von der International Union for Conservation of Nature and Natural Resources (IUCN) definiert werden. Die Kategorie II etwa wird wie folgt umschrieben: »Schutzgebiete, die umfangreiche Naturräume mitsamt den vorkommenden Arten und Ökosystemen langfristig schützen sollen. Diese sollen auch – umweltverträglich und mit örtlicher Akzeptanz – für seelische Bedürfnisse, Wissenschaft, Forschung und Bildung, für Naherholung und Besichtigung zur Verfügung stehen.«[75] Die Ausweisung des ersten Nationalparks erfolgte 1864 in den Vereinigten Staaten. Initiator war der Naturschützer John Muir, der mit dem Yosemite-Nationalpark einen Standard in der Naturschutzgeschichte setzte. Weil das Yosemite-Gebiet erst 1906 dem heutigen US-Nationalparksystem eingegliedert worden ist, gilt der Yellowstone-Nationalpark (1872 ausgewiesen) als erster Nationalpark. Der erste Nationalpark in Deutschland war der Bayerische Wald, der 1970 »eingerichtet« wurde. In Deutschland gibt es heute (Stand 2018) 16 Nationalparks mit einer Gesamtfläche von 1047859 Hektar (833271 Hektar sind marine Bereiche der Nord- und Ostsee).

In Österreich wurden bislang sieben Nationalparks ausgewiesen; der erste war 1981 der Nationalpark Hohe Tauern. Die österreichischen Nationalparks nehmen Fläche von 2,8 Prozent des Staatsareals ein.

Trotz vieler Wildnisgebiete in den Alpen hat die Schweiz bislang nur einen Nationalpark mit einer Fläche von 170 Quadratkilometern ausgewiesen. »Der Schweizerische Nationalpark« wurde 1914 gegründet und liegt im Engadin.

Biosphärenreservate/Biosphärengebiete

Dieser Schutzgebietstyp wurde von der UNESCO[76] eingeführt. Das Ziel ist insbesondere, die Ökosystemfunktion sowie die biologische Vielfalt in Kulturlandschaften zu bewahren und positiv weiterzuentwickeln. Seitens der UNESCO wurde hierfür 1970 das Programm Man and Biosphere/Der Mensch und die Biosphäre (MAB-Programm) gestartet. Als Wissenschaftsprogramm ins Leben gerufen, ist das MAB-Programm seit dem Beschluss der Biodiversitätskonvention (CBD) 1992 in Rio de Janeiro im Wesentlichen ein Schutzgebietsprogramm, das Naturschutzziele, die Bewahrung von Kulturgütern und die Umsetzung von Umweltbildung beinhaltet. Die Ausweisung erfolgt in Deutschland durch die Bundesländer; die Anerkennung durch ein MAB-Gremium der UNESCO ist erforderlich. Biosphärenreservate – in manchen Bundesländern heißen sie Biosphärengebiete – bestehen aus Kernzonen mit dem Ziel eines langfristigen Naturschutzes, Pflegezonen mit naturnaher, schonender Landnutzung, die die Kernzonen abschirmen, und Entwicklungszonen, in denen anhand konkreter Modellprojekte eine nachhaltige Bewirtschaftung gefördert werden soll. In Deutschland wurden bislang siebzehn Biosphärenreservate mit einer Fläche von 1994276 Hektar ausgewiesen. 666 046 Hektar entfallen auf bedeutende Wasser- und Wattflächen im Bereich der Nord- und Ostsee. Somit haben die terrestrischen Biosphärenreservate einen Anteil an der Fläche Deutschlands von 3,7 Prozent. In Österreich gibt es sieben Biosphärenparks. Ihre Fläche beträgt rund 3 000 Quadratkilometer; dies entspricht einem Anteil an der österreichischen Gesamtfläche von 3,5 Prozent. In der Schweiz wurden zwei Biosphärenreservate ausgewiesen: die Biosphäre Entlebuch und die Biosphäre Schweizer Nationalpark.

Naturpark

Naturparks sind große, zusammenhängende Gebiete mit einem geringeren Schutzstatus als etwa Naturschutz- oder Landschaftsschutzgebiete oder Naturdenkmale. In Deutschland gibt es 102 Naturparks (in der Schweiz lautet der Plural Naturpärke) mit einem Anteil an der Gesamtfläche Deutschlands von immerhin 25 Prozent. Der Naturpark Lüneburger Heide ist das erste derartige deutsche Schutzgebiet und wurde als »Naturschutzpark« 1921 ausgewiesen. Kleinster Naturpark ist das Siebengebirge südöstlich von Bonn mit 48 Quadratkilometern. Größter Naturpark in Deutschland ist der 1999 ausgewiesene Naturpark Südschwarzwald mit einer Fläche von 3 940 Quadratkilometern. Nach Paragraf 27 des Bundesnaturschutzgesetzes (BNatSchG) ist der Schutzgebietstyp Naturpark wie folgt definiert:

(1) Naturparks sind einheitlich zu entwickelnde und zu pflegende Gebiete, die

1. großräumig sind,
2. überwiegend Landschaftsschutzgebiete oder Naturschutzgebiete sind,
3. sich wegen ihrer landschaftlichen Voraussetzungen zur Erholung besonders eignen und in denen ein nachhaltiger Tourismus angestrebt wird,
4. nach den Erfordernissen der Raumordnung für Erholung vorgesehen sind,

5. der Erhaltung, Entwicklung oder Wiederherstellung einer durch vielfältige Nutzung geprägten Landschaft und ihrer Arten- und Biotopvielfalt dienen und in denen zu diesem Zweck eine dauerhafte umweltgerechte Landnutzung angestrebt wird und
6. besonders dazu geeignet sind, eine nachhaltige Regionalentwicklung zu fördern.

(2) Naturparks sollen auch der Bildung für nachhaltige Entwicklung dienen.
(3) Naturparks sollen entsprechend ihren in Absatz 1 beschriebenen Zwecken unter Beachtung der Ziele des Naturschutzes und der Landschaftspflege geplant, gegliedert, erschlossen und weiterentwickelt werden.

In der Schweiz gibt es rund 19 Naturpärke mit einer Gesamtfläche von 525000 Hektar; in Österreich sind es 50 Naturparks mit einer Gesamtfläche von rund 500 000 Hektar, was einem Gesamtanteil der österreichischen Landesfläche von 2,8 Prozent entspricht.[77]

Naturschutzgebiet

Im Bundesnaturschutzgesetz werden Naturschutzgebiete wie folgt definiert:

(1) Naturschutzgebiete sind rechtsverbindlich festgesetzte Gebiete, in denen ein besonderer Schutz von Natur und Landschaft in ihrer Ganzheit oder in einzelnen Teilen erforderlich ist.

1. Zur Erhaltung, Entwicklung oder Wiederherstellung von Lebensstätten, Biotopen oder Lebensgemeinschaften bestimmter wild lebender Tier- und Pflanzenarten,
2. Aus wissenschaftlichen, naturgeschichtlichen oder landeskundlichen Gründen oder
3. Wegen ihrer Seltenheit, besonderen Eigenart oder hervorragenden Schönheit.

Damit sind Naturschutzgebiete quasi Nationalparks im Kleinen. Die Größe kann von wenigen Hektar bis zu mehreren Quadratkilometern schwanken. Die Ausweisung erfolgt durch Erlass einer Schutzgebietsverordnung; Verfahren und die Zuständigkeit richten sich nach dem Bundesnaturschutzgesetz und nach dem jeweiligen Landesnaturschutzgesetz. In Deutschland gibt es rund 8 710 Naturschutzgebiete mit einer Gesamtfläche von 1 389 964 Hektar. Dies entspricht etwa 4 Prozent der Fläche Deutschlands.[78]

Als erstes deutsches Naturschutzgebiet gilt das Neandertal bei Düsseldorf, das 1935 ausgewiesen wurde. In der Schweiz sind bislang rund 700 Naturschutzgebiete mit einer Fläche von rund 250 Quadratkilometern ausgewiesen worden; in Österreich umfasst die Naturschutzgebietsfläche 3 038 Quadratkilometer. Die 461 Naturschutzgebiete entsprechen zusammengenommen rund 3,6 Prozent des österreichischen Staatsgebietes.[79]

Naturdenkmal

Als Naturdenkmale können besondere Erscheinungsformen der Landschaft wie Felsbildungen, Erdfälle (Dolinen), Höhlen oder auch besondere Bäume ausgewiesen werden. Als Naturdenkmale können wegen ihrer Seltenheit, Eigenart oder Schönheit oder wegen des Wertes für die Wissenschaft, die Heimatkunde und das Naturverständnis (Definitionen nach dem Bundesnaturschutzgesetz und den Ländernaturschutzgesetzen) auch kleinere Seen, Moore oder andere gebietsbezogene Lebensräume ausgewiesen werden. Im Grunde genommen sind Naturdenkmale Naturschutzgebiete im Kleinformat. Die Ausweisung erfolgt durch die Naturschutzbehörden der Länder; in Österreich und der Schweiz ist es ähnlich.

Fazit: Es fehlt nicht an der Ausweisung von Schutzgebieten. Wegen der vielen negativen Einflüsse aus der intensiv bewirtschafteten Agrarflur und vieler »fauler« Kompromisse können sie ihre Aufgaben aber trotz sehr engagierter Betreuer nur eingeschränkt wahrnehmen.

Wer rettet die Retter? Das Gegenteil von gut ist gut gemeint.

Wolfgang Rolli bringt so schnell nichts aus der Ruhe. Der ehemalige, in verschiedenen Bereichen der Kommunikation und des Sponsorings tätige Manager beim Daimlerkonzern hat viel erlebt. Konzernumbauten, Events und Festivals, Welt- und Regionalmärkte mit ihren Menschen und all ihren Macken. Er kann sich auf Menschen wie Situationen einstellen. Doch dann, an einem Morgen im Juli 2017 traut er seinen Augen nicht. Zornesröte steigt ihm ins Gesicht. Beim Morgenspaziergang entdeckt der Naturliebhaber auf der Feuerbacher Heide riesige Steinhaufen. Lastwagen um Lastwagen wird weiteres Geröll angefahren und abgekippt. Von den Fahrern der Lkws ist nicht mehr herauszubekommen, als dass sie den Auftrag haben, das Gestein in einem Steinbruch abzuholen und genau auf jene Stelle nach Stuttgart zu bringen, wo die Feuerbacher Heide den Übergang zwischen dem Nobelwohngebiet Killesberg, dem bekannten Weißenhof-Tennisareal und dem Feuerbacher Wald oberhalb wichtiger Werke der Weltfirma Bosch bildet. Rolli ist ein Mensch, der handelt. »Es kann doch nicht sein, dass hier, wo sonst friedlich Schafe weiden, wo der Landschaftsschutz hochgehalten wird, Steinhaufen abgelagert und die Heidefläche somit zugeschüttet wird«, geht es ihm durch den Kopf. Also macht er sich schnell auf den Heimweg und befragt dabei den einen oder anderen Passanten und Nachbarn, ob sie denn etwas von den seltsamen Vorgängen wüssten. Heimgekommen, verzichtet Rolli auf sein Frühstück und greift sofort zum Telefon. Nicht nur an diesem denkwürdigen Tag, sondern auch an den Tagen danach. Nach gefühlt rund vier Dutzend Gesprächen mit verschiedenen Stellen der Stadtverwaltung, Naturschutzbehörden verschiedener Ebenen, Büros von Abgeordneten, der Deutschen Bahn und anderen Stellen kommt allmählich Licht ins Dunkel des seltsamen Geschehens. Auf der Feuerbacher Heide entsteht ein »Ausgleichsbiotop« für rund 360 Mauereidechsen, die wegen des Projektes Stuttgart 21 – Neubau eines Durchgangsbahnhofs, Schaffung einer zeitgemäßen Gleisverbindung nach Ulm und München und Umgestaltung nicht mehr benötigter Gleisareale – umgesiedelt werden »müssen«. Pragmatiker Rolli kann die Welt nicht mehr verstehen und schreibt an Abgeordnete, die Stadt, das Regierungspräsidium, das Umweltministerium. Und er informiert die Presse. Denn das sogenannte Eidechsenbiotop soll gerade in einer der schattigsten Gegenden der sonst sonnendurchfluteten Feuerbacher Heide angelegt werden. Lange Steinwälle auf einem Gelände, das durch Keuper geprägt ist. Ein Kunstlebensraum, der so eingezäunt wird, dass die kleinen Reptilien nicht entkommen können. Schließlich soll ja nachgewiesen werden, dass die »Umsiedlung« auch geklappt hat.

Rolli schüttelt noch heute den Kopf. Denn er weiß als naturbegeisterter Spaziergänger natürlich, dass in den Gärten und deren Stützmauern ringsherum überall bei warmem Wetter Mauereidechsen sonnenbaden und durch das Gelände huschen.

Das Stuttgarter Beispiel ist kein Einzelfall. Landauf, landab beklagen Bürgermeister, Planer und Bauherren – selbst solche von Naturschutzprojekten –, dass Eidechsen gefangen und umgesiedelt werden müssen. Ursache dafür sind die einst von amtlichen Naturschützern mit auf den Weg gebrachten Bestimmungen des Artenschutzrechts, dass für geschützte Arten ein Tötungsverbot beinhaltet. Grundlage sind die Art. 12 und 15 der FFH-Richtlinie 92/43/EWG[80] und die Paragrafen 39 und 44 des Bundesnaturschutzgesetzes[81] sowie diverse länderrechtliche Bestimmungen und Rechtsverordnungen.

Eigentlich ist es ja sinnvoll, wenn Artenschutzgesetze das Töten von wild lebenden Tieren verbieten. Eigentlich. Aber oftmals ist gut gemeint das Gegenteil von gut. Zum Beispiel dann, wenn die Praxis der Rechtsanwendung zeigt, dass die Vorschriften nicht lebenstauglich umgesetzt werden können. Und so kommt es, dass bei vielen Vorhaben langwierige Untersuchungen angestellt werden müssen, ob und welche geschützten Arten dort vorkommen und wie diese gerettet werden können. Seltsamerweise – warum, kann niemand so richtig erklären – konzentriert sich nahezu alles auf Eidechsen und mitunter auf Fledermäuse. Dies erklärt sich vielleicht aus dem Umstand, dass in den letzten Jahren viel gebaut wurde und hierbei auch Gewerbebrachen, Baulücken und ähnliche Grundstücke in Anspruch genommen wurden. Überall, wo der Mensch nicht eingreift, siedelt sich ja früher oder später Natur an – je nach Gegend auch Zaun- oder Mauereidechsen. Und wo Eidechsen leben könnten, schauen Naturschutzbehörden wie Naturschutzverbände genau hin. Auf intensiv genutzten Agrarflächen hätten sie ja eh keine Chance, den Artenschutz durchzusetzen …

Wo es nichts gibt – gibt es nichts zu schützen

Denn wo es nichts mehr gibt und immer mehr vertrieben wird, gibt es auch nichts zu schützen. Und so werden die artenschutzrechtlichen Paragrafentiger häufig zu zahnlosen Bettvorlegern. Um dennoch etwas zu erreichen, fordern die Behörden entsprechende Gutachten an (die in vielen anderen Bereichen ja durchaus Sinn machen), die von den Bauherren bezahlt und umgesetzt werden müssen. Da kann es dann passieren, dass Mitarbeiter von Landschaftsplanungsbüros im Auftrag von Naturschutzbehörden oder von Bauherren mit kleinen Stöckchen, an denen ein galgenartiger Faden hängt, tagelang vor Mauern sitzen, um die Tierchen zu fangen und in sogenannte speziell angelegte »Eidechsenbiotope« zu verbringen.

Das Problem dabei ist: Es gibt gar keine speziellen Eidechsenbiotope. Ob in der Natur- oder Kulturlandschaft: Es gibt nur Biotope[82] – also Lebensräume –, die unter Umständen auch dazu geeignet sind, dass dort Eidechsen leben. Beim Bahnhofsprojekt Stuttgart 21, wo mittlerweile die Umsiedlung einer einzelnen Eidechse auf zwei- bis viertausend Euro veranschlagt wird,[83] oder kleineren Vorhaben: Die verzweifelte Suche nach Ersatzlebensräumen zeigt das ganze Dilemma eines gut gemeinten, aber in vielen Fällen nicht realisierbaren Artenschutzes. Die Verantwortlichen in den Naturschutzbehörden werden zu Gefangenen ihres eigenen Paragrafendschungels. Um rechtliche Vorgaben zu erfüllen, müssen sie bei der Suche nach Ersatzstandorten mithelfen, weil sonst Eingriffe nicht genehmigt werden können. Dabei kommen bizarre Vorgaben und Maßnahmen zustande. Mauern, die umgesetzt werden sollen, werden zur sogenannten »Vergrämung« der Eidechsen auf Geheiß fragwürdiger »Experten« mit dunklen Folien abgedeckt. So soll sichergestellt werden, dass bei der Baumaßnahme – also dem Abtrag der Natursteine – auch ja kein Reptil zerquetscht wird. »Was mit anderen Tieren hinter der Folie innerhalb der Monate oder Jahre geschieht, scheint nicht zu interessieren«, beklagt ein leidgeprüfter Winzer. Schnecken, Asseln, Spinnen, Schnurfüßer, Ameisenlöwen (die Larven der Ameisenjungfer) und viele andere Klein- und Kleinsttiere, die in und an solchen Mauern leben, können dem dunklen Verlies nicht entweichen und vertrocknen, wie auch die Larven und Puppen von Käfern und Schmetterlingen. In einem anderen Fall wurde zur Vergrämung von Zauneidechsen ein größeres Gelände ebenfalls mit schwarzen Folien abgedeckt und eine Aufwölbung – quasi als Fluchttunnel – gestaltet. Wie aufmerksame Leute beobachteten, fanden dies schnell auch die Graureiher heraus, die nur warteten, bis ihnen die schuppigen Leckerbissen vor den spitzen Schnabel kamen. Ähnlich groteske Beispiele gibt es zuhauf; die Absurdität eines gut gemeinten, aber letztlich so nicht umsetzbaren Artenschutzes ist durch nichts mehr zu überbieten.

Das Traurige daran ist die Rolle, in die amtliche und oft auch private Naturschützer gedrängt werden. Sie sollen rechtliche Grundlagen zum Schutz der Tiere umsetzen und Ersatzlebensräume finden. Da Gelände nicht vermehrt werden kann, wird dies angesichts des Baubooms immer schwieriger, und durch die teilweise absurd klingenden Forderungen werden die Naturschutzadministratoren mehr und mehr zu Gesellschaftsaußenseitern und Buhmännern. Das verspielt Sympathie, mindert die Akzeptanz für Naturschutzmaßnahmen und schadet damit einem eigentlich dringlichen Anliegen, nämlich dem Schutz bedrohter Kreaturen. Dies erst recht, wenn man bedenkt, dass die fragwürdige Eidechsenansiedlung am Stuttgarter Killesberg nur eine von vielen derartigen im Umfeld verstreuten Maßnahmen ist und mittlerweile feststeht, dass gerade die anderswo vielleicht seltenen Mauereidechsen zu Tausenden – der Bestand wird mittlerweile auf 100 000 Exemplare geschätzt[84] – umherhuschen. Und dann gibt es noch eine andere Pikanterie. Ein Teil der vom Projekt Stuttgart 21 berührten Mauereidechsenpopulation stammt von einer südlich der Alpen verbreiteten Unterart von *Podarcis muralis*. Die sogenannte italienische Mauereidechse *Podarcis muralis nigriventris* kam ins Schwabenland, weil vor Jahrzehnten der zoologisch-botanische Garten »Wilhelma« lebende Futtertiere importierte. Es wird vermutet, dass beim Entladen im Bereich des längst aufgelösten Güterbahnhofs ein Behältnis zu Bruch ging und etliche Tiere entwichen. Die flinken Flitzer scherten sich nicht um Art, Unterart und geografisches Verbreitungsgebiet und mischten sich emsig mit den »heimischen« Populationen und vermehrten sich. Die wiederum stammen aber letztlich auch aus dem mediterranen Raum. Da sich die Hauptverbreitungsgebiete der Mauereidechsen in Deutschland mit den Weinbauregionen von Baden-Württemberg, Rheinland-Pfalz und Hessen decken, liegt die Vermutung nahe, dass die Reptilien einst entweder schon mit der Besiedlung durch die Römer oder etliche Jahrhunderte später bei der Wiederbelebung des Weinbaus von Klosterfrauen oder -herren oder Rittersleuten und ihrem Gefolge eingebürgert oder als blinde Passagiere mit dem Import von allerlei Pflanzen mitgebracht wurden.[85,86,87]

Das Fazit aus der Geschichte: Wir brauchen mehr gesunden Menschenverstand und eine Entfrachtung von Naturschutzregelungen, die sich als nicht praxistauglich erwiesen haben. Keine Frage: Eingriffe in Natur und Landschaft müssen zwingend ausgeglichen werden, gerade weil die Schöpfung unter Druck steht wie noch nie. Doch was hätte mit den vielen jetzt schon investierten Millionen für fragwürdige Eidechsenumsiedelungen, die nicht nur in Stuttgart, sondern überall verpulvert wurden, alles sinnvoll gemacht werden können! So wären Investitionen in artenreiche neue Lebensräume sinnvoller. Doch dafür bräuchte es gesetzliche Änderungen. So stehen juristische Zementierungen gegen den realen Jurassic Park der kleinen Reptilien.

Das Image des Naturschutzes wird verspielt

Auf Angebote von Besitzern großer, naturnaher Gärten, Eidechsen aufzunehmen, wurde von den Bahnbehörden nicht eingegangen, da die überprüften Standorte nicht »den Kriterien und Anforderungen entsprechen«. Ja, die juristischen Fallstricke … Doch das Image des Naturschutzes wird verspielt, die personell unterbesetzten Naturschutzbehörden und Naturschutzverbände werden ob der unlösbaren Auflagen mit Einzelfällen zugemüllt und von den eigentlichen Aufgaben abgelenkt. Die Lobbyisten der Agrarindustrie können sich die Hände reiben, weil »der Naturschutz« so gar nicht die Möglichkeit hat, konstruktiv andere Probleme anzugehen, um der Artenvielfalt in der offenen

Flur wieder unter die Arme zu greifen. Denn wo intensiv geackert wird, wo viel Chemie ausgebracht wird, findet man natürlich auch keine Eidechsen. Problem gelöst …

Was wir tun können, was sich ändern muss

Jeder Einzelne

- Akzeptanz für die wichtigen Anliegen des Arten- und Gebietsschutzes schaffen. Trotz manch irrsinniger Entgleisungen die Geduld nicht verlieren. Die Behörden sind in eine Rolle gedrängt worden, die es Naturschutzgegnern leicht macht, eigentlich berechtigte Anliegen wegen einiger weniger Fehlentwicklungen (für die die Naturschützer nichts können) an den Pranger zu stellen.
- Lebensräume für gefährdete Tiere und Pflanzen belassen
- Von Kommunal-, Landes- und Bundespolitikern die Schaffung großer zusammenhängender und miteinander vernetzter Lebensräume fordern

Politik und Zivilgesellschaft

- Den Naturschutz ernst nehmen und in alle Politikbereiche integrieren. Wir können es uns nicht mehr leisten, die in noch nie da gewesener Weise bedrohte Tier- und Pflanzenwelt als einen isolierten öffentlichen Belang zu betrachten, der gegen alle anderen öffentlichen Belange verteidigt werden muss.
- Unsinnige, weil praxisuntaugliche Artenschutzvorschriften entfrachten. Wo nötig, Gesetzesänderungen vornehmen.
- Wir brauchen mehr gesunden Menschenverstand, wenn es um die Bewahrung bedrohter Arten geht.

Wirtschaft

- Im Sinne der Nachhaltigkeitsziele müssen Belange des Schutzes von Tier- und Pflanzenarten generell in die Überlegungen von Firmen mit einbezogen werden. Maßnahmen zur Erhaltung von Lebensräumen dürfen nicht länger als lästige Auflagen betrachtet werden. Frühzeitiges integratives Vorgehen kann Natur und Mensch helfen, sodass ökologische Belange nicht ständig als Reparatur- oder lästige Aufgaben betrachtet werden. Dass es auch anders geht, zeigen Beispiele, die im Rahmen der Initiative Business and Biodiversity (www.business-and-biodiversity.de) propagiert werden.

- Verantwortungsvolle Unternehmer müssen sich in besonderer Weise verpflichtet fühlen, die natürlichen Lebensgrundlagen zu erhalten.
- Überall können Gewerbe- und Industrieareale umgestaltet und für Wildpflanzen und Wildtiere bewohnbar gemacht werden.

Fazit: Weder mit Natursteinen terrassierte Weinberge, noch Obstwiesen und Wacholderheiden oder andere Trockenrasen sowie Gebäude wurden speziell als Lebensräume für Tiere und Pflanzen angelegt. Wenn Tier- und Pflanzenarten im Bereich solcher Kulturlandschaftselemente bewahrt werden sollen, muss bei der Aufrechterhaltung mit der Nutzung begonnen werden. Dies bedarf der Motivation der Grundstücksbesitzer und -bewirtschafter. Artenschutzrechtliche Regelungen bringen nichts, wenn sie nicht praxistauglich sind und Akzeptanz finden.

Die Agrarwende ist überfällig

Der 12. Januar 2001 bot für Renate Künast gleich doppelten Anlass für einen Extraeintrag im Kalender. An diesem Freitag erhielt sie im Schloss Bellevue aus der Hand des damaligen Bundespräsidenten Johannes Rau ihre Ernennungsurkunde als Ministerin für Landwirtschaft und Verbraucherschutz. Und gleichzeitig kündigte im fernen Brüssel die EU-Kommission an, europaweit im Zuge der BSE-Krise zwei Millionen Rinder im Alter von über 30 Monaten verbrennen lassen zu wollen. Grund dafür war der Preisverfall für Rindfleisch: Die Menschen hatten Angst, sich mit dem Rinderwahnsinn zu infizieren. Was für eine Steilvorlage für die soeben ernannte neue Landwirtschaftsministerin! Hatte sie doch schon im Vorfeld angekündigt, dass sie eine umfassende »grüne« Agrarwende als Ziel ihrer Politik anstrebe.

Das von Brüssel angepeilte Marktentlastungsprogramm durch das Verbrennen von Tieren machte den Irrsinn und die Perversion der europäischen Agrarpolitik nur zu offensichtlich. Damals wurde – wieder einmal, muss man sagen – deutlich, dass die Grundausrichtung der europäischen Subventionspolitik im Agrarsektor, nämlich die Landwirte nach Zahl der Tiere und Größe der bewirtschafteten Fläche zu bezahlen, eben kein auf Dauer tragfähiges und schon gar kein nachhaltiges System ist. Vielmehr, so die Kritiker damals, müsse nach artgerechter Tierhaltung und den Kriterien des Landschafts-, Umwelt- und Verbraucherschutzes entlohnt werden.

So wurde mit Amtsantritt von Renate Künast die schon etwas angestaubte Forderung nach einer grünen Agrarwende neu belebt. In ihrer ersten Regierungserklärung gab Künast die neue Leitlinie ihrer Agrarpolitik aus: Maßstab der Agrarwende sei die Produktion von »Klasse statt Masse«. CDU-Chefin Angela Merkel sagte Künast trotz einzelner Bedenken ihre Unterstützung zu. Auch der damalige Bauernverbandspräsident Gerd Sonnleitner signalisierte Bereitschaft zum Dialog. Ganz offenbar wirkte die BSE-Krise als politischer Katalysator. »Die BSE-Krise hat uns alle aus dem Alltagstrott der Massenproduktion herauskatapultiert«, sagte Renate Künast damals der Presse. Die Krise habe das Land in einen »Schauder über sich selbst« gestürzt, aber auch ein historisches Fenster in die Zukunft der Landwirtschaft geöffnet. Der Erfolg der Agrarwende hänge nun davon ab, dass Verbraucher, Landwirte, Einzelhandel, Futtermittelhersteller, Lebensmittelindustrie und Politik an einem Strang zögen.

Renate Künasts Agrarwende sah vor, den Anteil des ökologischen Landbaus in zehn Jahren von damals rund 2,5 Prozent auf 20 Prozent zu erhöhen. Die Produktion von Ackerfutterpflanzen sollte bessergestellt und zudem eine Grünlandprämie eingeführt werden. Tiertransporte sollten reduziert, die vorbeugende Verfütterung von Antibiotika verboten werden. Und die Verbraucher sollten sich schon bald an zwei Qualitätssiegeln orientieren können. Bauernverbandspräsident Sonnleitner erklärte damals für viele überraschend, er sehe in den Vorschlägen Künasts über weite Strecken ein ernst gemeintes Angebot zum Dialog, das er annehme. Sollte etwa das Jahr 2001 in die Geschichte eingehen als Start in eine ökologische Landwirtschaft, im Einklang mit der Natur, mit dem Erhalt der Ökosysteme und der Vermehrung der Biodiversität?

Die Ernüchterung folgte quasi auf dem Fuße. Es gab heftigen Streit, wer denn für die Milliardenkosten der BSE-Krise aufkommen müsse. Gleichzeitig wollte Künast eine Umverteilung der Agrargelder zugunsten ihrer grünen Politik, aber die Bundesländer winkten ab.

Renate Künast selbst sagte damals, der Tanker EU-Agrarpolitik lasse sich nicht an einem Tag umsteuern. Eine Agrarwende brauche Zeit, und vor allem brauche sie Verbündete. Bisher hatten nur die Agrarministerinnen Dänemarks und Schwedens signalisiert, ebenfalls ein Umsteuern anzustreben. Künast wusste sehr wohl, wen sie als wichtigsten Partner für die Agrarwende gewinnen musste: Frankreich. Und es sah gar nicht so schlecht aus, denn ihr französischer Amtskollege Jean Glavany schien sich für das Thema erwärmen zu können, so jedenfalls wurden seinerzeit informelle Gespräche zwischen ihm und Künast am Rande des EU-Agrarministertreffens im schwedischen Östersund gedeutet. Glavany gab bei den Beratungen in der schwedischen Stadt zu Protokoll, es müsse einen neuen »Vertrag« zwischen Bauern und Gesellschaft geben, um qualitativ bessere Lebensmittel zu produzieren. Die Sorgen der Verbraucher müssten ernst genommen werden. In Kreisen der Minister hieß es dazu, Glavany werde niemals ein Wort wie

»Agrarwende« in den Mund nehmen. Doch könne mit dem französischen Minister über mehr Qualität und Sicherheit von Lebensmitteln geredet werden. »Ein Stück Veränderung hin zu einer umweltbewussteren Politik ist möglich«, hieß es. Doch wie die EU-Agrarwende genau aussehen und in welchem Zeitrahmen sie umgesetzt werden könnte, blieb trotz der deutsch-französischen Annäherung unklar. Auch mit Frankreich müssten noch »viele Details« geklärt werden, hieß es in Regierungskreisen. Zudem sprach der damalige EU-Agrarkommissar Franz Fischler nur von einer »Überprüfung« der EU-Agrarpolitik, die ab 2002 vorgenommen werden solle, während sich Glavany für eine »Reorientierung« aussprach und Künast erneut den Einstieg in eine neue Agrarpolitik forderte.

Die gute »Wendestimmung« hielt bis zum Juli 2001. Auf dem Bauerntag im westfälischen Münster übten Bauernpräsident Sonnleitner und die CDU-Vorsitzende Angela Merkel heftige Kritik an Künasts Plänen. Die Agrarwende werde den deutschen Bauern schaden, die Einkommen würden dramatisch sinken, zigfach ganze Existenzen gefährdet. Der Deutsche Bauernverband hatte zu seiner alten Klientelpolitik zurückgefunden.

Die Agrarwende in Deutschland dauerte, so gesehen, gerade mal sechs Monate. Und sie steckt immer noch fest, wie man am Anteil der Biobetriebe in Deutschland sehen kann. Zwar steigt die Zahl kontinuierlich an – aber extrem langsam. Derzeit bewirtschaften knapp 10 Prozent aller Agrarbetriebe eine landwirtschaftlich genutzte Fläche nach den Regeln des ökologischen Landbaus – weit entfernt vom damaligen Künast-Ziel, 20 Prozent bis 2011 zu erreichen. Das ist schon eine merkwürdige Situation: Immer mehr Menschen wollen sich »bio« ernähren, verstehen den Zusammenhang zwischen dem Einsatz von Agrarchemikalien und den Auswirkungen auf die natürlichen Ökosysteme, und dennoch kommt die Agrarwende nicht voran. Ein wichtiger Grund dafür sind die zu geringen Erlöse für die Biobauern. Nur zu oft können sie die Mehrkosten, die der Ökolandbau nun mal mit sich bringt, nicht decken. Viele Bauern schreckt zudem die Umstellungsphase ab. Erst nach zwei Jahren dürfen die Produkte als Bioware dann auch zu höheren Preisen vermarktet werden. Zwar sollen Fördergelder diesen Nachteil ausgleichen, doch die fallen je nach Bundesland höchst unterschiedlich aus. Problematisch ist auch die oft verdächtig günstige Importware aus Ländern, denen man überhaupt keinen fachgerechten Biolandbau zugetraut hätte.

Eine Agrarwende, wie sie Renate Künast vorschwebte, ist nur möglich, wenn die Belohnungssysteme geändert werden, also mehr Geld, auch aus staatlichen Kassen, für ein umweltgerechtes Arbeiten der Landwirte gezahlt wird. Gleichzeitig müssen Verfehlungen schneller erkannt und auch unter Strafe gestellt werden. So wie es beispielsweise die Düngeverordnung vorsieht, die seit dem 2. Juni 2017 gilt. Sie enthält viele Vorschriften, die dazu führen sollen, dass tatsächlich nur die Menge Dünger auf die Felder kommt, die die Pflanzen benötigen. Auch sind die Ausbringungsregeln deutlich verschärft worden. So ist die Düngung auf wassergesättigten Böden trotz Ende der Güllesperrfrist nicht erlaubt. Als überschwemmt oder wassergesättigt gelten auch Flächen, bei denen Schmelzwasser aufgrund des im Untergrund vorhandenen Frostes nicht versickern kann. Auf gefrorenem Boden dürfen Landwirte nur unter bestimmten Bedingungen düngen. Und schneebedeckte Flächen dürfen auch bei geringer Schneeauflage nicht mehr gedüngt werden. Bei Verstoß, wenn also Dünger zum Beispiel über abfließendes Schmelzwasser einen Bach kontaminiert, droht dem Landwirt eine Freiheitsstrafe bis zu fünf Jahren.

Was jetzt so gut klingt, hat zwei Haken. Der eine: Den Behörden ist es unmöglich, alle Landwirte flächendeckend zu kontrollieren. Der andere: Es hat sechsundzwanzig Jahre gedauert, bis diese verschärfte Verordnung in Kraft treten konnte. Immer wieder hatten die Funktionäre des Deutschen Bauernverbandes durch geschicktes politisches Taktieren einen Aufschub erreicht. So lange wie möglich sollten die Landwirte vor den Zusatzkosten und der Mehrarbeit verschont bleiben. Grundlage der Düngeverordnung ist die europäische Nitratrichtlinie aus dem Jahr 1991. Das klare Ziel: Die Qualität der Oberflächengewässer und damit auch letztlich die Qualität des Grundwassers sollten in Europa deutlich verbessert werden, indem der Nitrateintrag aus Düngerüberschuss verhindert und der Einsatz beispielhafter landwirtschaftlicher Verfahren gefördert wird. Alle EU-Länder müssen gemäß der Richtlinie Aktionsprogramme aufstellen, um Nitratverunreinigungen zu verhindern und zu verringern. Bis 1993 sollte die Richtlinie in nationales

Recht umgesetzt werden. Deutschland leistete sich drei Jahre Verzögerung: 1996 trat die erste Düngeverordnung in Kraft, die dann mehrmals bis zur aktuell geltenden Fassung novelliert wurde. Ergebnis: Die Nitratwerte in unseren Gewässern sind immer noch zu hoch. 2016 kam die Europäische Kommission zu der Auffassung, dass die Verunreinigung der Gewässer durch Nitrat auch im Rahmen der laufenden Überarbeitung des nationalen Aktionsprogramms nicht ausreichend angegangen wird, und beschloss, Deutschland vor dem Gerichtshof der EU (EuGH) zu verklagen. Die obersten europäischen Richter in Luxemburg fällten dann am 21. Juni 2018 ihr Urteil. Sie sahen es als erwiesen an, dass Deutschland gegen die EU-Nitratrichtlinie dauerhaft verstoßen hat. Jetzt ist die EU-Kommission wieder am Zug, sie muss einschätzen, ob die Verschärfung der Düngeverordnung, die seit Sommer 2017 gilt, die zwingend notwendigen Verbesserungen bringt. Andernfalls droht ein weiteres Verfahren, das dann allerdings strafbewehrt sein wird mit Geldbußen bis zu dreistelligen Millionenbeträgen. Die wären dann von uns allen, aus der Steuerkasse zu zahlen, nicht von den Landwirten. Es ist wirklich kaum zu glauben: Ohne das Vertragsverletzungsverfahren hätte die Verschärfung der Düngeverordnung womöglich noch ein paar Jahre länger gedauert.

Rinderwahnsinn und Nitratbelastung: Offenbar benötigt Politik derartige Krisen, um gegen den Widerstand der Lobbyisten tätig zu werden und Mehrheiten aufbauen zu können. In der Tat ist dieses Muster immer wieder zu erkennen. Im April 2018 kündigt die neue Bundeslandwirtschaftsministerin Julia Klöckner einen Verordnungsentwurf für eine Minimierungsstrategie des hoch umstrittenen Unkrautvernichters Glyphosat an. Demnach ist vorgesehen, die Anwendung des Wirkstoffs durch Privatpersonen in Hausgärten zu verbieten. Auch in Parks und Sportanlagen soll die Chemikalie nicht mehr versprüht werden. Untersagt werden soll die Nutzung von Glyphosat zudem in Naturschutzgebieten und in der Nähe von Gewässern. In der Landwirtschaft will Klöckner die Glyphosatnutzung massiv einschränken. Vor allem die Umweltverbände weisen seit vielen Jahren darauf hin, dass Glyphosat mit verantwortlich für das Artensterben ist. Auch die Bundesumweltministerin Svenja Schulze legt sich ins politische Zeug, will mit einem

»Aktionsprogramm Insektenschutz« das Artensterben mindestens stoppen. Weniger Chemie, mehr Hecken und Wildpflanzen, kleinere Felder, deutlich weniger Dünger und Chemie auf den Feldern: So sollen wieder Lebensräume für Bienen und andere Insekten entstehen. Und, das wird die Bauernfunktionäre nicht erfreuen: Großflächige Strukturen in der Landbewirtschaftung sollen aufgelöst und blühende Verbindungskorridore geschaffen werden.

Erst die jüngsten Daten über den massiven Verlust von Insekten und die publikumswirksamen Berichte über das Bienensterben haben der Politik offenbar die nötigen Spielräume verschafft, gegen die Interessen der Landwirtschaft nicht nur das Glyphosatverbot anzugehen, sondern auch ein Stück weit die Künast'sche Agrarwende wiederzubeleben. Diesmal zeigen sich die fünf Verbände des Zentralausschusses der Deutschen Landwirtschaft ziemlich zahm und ziehen mit, zumindest auf dem Papier. Am 11. Mai 2018 kündigten der Deutsche Bauernverband (DBV), die Deutsche Landwirtschafts-Gesellschaft (DLG), der Deutsche Raiffeisenverband (DRV), der Verband der Landwirtschaftskammern (VLK) und der Zentralverband Gartenbau (ZVG) eine Zukunftsstrategie für den Ackerbau an.

Gleichermaßen im Mittelpunkt stehen dabei die nachhaltige Ausrichtung der Betriebe, der Erhalt der Wirtschaftlichkeit, die Ressourcenschonung und die gesellschaftliche Akzeptanz. Letztere will man durch die Anlage von Gewässerrandstreifen, eine deutliche Ausweitung von Blühflächen und Bienenweiden sowie den Schutz von Ackerflächen vor Versiegelung erreichen. Ausdrücklich betonen die Verbände, man wolle Biodiversität und Artenvielfalt fördern.

Ein solches Programm ist aber immer nur so gut wie seine Umsetzung. Erheblichen Zweifel daran, ob das auf Dauer gelingen wird, haben die Mitglieder des Deutschen Naturschutzrechtstages. Das ist ein eingetragener Verein von sachkundigen Bürgerinnen und Bürgern mit Sitz in Rostock-Warnemünde. Der Verein hat das Ziel, den Schutz der Ökosysteme im Rechtssystem zu verankern und zu stärken. In der im April 2018 anlässlich der Mitgliederversammlung veröffentlichten Leipziger Erklärung wird festgestellt, dass das Bundeslandwirtschaftsgesetz aus dem Jahre 1955 völlig veraltet und in seiner ursprünglichen Ausrichtung als »Einkommensversprechen« überflüssig geworden sei.

Es habe keinen echten Inhalt, es bezeuge vielmehr die Unfähigkeit und den fehlenden Willen, nachhaltige Landwirtschaft und die dazugehörigen Betreiberpflichten gesetzlich zu verankern. Deshalb fordert der Deutsche Naturschutzrechtstag die Bundesregierung und den Bundesgesetzgeber insgesamt auf, »endlich aktiv zu werden und im Zusammenwirken mit der Wissenschaft, den Landwirten und den Verbänden ein modernes biodiversitätserhaltendes, klimaschonendes und gewässerschützendes Landwirtschaftsgesetz zu konzipieren, das zusammen mit entsprechenden Gesetzgebungsakten in Frankreich und anderen Mitgliedsstaaten der EU richtungsweisend auch für die künftige Agrarförderung in der EU wäre«.

Das ist ein wirklich tief greifender Plan. Keine agrarpolitische Kosmetik mehr, kein Reparieren an Symptomen, nicht mehr warten müssen auf die nächste Krise. Ein großer ordnungspolitischer Wurf. Könnte klappen. Fragt sich nur, wer die politische Mehrheit dafür zusammenbekommt.

Akteure gegen Zerstörung der Agrobiodiversität

Sie sind weder rückwärtsgewandte Fantasten noch Ökofundis und erst recht keine gesellschaftlichen Exoten (auch wenn Einzelne manchmal so wirken). Sie sind das, was man in der freien Wirtschaft solide Geschäftsleute nennt. Sie könnten genauso gut Banker sein, Geschäftsführer in einem Handelsunternehmen oder im produzierenden Gewerbe. Sie könnten auch Politiker sein, wenn es ihnen nicht gewaltig gegen den Strich gehen würde, die Fahne ständig nach dem gesellschaftlichen Wind zu drehen. Dennoch müssen sie auch politisch sein, müssen Empathie aufbringen für die Anliegen anderer, um mit dem eigenen Anliegen – der Bewahrung unseres Naturerbes – nicht auf der Strecke zu bleiben. Sonst hätten sie gemeinsam mit ihren Weggefährten nicht erreicht, was sie erreicht haben. Sie sind Präsidenten oder Geschäftsführer von Umweltorganisationen, Chefs von Nationalparks, Umweltbildungsstätten oder wissenschaftlich ausgerichteten Institutionen – allesamt Naturschutzprofis. Sie haben auf unterschiedlichste Weise und oft gegen erhebliche Widerstände mit ihren Mitgliedern, Institutionen und Unterstützern dazu beigetragen, Allerschlimmstes zu verhindern, um wertvolles Naturerbe zu sichern. Sie alle sehen ausnahmslos neben dem »Landschaftsverbrauch« durch Bebauung und der Landschaftszerschneidung durch Verkehrswege in der viel zu intensiven Landwirtschaft die Hauptursache für das Verstummen der Natur.

Exklusiv für dieses Buch haben wir zehn Persönlichkeiten um ihre Einschätzungen gebeten.

Prof. Klaus Werk, Leiter des Studienbereichs Landschaftsarchitektur an der Hochschule Geisenheim, University

> »Das generelle Versäumnis im Arten- und Biotopschutz ist das Einknicken der Politik vor der Agrarlobby/Fischereilobby.«

Dr. Lutz Spandau, Vorstand der Allianz Umweltstiftung

> »In Deutschland und Europa sind die Fördermaßnahmen für die Landwirtschaft so ausgerichtet, dass eine Erhaltung der Arten nicht belohnt wird.«

Dr. Hans Bibelriether, langjähriger Leiter des Nationalparks Bayerischer Wald und früher Präsident und Vizepräsident von EUROPARC Deutschland und Europa, Passau

> »Das Massensterben der Arten wird durch die Industrialisierung der Landwirtschaft, das Ausbringen von Pestiziden und die Beseitigung von Hecken, Bäumen und Feldgehölzen vorangetrieben; viele der wertvollen Kulturlandschaften werden zerstört.«
> »Die Bundesregierung muss die industrielle Landwirtschaft zurückentwickeln, die täglich über sechzig Hektar großen Zubetonierungen oder Überbauung von Böden beenden und, wie schon lange angekündigt, großflächige Naturschutzgebiete festlegen.«

Prof. Dr. Maximilian Gege, Vorsitzender und Gründungsmitglied des Bundesweiten Arbeitskreises für umweltbewusstes Management (B.A.U.M.), Hamburg

»Eine artenerhaltende Landwirtschaft lässt sich nicht durchsetzen, weil die aktuelle Politik die konventionelle Intensivlandwirtschaft belohnt. Bestraft werden hingegen Bauern, die nachhaltig produzieren und damit unsere natürlichen Lebensgrundlagen schützen. Außerdem ist das Erneuerbare-Energien-Gesetz (EEG) der wesentliche Grund für den zu geringen Zuwachs an Ökofläche in Deutschland. Durch die dort festgeschriebene Einspeisevergütung für Strom aus Biogasanlagen ist der Anbau von Mais für Biogasanlagen wirtschaftlich sehr viel lukrativer als die Umstellung auf Ökolandbau. Die Bekämpfung des Artensterbens muss eine wirkliche Querschnittsaufgabe und Maxime in allen politischen Ressorts werden, und es muss die Umstellung für eine naturnahe und ökologische nachhaltige Land-, Forst- und Fischereiwirtschaft erfolgen.«

Hilmar Freiherr von Münchhausen, Deutsche Wildtier Stiftung, Hamburg:

»Landwirtschaft ist immer ein Eingriff in eine Naturlandschaft. Gleichzeitig hat die Artenvielfalt mit der Urbarmachung von Agrarflächen über viele Jahrzehnte zugenommen, denn viele Arten haben von der Landwirtschaft profitiert. Erst mit den Modernisierungsprozessen seit den Siebzigerjahren hat das Artensterben wieder eingesetzt. Flurbereinigungen, hoher Einsatz von Dünge- und chemischen Pflanzenschutzmitteln, Aufgabe der Brachen, Umwandlung von Grün- und Ackerland usw. Ein Kompromiss zwischen Artenschutz und Landwirtschaft ist der ökologische Landbau, der noch stärker Aspekte des Artenschutzes berücksichtigen müsste (wie z. B. spätere Mähtermine auf dem Grünland), diese Form einer arterhaltenden Landwirtschaft ließe sich durchaus noch ausbauen – die Nachfrage nach ökologisch erzeugten Produkten ist da.

Die Ökologisierung der Landwirtschaft in Gänze ist jedoch ein mühseliger und langwieriger Prozess, denn die Indikation des Artenschutzes in die Landwirtschaft verursacht Kosten und reduziert Erträge. Daher ist der Widerstand der Agrarlobby hoch. Ein wichtiger Hebel ist die Reform der EU-Agrarpolitik. Subventionen sollten, zukünftig viel strenger an ökologische Kriterien geknüpft werden, und es ist mehr Geld zur Verfügung zu stellen, um Landwirte für Leistungen im Umwelt- und Naturschutz (die über gesetzliche Auflagen hinausgehen) zu honorieren. Wir brauchen eine Verschärfung der Düngegesetzgebung, Stopp von Maisanbau für Biogasanlagen, keine Grünlandmahd vor dem 30. Mai!«

Olaf Tschimpke, Präsident des Naturschutzbundes Deutschland (NABU), Berlin

»Bisher setzt die Politik nicht den richtigen Rahmen bezüglich Ordnungsrecht und Förderung. Deshalb sind Landwirte oft ökonomisch gezwungen, zu möglichst niedrigen Kosten möglichst viel zu produzieren. Dabei werden so viel Pestizide und Düngemittel eingesetzt sowie landschaftliche Strukturen vernichtet. In Deutschland erhalten Landwirte rund die Hälfte ihres Einkommens vom Staat. Die Politik ist aber durch starken Lobbydruck von Agrarverbänden und der Agrarindustrie bisher nicht in der Lage gewesen, die Förderung auf die Betriebe zu konzentrieren, die naturverträglich wirtschaften. Im Ergebnis profitieren vielfach auch die intensive Agrarindustrie, die Herstellung von Agrochemie und Düngern sowie die Flächeneigentümer von der staatlichen Förderung. Die Gesellschaft aber zahlt zusätzlich die Kosten der Umweltzerstörung. Neben dem fehlgeleiteten politischen Rahmen tragen aber auch Verbraucher eine Mitschuld an einer Biodiversität zerstörenden Landwirtschaft. Die Zahlungsbereitschaft für höherpreisige, aber naturschonendere Produkte ist zwar laut Umfragen vorhanden, spiegelt sich aber nicht real in den Absatzstatistiken wider.«

Dr. Christof Schenck, Geschäftsführer der Zoologischen Gesellschaft (ZGF), Frankfurt am Main

»Artenerhaltende Landwirtschaft lässt sich bislang nicht durchsetzen, weil wirtschaftliche Interessen entgegenstehen. Allgemeinkosten werden nicht in Rechnung gestellt. Das Verbraucherverhalten ist hier ja auf billige Massengüter eingerichtet, und gesetzliche Vorgaben sind nicht angemessen bzw. werden ungenügend kontrolliert. Darüber hinaus haben wir eine falsche, schädigende Subventionspolitik.«

Dr. Mario F. Broggi, Liechtenstein Institut, früherer Präsident der internationalen Alpenschutzkommission CIPRA, Liechtenstein[88]

»Die Kraftströme der Landwirtschaftslobby und der ihr angeschlossenen Forschung und Industrien sind weitaus wirkungsvoller als Naturschutzinteressen (siehe Glyphosat).«

Dr. Uwe Kozina, Biologe und Leiter des Umwelt-Bildungs-Zentrums Steiermark

»Die industrielle Landwirtschaft hat nichts mehr mit Grund und Boden sowie mit den Lebewesen (Nutztiere und -pflanzen) zu tun, sondern nur noch mit der Maximierung der Profite. Außerdem können deren Vertreter die Politik erfolgreich beeinflussen.«

Dr. Klaus Richarz, ehem. Leiter der Staatlichen Vogelschutzwarte für Hessen, Rheinland-Pfalz und Saarland (Frankfurt), Verfasser verschiedener Standardwerke zum Naturschutz

»Eine Landwirtschaft, die zum Erhalt der Artenvielfalt beiträgt, lässt sich nicht durchsetzen, weil die Politik versagt und das Verbraucherverhalten Verbesserungen verhindert.«

DAS GROSSE VERSAGEN DER POLITIK

»Wir haben vierzig Millionen Gründe für das Versagen, aber nicht eine einzige Entschuldigung.«

Rudyard Kipling (1865–1936)

Der Worte gibt es viele …

Seit vielen Jahrzehnten schallen Warnungen vor allerhand Umweltgefahren durch den globalen Äther. Das »Waldsterben« ist sogar als Fachbegriff internationalisiert worden und nun auch Bestandteil der englischen Sprache. Das, was seinerzeit damit gemeint war, nämlich das befürchtete Absterben unserer Wälder durch Schadstoffeinträge aus der Luft, vornehmlich Schwefeldioxid, die dann zum sauren Regen wurden und somit den Wäldern ihre Lebensgrundlage entzogen, dieses Waldsterben ist Gott sei Dank nicht eingetreten. Einige Skeptiker behaupteten ohnehin, es sei nur eine Erfindung der Umweltverbände gewesen, um auf diese Weise Aufmerksamkeit und Spendengelder zu generieren. Oder, wenn schon nicht die »Ökos« dahinterstecken, dann mit Sicherheit die Medien. Wer sagt denn, dass das Phänomen *fake news* erst in der Ära Trump aufgekommen ist?

Nun, das schwefeldioxidbasierte Waldsterben ist deshalb nicht eingetreten, weil die Ursachen gerade noch rechtzeitig erkannt wurden und es politisch verordnete Gegenmaßnahmen gab. Als Soforthilfe wurden Wälder großflächig gekalkt, um die Säure im Boden zu neutralisieren. Mittel- und langfristig gab es deutlich strengere Vorschriften zu Rauchgasfilterung bei Kraftwerken und Industriebetrieben.

Ähnlich skeptische Ansichten begleiten die Diskussion um den Klimawandel eigentlich seit der Verabschiedung der UN-Konvention zum Klimaschutz 1992 in Rio de Janeiro. Bezeichnend dafür ist, dass die USA das Abkommen seinerzeit zwar unterschrieben, dann aber nie ratifiziert haben. Die Nähe des damaligen US-Präsidenten George H.W. Bush zur Öl- und Schwerindustrie war offenbar viel zu groß und das Risiko, Milliarden Unterstützungsdollar für den nächsten Wahlkampf zu verlieren, viel zu hoch.

Das Muster ist relativ klar zu erkennen: Diejenigen, die befürchten, durch politische Klimaschutzmaßnahmen wirtschaftlich oder auch wissenschaftlich abgehängt zu werden, befeuern das Lager der Skeptiker. Diejenigen, die vom menschengemachten Klimawandel überzeugt sind und/oder von ihm leben – wie etliche Forschungsinstitute rund um den Globus –, zweifeln nicht daran, dass wir heißen Zeiten entgegensteuern.

Die Warnungs- und Skeptikerliste der vergangenen Jahre ließe sich noch ein gutes Stück verlängern, was nicht unbedingt zielführend ist. Was aber Mitte Januar 2018 das Weltwirtschaftsforum veröffentlicht hat, lässt aufhorchen. Richtig gelesen, das Weltwirtschaftsforum! Nicht Greenpeace, das Intergovernmental Panel on Climate Change oder das World Watch Institute. Die fünf großen Umweltrisiken, die das Forum bereits im dreizehnten Jahr in Folge beobachtet, haben allesamt zugenommen. Und zwar so erheblich, dass sie die Erde an den Rand des Kollapses bringen. So steht es im Risikobericht des Weltwirtschaftsforums,[89] Ausgabe 2018.

Diese fünf vom Weltwirtschaftsforum kategorisierten Umweltrisiken sind:

1. Extreme Wetterereignisse wie Starkregen, Fluten oder Stürme. Sie erzeugen Verluste von Immobilien und Infrastruktur, führen zu ökologischen Schäden und fordern Todesopfer.
2. Versagen beim Umgang mit dem Klimawandel. Regierungen, aber auch Wirtschaftsunternehmen ist es nicht ausreichend gelungen, klimawandelbedingte Verluste abzufedern und beispielsweise in armen Ländern die Bevölkerung besser zu schützen. Zudem sind Anpassungsmaßnahmen auch für Teile der Wirtschaft, die vom Klimawandel beeinträchtigt sind, unzureichend.
3. Erheblicher Verlust der Biodiversität. Damit geht der Zusammenbruch von Ökosystemen (terrestrisch und maritim) einher. Das wiederum führt zu unumkehrbaren Konsequenzen für die Umwelt mit beispielsweise nahezu aufgebrauchten Ressourcen für die Menschheit und die globalen Industrien.
4. Erhebliche Auswirkungen natürlicher Desaster wie beispielsweise Erdbeben, Tsunamis, Vulkanausbrüche oder geomagnetische Stürme. Diese Katastrophen verursachen infrastrukturelle Verluste, führen zu Wertvernichtung im Immobiliensektor, bedingen Umweltschäden und Verwüstungen ganzer Regionen. Zudem fordern sie Todesopfer.
5. Menschengemachte Umweltschäden wie beispielsweise Ölunfälle oder radioaktive Kontamination schaffen Risiken für Menschen und bedingen erhebliche Schäden für wirtschaftliche Aktivitäten sowie Infrastruktur und Eigentum. Es ist nicht gelungen, die menschengemach-

ten Desaster inklusive der kriminellen Umweltverbrechen mit präventiven (politischen) Maßnahmen einzudämmen.

Das Gefährdungspotenzial dieser fünf Umweltrisiken ist laut Bericht stärker angestiegen als der Durchschnitt der übrigen vier Risikofelder (Wirtschaft, Geopolitik, Gesellschaft, Technologie), und zwar sowohl hinsichtlich der Wahrscheinlichkeit des Eintretens als auch bei den schon zu bemessenden Auswirkungen. Natürlich gibt es auch Überschneidungen zwischen den Risikofeldern. Zum Beispiel zwingt die Nachfrage nach billigem Fleisch zu noch mehr Massentierhaltung. Effekte des Klimawandels wie ungewöhnliche Hitzeperioden gefährden das Welternährungssystem. Monokulturen sind besonders anfällig. Und ja, eigentlich ernährt sich die Welt nicht gerade vielfältig: Mehr als 75 Prozent der Weltnahrungsversorgung stammt von gerade mal zwölf Pflanzen- und fünf Tierarten, so die Ernährungsagentur der Vereinten Nationen, FAO.[90] Diese Einseitigkeit und der zunehmende Stress durch steigende Temperaturen und heftige Hitzewellen bringen die bisherigen landwirtschaftlichen Systeme massiv unter Druck. Katastrophale Zusammenbrüche in den durch Monokulturen geprägten Gebieten sind programmiert. Erste Anzeichen dafür lassen sich weltweit bereits ausmachen. Wo vor einigen Jahren noch gute Ernten einzufahren waren, kümmern die Pflanzen jetzt vor sich hin und treiben die Bauern und ihre Familien in die Armut.

Bei den Kaffeepflanzern in Cali im Westen Kolumbiens ist das der Fall. Da bedingt durch den Klimawandel die Durchschnittstemperaturen kontinuierlich angestiegen sind, wird es den Kaffeepflanzen buchstäblich zu heiß. Zudem wechseln Regen- und Trockenzeiten nicht mehr im gewohnten Rhythmus. Die Bauern müssen immer höhere Regionen urbar machen, damit der Kaffee wieder gute Wachstumsbedingungen vorfindet. Was für die Kaffeepflanzen vorteilhaft ist, bringt die Bauern an den Rand ihrer Möglichkeiten. Natürlich ist es ungleich aufwendiger, an Steilhängen Kaffeeanbau zu betreiben; jedwedes Material muss in die hohen Lagen geschafft werden, ganz abgesehen davon, dass die Bauern selbst anstrengende Anstiege in Kauf nehmen müssen, um ihre Plantagen zu bewirtschaften. Ist der Kaffee dann erntereif, muss er mühsam per Esel ins Tal gebracht werden.

Die Folgen des Klimawandels treffen aber nicht nur die Farmer in Kolumbien – Forscher sind sich einig, dass auch die anderen großen Kaffeeproduzenten der Welt langfristig nicht verschont bleiben werden: Brasilien, Vietnam, Tansania und Äthiopien. Probleme, die auch wir zu spüren bekommen. Unter dem Strich haben sich also an vielen Orten der Erde die landwirtschaftlichen Rahmenbedingungen derart verändert, dass für viele Menschen ihre Existenz auf dem Spiel steht.

Ein Ausweg ist die Suche nach Kaffeesorten, die auch mit wärmeren Temperaturen zurechtkommen. Hier zeigt sich einmal mehr, wie wichtig es ist, eine breite Arten- bzw. Sortenvielfalt zu pflegen, damit aus der Vielfalt des genetischen Materials möglicherweise neue Kaffeesorten gezüchtet werden können, die dann besser an die sich wandelnden Umweltbedingungen angepasst sind.

Der Risikobericht des Weltwirtschaftsforums weist noch auf eine weitere, äußerst besorgniserregende Entwicklung hin: Die FAO hat eine Eins-zu-zwanzig-Wahrscheinlichkeit pro Dekade ermittelt, dass desaströse Umwelteinwirkungen wie Fluten, Stürme und Hitze zeitgleich zum Ausfall der Maisproduktion in den beiden größten Anbauländern – USA und China – führen könnten. Weil Mais nicht nur wichtiges Basisprodukt in der Lebensmittelherstellung ist, sondern auch ein Hauptbestandteil des Nutztierfutters, würde ein solches Ereignis zu erheblichen Hungersnöten und damit zur Verelendung ganzer Regionen führen.

Und der Bericht listet weitere Alarmsignale auf, auch aufgrund der Arbeit deutscher Forscher: In einer im Oktober 2017 veröffentlichten Studie[91] wurde festgestellt, dass in den vergangenen siebenundzwanzig Jahren die Biomasse der Insekten um bis zu 75 Prozent zurückgegangen ist. Hält dieser Trend an, sind erhebliche Auswirkungen auf Nahrungsketten und Ökosysteme zu erwarten.[92]

Haupttreiber beim Verlust der Biodiversität/Artenvielfalt ist der Mensch. Immer mehr natürliche Lebensräume müssen weichen, weil zum Beispiel Weideland benötigt wird, die Öl- und Gasindustrie neue Vorkommen erschließt, Bergbaubetriebe Erze abbauen, Platz für Industrie- und Gewerbegebiete gebraucht wird und immer mehr Autobahnen und Stromtrassen Lebensräume durchschneiden.

Von großer Bedeutung ist dabei der Verlust von Waldflächen. In den Wäldern der Erde leben rund 80 Prozent der terrestrischen Tiere, Pflanzen und Insekten. Im Jahr 2016 ging eine Waldbedeckungsfläche von etwas mehr als 29 Millionen Hektar verloren, das entspricht in etwa der Fläche Neuseelands.[93] Das heißt nicht, dass alle Bäume abgeholzt wurden. Die Satellitendaten erfassen in einer Auflösung von 30 mal 30 Metern das Grün der Baumkronen. Eine bedeutende Ursache für den Blattverlust können zum Beispiel Waldbrände sein, etwa verursacht durch Hitzewellen und Dürreperioden. Auch wenn sich einige Bäume nach einem Waldbrand durchaus erholen können, für die Artenvielfalt ist das allemal eine negative Entwicklung, ebenso für die Stabilisierung des Klimas. Wenig grüner Wald bedeutet auch weniger CO_2-Senken, denn gesunde Bäume entziehen der Atmosphäre ja das Kohlendioxid. Immerhin: In Brasilien ging die Rodungsrate auf rund 0,6 Millionen Hektar zurück – nach Rekordabholzungen von fast drei Millionen Hektar im Jahr 1995.[94] Dafür, so berichten Umweltschutzorganisationen, steigt die Degradierungsrate steil an, also der Verlust von intakten Böden. Ursache für den Waldverlust ist nach wie vor der Fleischhunger der Welt: Für immer mehr Rinder muss immer mehr Weideland – nicht zuletzt in Südamerika – geschaffen werden. Oder es werden Wälder in Ölpalmenmonokulturen umgewandelt wie in Südostasien. Die Welt der Orang-Utans und des Sumatra-Nashorns verschwindet für sogenannten Biodiesel, der mit Bio so viel zu tun hat wie ein Pinguin mit dem Regenwald.

Auch hier stellt sich wieder die Frage, wie viel Waldverlust das Gesamtökosystem der Erde verkraften kann, bis lebenswichtige Systemdienstleistungen wie Sauerstoffversorgung, Wasserspeicherung und eben das Bereitstellen von Lebensräumen für Millionen von Arten nicht mehr erbracht werden können. Dass das alles im Risikobericht des Weltwirtschaftsforums ausführlich behandelt wird, zeigt, als wie relevant Artensterben und Biodiversitätsverlust mittlerweile wahrgenommen werden. Mächtige Wirtschaftskapitäne blicken sorgenvoll in die Zukunft, wissen nicht, wie lange Grund- und Rohstoffe noch zu bezahlbaren Preisen zu haben sein werden, können nicht einschätzen, wie lange die natürlichen Ressourcen in den Ökosystemen noch stabil sein werden. Und sie wissen nicht, was es für die globale Wirtschaft bedeutet, wenn eines Tages gleichsam über Nacht eine komplett andere Wirtschaftsweise zwingend erforderlich wird. Gerade auch die faktenorientierten Manager, die knallhartes Kalkulieren gewohnt sind, haben erkannt: Biodiversität erhalten ist eine Überlebensstrategie für alle.

Aber die Wirtschaftsbosse haben sich selbst in eine veritable Zwickmühle manövriert. Denn sie sind mit ihren Unternehmen ein gewaltiger Teil des Problems. Viel zu lange wurde die Erde in erster Linie als wunderbares Rohstofflager verstanden. Metalle und Mineralien, Sand, Steine und Kies, Holz, Kautschuk, Kohle und Uran: Der Nachschub muss rollen, damit die Produktion nur ja nicht zum Erliegen kommt. Gleichzeitig galten und gelten Meere und die Atmosphäre als kostenlose Müllentsorgungsräume. Mittlerweile gibt es keinen Strand mehr, der nicht durch Mikroplastik belastet ist, und noch immer darf die Atmosphäre nahezu kostenlos mit allerhand Gasen wie CO_2 belastet werden.

Entsprechend machen sich Wirtschaft und Industrie nicht unbedingt in erster Linie um die Ökosysteme der Erde Sorgen. Viele Entscheider in den Konzernen, aber auch in mittelständischen Unternehmen sehen einfach die Basis für ihr Wirtschaften langsam, aber sicher zusammenbrechen. Das kann man ganz gut am sogenannten *earth overshoot day* festmachen. Dahinter verbirgt sich ein rechnerisches Datum, an dem die Menschheit die natürlichen Ressourcen für das laufende Jahr aufgebraucht und der Erde einen gewaltigen ökologischen Fußabdruck verpasst hat. Es geht um jene Leistungen der Natur und der natürlichen Ökosysteme, die uns das Überleben garantieren. Zum Beispiel dürften eigentlich pro Jahr nur so viele Fische den Ozeanen entnommen werden, dass die Reproduktion der Bestände im Gleichgewicht bleibt. Oder es dürften nur so viele Bäume gefällt werden, wie natürlicherweise oder durch gezielte Aufzucht wieder nachwachsen. Der Mensch ist eben aufgrund seiner technischen Möglichkeiten in der Lage, viel mehr und schneller zu fischen und viel mehr und schneller abzuholzen als je zuvor. Sinngemäß gilt diese Feststellung für alle Bereiche, in denen natürliche Ressourcen eine Rolle spielen. Im Jahr 2018 fällt der *earth overshoot day* auf den 2. August. Ein trauriger Rekord, der früheste Termin, seitdem die Berechnungen dazu in den 1970er-Jahren begannen. Die Menschheit hat also vom 1. Januar bis zum 2. August so viele natürliche Rohstoffe verbraucht, wie die Ökosysteme der Erde im ganzen Jahr wiederherstellen können.

Wir leben also auf Pump. Allerdings: Die »Rückzahlung« der Schulden ist möglich. Um im Jahr 2050 wieder in der Balance zu sein, müsste der *overshoot day* ab 2018 jedes Jahr um 4,5 Tage Richtung Jahresende verschoben werden. »Unser Planet ist endlich, aber unsere Möglichkeiten sind es nicht. Innerhalb des Ressourcenbudgets unseres Planeten zu leben ist nicht nur technologisch machbar, sondern auch finanziell von Vorteil. Es ist unsere einzige Chance für eine blühende Zukunft«, sagt Dr. Mathis Wackernagel, CEO von Global Footprint Network und Entwickler des Ökologischen Fußabdrucks. Global Footprint Network ist eine internationale Forschungsorganisation, die daran arbeitet, nachhaltige politische Entscheidungen in einer Welt mit begrenzten Ressourcen und Klimawandel voranzutreiben. Gemeinsam mit Partnerinstitutionen koordiniert sie die Forschung rund um den Ökologischen Fußabdruck, entwickelt methodologische Standards und bietet Entscheidungsträgern ein Portfolio von Indikatoren und Messinstrumenten an. All das soll helfen, Wege zu finden, wie die Wirtschaft innerhalb der ökologischen Kapazität der Erde blühen kann.

Halten wir an dieser Stelle fest: Eine private, internationale Forschungsinstitution rechnet uns jedes Jahr vor, wie wir unseren Ökokredit unverantwortlich strapazieren, und das Weltwirtschaftsforum sorgt sich um den Zustand des Planeten. Im Gegensatz zu den wichtigsten Regierungen der Erde, gemessen am jeweiligen ökologischen Fußabdruck der Länder: China, USA, Australien und die europäischen Staaten.

Zu den großen Mahnern gehört auch Papst Franziskus. In seiner 2015 erschienenen Umwelt-Enzyklika *Laudato si!* setzt er sich mit dem Zustand unseres Planeten und mit dem Zustand der Menschheit umfassend und kritisch auseinander und stellt fest: »Es wird unerlässlich, ein Rechtssystem zu schaffen, das unüberwindliche Grenzen enthält und den Schutz der Ökosysteme gewährleistet, bevor die neuen Formen der Macht, die sich vom techno-ökonomischen Paradigma herleiten, schließlich nicht nur die Politik zerstören, sondern sogar die Freiheit und die Gerechtigkeit.«[95]

Ein Rechtssystem schaffen, das den Schutz der Ökosysteme gewährleistet: Genau das ist im Jahr 1994 in der Bundesrepublik Deutschland im Prinzip geschehen. 45 Jahre nach dem Inkrafttreten des Grundgesetzes wurde am 27. Oktober mit dem neu geschaffenen Artikel 20a auch der Umweltschutz als Staatsziel in die Verfassung aufgenommen.

Dieser bedeutenden Änderung des Grundgesetzes waren jahrelange Debatten, politische und wissenschaftliche Diskussionen vorausgegangen. Erst dann wurde der Schutz der Lebensgrundlagen auf eine verfassungsrechtliche Basis gestellt. Doch der Nutzen des neuen Paragrafen hat sich nicht wie von vielen erhofft eingestellt.

Zu den Kritikern gehört auch Prof. Wolfgang Haber, von dem schon in einem früheren Kapitel die Rede war.[96] Die Formulierung des Paragrafen 20a ließe offen, so Haber, ob auch ein Weizenfeld als eine wesentliche Basis menschlicher Ernährung zählt – sein Ertrag beruhe ja letztlich auf dem natürlichen Prozess der Photosynthese. Tiere würden aber in einem Weizenfeld, und auch in anderen natürlichen Lebensumfeldern, nicht geduldet. Ihre Erwähnung in der Verfassung sei lediglich eine Konzession an die ethische, auch gefühlsbetonte Macht des Tierschutzes. Trotz aller Versprechungen, Ankündigungen und Beschwörungen in der Politik auf allen Ebenen habe Natur- und Umweltschutz niemals Priorität erhalten, sondern mussten stets hinter Finanz-, Wirtschafts-, Friedens- und Sozialpolitik weit zurückstehen, so Haber in einem Beitrag für das Jahrbuch Ökologie 2018. Und genau hier liegt der Kern des politischen Versagens. Natur- und Umweltschutz bzw. der Erhalt der Lebensgrundlagen genießen zwar Verfassungsrang, werden aber in den Ausführungsgesetzen schon wieder relativiert. Das Bundesnaturschutzgesetz in der Fassung von 2009 benennt in Paragraf 1 die Ziele des Naturschutzes und der Landespflege. Alle nur denkbaren Stichworte tauchen erwartungsgemäß auf: Erhalt der biologischen Vielfalt, Erhalt der Leistungs- und Funktionsfähigkeit des Naturhaushaltes, Schutz und Erhalt der Schönheit der Landschaften, dauerhafte Sicherung wild lebender Tiere und Pflanzen, Gefährdungen von Ökosystemen, Biotopen und Arten entgegenwirken, Erhalt und Schutz der Böden, damit sie ihre Funktion im Naturhaushalt erfüllen können, Bewahrung der Meeres- und Binnengewässer vor Beeinträchtigungen und Erhalt ihrer natürlichen Selbstreinigungsfähigkeit und Dynamik und dergleichen mehr. Das klingt zunächst einmal fantastisch: Nach den Buchstaben des Gesetzes sind unsere Lebensgrundlagen umfassend geschützt! Schnell folgt der Begeisterung aber juristische Ernüchterung, wenn man auch den nächsten Paragrafen noch liest. Der ist überschrieben mit »Verwirklichung der Ziele«, also eine Art Gebrauchsanleitung oder Ausführungsbestimmung. Wie mit den Anforderungen an den Naturschutz konkret umzugehen ist, beschreibt Absatz (3):

Die Ziele des Naturschutzes und der Landschaftspflege sind zu verwirklichen, soweit es im Einzelfall möglich, erforderlich und unter Abwägung aller sich aus § 1 Absatz 1 ergebenden Anforderungen untereinander und gegen die sonstigen Anforderungen der Allgemeinheit an Natur und Landschaft angemessen ist.

Naturschutz degradiert zur Abwägungssache. Die »sonstigen Anforderungen der Allgemeinheit an Natur und Landschaft«: Das ist ja nichts anderes als ein Freibrief für intensive Landwirtschaft, Flächenverbrauch für Gewerbegebiete, Autobahnen, die wertvolle Lebensräume, zum Beispiel für den Luchs, durchschneiden, unkoordiniertes Aufstellen von Windkraftanlagen etc. Natürlich folgen im Gesetz noch jede Menge Hinweise, wie man gut und richtig mit der Natur umgeht: Von standortangepasster Bewirtschaftung ist die Rede, von Biotopvernetzung und davon, dass Pflanzenschutz- und Düngemittel nur nach dem geltenden landwirtschaftlichen Fachrecht anzuwenden sind. Es gibt ja auch über das Bundesnaturschutzgesetz hinaus unzählige weitere Verordnungen, Richtlinien und Vorschriften, die entstanden sind in dem Bemühen, Naturschutz umzusetzen. Das Kerndilemma aber bleibt: Naturschutz ist nicht die Nummer eins, nicht die Messlatte, die Benchmark, nach der sich andere Sektoren zu richten haben. Naturschutz, verstanden als Basis für unser aller Lebensgrundlage, ist und bleibt eine schnöde Abwägungssache.

Dieses alte Denken muss überwunden werden. Dringend nötig ist eine neue gesamtgesellschaftliche Debatte zum Verhältnis von Natur und menschlicher Entwicklung. Mit der Perspektive auf bald 10 Milliarden Menschen auf der Erde sind wir einfach zu viele, um weiterhin ungebremst natürliche Ressourcen zu verbrauchen. »Wirtschaften« muss vollständig neu gedacht und umgesetzt werden. Zumindest muss ein Mehrfaches aus den existierenden Ressourcen herausgeholt werden. Dass das geht, hat vor vielen Jahren Ernst Ulrich von Weizsäcker mehrfach beschrieben. In einem Bericht an den *Club of Rome* zeigte er auf, dass »Faktor fünf« möglich ist, also die fünffache Ressourcenproduktivität in den vier Kernsektoren Bauwesen, Industrie, Verkehr und Landwirtschaft. Die flächendeckende Umsetzung scheiterte bisher aber daran, dass bestimmte Rohstoffe und fossile Kraftstoffe viel zu billig sind. Es gibt demnach keine Preissignale, um den Umstieg etwa auf ökostrombetankte Elektroautos nennenswert in Gang zu bringen. Hier hält sich »die Politik«, egal welcher Farbe, seit Jahren, wenn nicht seit Jahrzehnten, vornehm zurück. Die angedachte ökologische Steuerreform ist nie konsequent umgesetzt worden, es gibt keine ermäßigte oder (noch besser) Befreiung von der Mehrwertsteuer für Ökoprodukte, z. B. auf die mit dem »Blauen Engel«.

Das Belohnungssystem unseres Wirtschaftens stammt aus den Jahren nach dem Zweiten Weltkrieg. Da galt es, ein Land wieder aufzubauen. Das ist mittlerweile geschehen, inklusive der Wiedervereinigung mit der früheren DDR. Es ist überfällig, den fiskalischen Sektor und den Finanzsektor neu zu ordnen und ein neues Belohnungssystem gesamtgesellschaftlich so zu verankern, dass ökologisch korrektes Verhalten ganz automatisch belohnt wird. Ressourcenverschwendung, die Verwendung fossiler Energieträger und die Zerstörung der Biodiversität müssen dagegen teurer werden.

Da ist die vielgescholtene Europäische Kommission zumindest in Teilen der Landwirtschaftsförderung auf einem guten Weg: Bestimmte Direktzahlungen an Betriebe werden seit der EU-Agrarreform 2015 nur noch gezahlt, wenn die Landwirte mit ihrem Wirtschaften einen Beitrag zum Nutzen der Allgemeinheit leisten, also z. B. etwas für die Artenvielfalt tun, indem sie eine artenreiche Wiese als Dauergrünland erhalten, mindestens fünf Prozent ihrer Ackerflächen als ökologische Vorrangflächen bereitstellen und auf diesen dem Klima- und Umweltschutz besonders förderliche Bewirtschaftungsmethoden anwenden. Ein diskussionswürdiger Ansatz, der einigen allerdings noch lange nicht weit genug geht. Viel radikalere Verfahren sind gefragt, die die Angebote der natürlichen Ressourcen so geschickt nutzen, dass eine Regeneration stets gewährleistet ist.

Der Chemiker und Verfahrenstechniker Prof. Michael Braungart ist Leiter des Hamburger Umweltinstituts EPEA. Er wirbt seit vielen Jahren für den von ihm mitbegründeten *cradle-to-cradle*-Ansatz (von der Wiege zur Wiege). Ganz nach dem Motto: Die Natur kennt keine Abfälle. Braungart predigt nicht Verzicht und Einschränkungen, wie die meisten Umweltverbände, sondern Verschwendung und Entfaltung. Die traditionelle Nachhaltigkeit verlange, so Braungart, dass man möglichst wenig konsumiert. Dann ließe sich der persönliche ökologische Fußabdruck reduzieren. Das sei zwar richtig, so Braungart, würde aber nur die Ressourcenverfügbarkeit etwas in Richtung Zukunft strecken und die Probleme nicht lösen, sondern nur zeitlich verschieben. Bei *cradle-to-cradle* ist das anders. Braungart stellt fest: »Je mehr man kauft, desto schneller schafft das Unternehmen den Wechsel in eine wirklich nachhaltige Konsumwelt. Weil die Hersteller lernen. Alle Produkte werden nach und nach so gestaltet, dass sie keine giftigen Stoffe beinhalten, dass alle Materialien, die verwendet werden, positiv definiert sind, jedes Pigment, jeder Farbstoff, jeder Hilfsstoff wird genauso gestaltet, dass man nachher die Materialien wieder zurück in Kreisläufe bekommt. Es gibt also keinen Abfall mehr. Alles ist Nährstoff für die Biosphäre oder Technosphäre.« Und Michael Braungart geht noch weiter. Sein Vorschlag, damit das besser funktionieren kann: Die Hersteller sollten nur noch Dienstleistungen verkaufen. Zum Beispiel fünf Jahre Benutzung einer Matratze. Am Ende dieser Zeit geht die Matratze zurück und die Materialien werden neu eingesetzt. Für die Hersteller bedeutet das den Anreiz, ihre Produkte möglichst gut und hochwertig zu bauen, denn sie müssen sie ja nach der Nutzungszeit wieder zurücknehmen. Was sie dann auch gerne tun, denn die Altprodukte sind kein Abfall mehr, sondern wertvolle Rohstofflager. Das alles ist keine Utopie. Michael Braungart hat es bereits vorgemacht mit Teppichböden, Bürostühlen und Kleidungsstücken. Sie lassen sich ganz normal nutzen. Am Ende ihrer Lebensdauer dienen sie erneut als Rohstoff. Bisher werden nur rund 14 Prozent aller Rohstoffe aus Abfall gewonnen. Würde das *cradle-to-cradle*-Prinzip politisch mit Nachdruck europaweit umgesetzt, ließen sich durch diese Art der Kreislaufwirtschaft laut Braungart rund 600 Milliarden Euro pro Jahr einsparen. »Wir haben die Müllindustrie perfekt gemacht«, kritisiert der Chemiker. »Wir sind weltweit führend, was Müllverbrennungsanlagen angeht, aber dann sind alle Materialien verloren für Kreisläufe. Das heißt, wir sind auf halbem Wege stecken geblieben. Anstatt die Müllindustrie zu unterstützen, sollten wir lieber die *cradle-to-cradle*-Produktion fördern. Damit endlich nach vierzig Jahren Weltuntergangsdiskussion in Deutschland echte Innovation entsteht.« Innovation, die ganz von alleine auch der Artenvielfalt zugute käme. Denn Produkte vollständig im Kreislauf führen heißt, sehr viel weniger Rohstoffe verbrauchen. Das bedeutet: Schonung der Ressourcen, Schonung von Umwelt und Natur, Schonung unserer Lebensgrundlagen.

Fazit: Am Wissen mangelt es nicht. Den politischen Worten müssen endlich Taten folgen, und das auf allen Ebenen.

AUSBLICK

»Europa ist nicht ein Gebilde,
das von sich leben könnte. Europa ist nur
möglich innerhalb der Welt und innerhalb
der Weltwirtschaft.«

Gustav Stresemann (1878–1929)

Perspektiven – Europa als Chance für unser Naturerbe?

Manchmal muss man sich in die Vergangenheit denken, um Entwicklungen heute zu verstehen. Der Zweite Weltkrieg hatte viele Regionen Europas in Schutt und Asche gelegt und aus einem großen Teil Deutschlands ein Trümmerfeld gemacht. Auch viele Industrieanlagen und ein Großteil der Infrastruktur waren zerstört. Viele Männer waren ums Leben gekommen oder in Kriegsgefangenschaft. Die Versorgung der Bevölkerung mit Nahrungsmitteln war ein Problem.

Es dauerte bis weit in die 1950er-Jahre, bis sich Europa einigermaßen vom Kriegsschock erholt hatte. Beseelt von dem Gedanken, dass ein solcher Krieg nie wieder stattfinden dürfe, aber auch mit Blick auf die Konzentration von Wirtschaftsmacht in den USA und als Gegengewicht zur Sowjetunion wurde der Gedanke eines gemeinsamen, starken Europa neu belebt. Treibende Kraft war der Franzose Jean Monnet, ein Unternehmer, der nie politische Ämter bekleidet hat. Er gilt als Wegbereiter der europäischen Einigung. Dass für die Menschen nur ein zusammenwachsendes Europa auf Dauer eine Garantie für Frieden und Wohlstand sein würde, daran glaubten auch der belgische Außenminister Paul-Henri Spaak sowie sein niederländischer Amtskollege Johan Willem Beyen. Der Zusammenschluss Europas schien allen auf dem Wirtschaftssektor zunächst am aussichtsreichsten, zumal es ja schon seit 1951 die sogenannte Montanunion gab, die Europäische Gemeinschaft für Kohle und Stahl (EGKS).

Die EGKS war die erste supranationale Organisation in Europa überhaupt, gegründet von Belgien, der Bundesrepublik Deutschland, Frankreich, Italien, Luxemburg und den Niederlanden. Zweck der EGKS war, den Mitgliedsstaaten ohne Zollauflagen Zugang zu Kohle und Stahl zu verschaffen – ein Binnenmarkt auf dem Sektor der Montanindustrie. Es waren die Außenminister der EGKS-Staaten, die 1955 auf der Konferenz von Messina die Ausweitung der Montanunion hin zu einem umfassenden gemeinsamen Markt beschlossen. Angestrebt und später fest verabredet wurden gleiche soziale Standards, gemeinsames wirtschaftspolitisches Handeln, der Aufbau gemeinsamer europäischer Institutionen und Behörden sowie eine Zusammenarbeit auf dem Nuklearsektor. So wurden die Mitgliedsstaaten der EGKS auch zu den Gründungsstaaten der Europäischen Wirtschaftsgemeinschaft, der EWG. Der Gründungsvertrag der EWG und zur Europäischen Atomgemeinschaft wurden am 25. März 1957 in Rom unterzeichnet und traten am 1. Januar 1958 in Kraft.

Im EWG-Vertrag ist auch die gemeinsame europäische Agrarpolitik im Kern verankert. Doch es dauerte noch bis 1962, bis erstmals Marktregeln für Getreide ausgearbeitet waren. In den Folgejahren kamen nach und nach für die anderen Produktbereiche insgesamt 22 Marktorganisationen hinzu. Das Ziel war klar: Einkommenssicherung der Landwirte durch Garantie eines bestimmten Erzeugerpreisniveaus und stabile Versorgung der Bevölkerung mit qualitativ hochwertigen und preiswerten Lebensmitteln.

Über die Jahre bekam der sich globalisierende Welthandel immer mehr Gewicht. Auf Druck des Allgemeinen Zoll- und Handelsabkommens (GATT) wurde die europäische Agrarpolitik von der Preis- und Marktstützung mit der sogenannten McSharry-Reform[97] 1992 auf direkte Einkommenszahlungen umgestellt. Erstmals wurden in der gemeinsamen Agrarpolitik auch Umweltbelange berücksichtigt. Mit der Agenda 2000 wurde die sogenannte zweite Säule eingeführt, also Finanzmittel zur »Förderung und Entwicklung des ländlichen Raums«. Neu war auch eine freiwillige Staffelung der Zahlungen an Landwirte nach Umweltgesichtspunkten.

Mit der Agrarreform 2003 wurden die Direktzahlungen von der Produktion entkoppelt. Allerdings galten nun im Rahmen der sogenannten Cross Compliance strengere Vorschriften des Umwelt-, Tier- und Pflanzenschutzes, bei der Tiergesundheit und beim Boden- und Gewässerschutz. Der Health Check 2008 galt der Überprüfung der Agrarreform von 2003 und legte mehr Gewicht auf die finanzielle Ausstattung der zweiten Säule, um den steigenden Herausforderungen etwa beim Klimawandel, den erneuerbaren Energien, dem Erhalt der Biodiversität und dem Umgang mit Wasser gerecht zu werden. Die vorerst letzte Agrarreform von 2014 lieferte Anpassungen an die Herausforderungen der Globalisierung und die demografischen Veränderungen vor allem in den strukturschwachen ländlichen Regionen. Mit dem ebenfalls 2014 eingeführten »Greening« wurde ein Teil der Direktzahlungen an die Umsetzung konkreter Umweltleistungen im Interesse der Allgemeinheit geknüpft. Dazu gehören der Erhalt von Dauergrünlandflächen, eine größere Vielfalt der angebauten Feldfrüchte sowie das Ausweisen ökologischer Vorrangflächen auf mindestens fünf Prozent des Ackerlands.

Zwischenzeitlich wurde aus der anfänglichen EWG mit dem Vertrag von Maastricht 1992 die Europäische Union. Durch den Beitritt neuer Staaten wurden immer wieder Änderungen im Vertragswerk erforderlich. Heute besteht die EU aus achtundzwanzig zum Teil sehr unterschiedlichen Mitgliedsstaaten und ist erstmals mit der Situation konfrontiert, demnächst ein Mitglied – Großbritannien – zu verlieren. Das erzeugt erhebliche Verwerfungen im EU-Haushalt und führt zu teils scharfer Kritik, denn EU-Finanzkommissar Günther Oettinger will trotz fehlender Einnahmen durch den Brexit die Ausgaben erhöhen. In der Folge müssten einige Mitgliedsstaaten mehr Geld nach Brüssel überweisen. Gleichzeitig sollen für die Haushaltsperiode von 2021 bis 2027 der Agraretat um fünf Prozent und die Strukturförderung um sieben Prozent gekürzt werden. Über diese Zahlen wird (Stand Mai 2018) heftig gestritten. Umweltverbände und einige EU-Parlamentarier schätzen die Kürzungen deutlich höher ein, um die 15 Prozent und mehr.

Wir sehen: Die EU und die EU-Agrarpolitik haben sich über all die Jahre stets den neuen gesellschaftlichen und fachlichen Anforderungen angepasst. Und doch müssen wir trotz der deutlichen Ausrichtung auf eine umweltverträglichere Landwirtschaft, die auch mit finanziellen Anreizen einhergeht, das Artensterben und den Verlust an Biodiversität beklagen. Auf den ersten Blick ein Widerspruch. Bei genauer Betrachtung ergibt sich aber ein anderes Bild. Denn vielleicht liegt die Ursache in einem bisher wenig beachteten Faktum: Trotz aller Anpassungen, Programme und Veränderungen ist ein wesentliches Detail nie reformiert worden und steht auch aktuell nicht zur Erneuerung an: die Grundausrichtung der europäischen Agrarpolitik.

Eine neue EU-Agrarpolitik ist überfällig

Im Vertrag zur Gründung der europäischen Wirtschaftsgemeinschaft vom 25. März 1957 ist unter dem Titel III »Die Landwirtschaft« kurz und klar festgeschrieben, wie die Grundausrichtung der gemeinsamen europäischen Agrarpolitik (GAP) aussieht. Seit 1957 ist diese Basis aller agrarpolitischen Überlegungen nie verändert worden, trotz aller Reformen. In Artikel 39, Absatz (1), heißt es:

Ziel der gemeinsamen Agrarpolitik ist es,
a) die Produktivität der Landwirtschaft durch Förderung des technischen Fortschritts, Rationalisierung der landwirtschaftlichen Erzeugung und den bestmöglichen Einsatz der Produktionsfaktoren, insbesondere der Arbeitskräfte, zu steigern;
b) auf diese Weise der landwirtschaftlichen Bevölkerung, insbesondere durch Erhöhung des Pro-Kopf-Einkommens der in der Landwirtschaft tätigen Personen, eine angemessene Lebenshaltung zu gewährleisten;
c) die Märkte zu stabilisieren;
d) die Versorgung sicherzustellen;
e) für die Belieferung der Verbraucher zu angemessenen Preisen Sorge zu tragen.

Mehr als sechzig Jahre später können wir getrost feststellen: Die europäische Landwirtschaft war noch nie so produktiv wie heute. Mit möglichst wenig Arbeitskräften hohe Erträge erzielen, Böden durch agrarchemisches Tuning zigfache Ernten abringen, die Fleischproduktion mit Turbofutter ins massenhafte Billigsegment treiben und Verarbeitung und Vermarktung äußerst effektiv organisieren – so »tickt« der überwiegende Teil der europäischen Landwirtschaft, und dies in höchst effizienter Weise. Dabei ist, das muss man sagen, die Qualität der landwirtschaftlichen Produkte und der daraus hergestellten Lebensmittel durchweg gut (einigen Skandalen von BSE bis Dioxin zum Trotz), die Lebensmittelpreise sind im internationalen Vergleich moderat – vor allem in Deutschland –, der landwirtschaftliche Binnenmarkt funktioniert.

Was auf den ersten Blick als großer Erfolg der Uridee europäischer Agrarpolitik gesehen werden könnte, entpuppt sich jedoch zunehmend als Untergangsszenario. Denn der Agrarsektor kommt nicht aus der Kritik heraus. Bevorzugung der großen landwirtschaftlichen Betriebe bei den Direktzahlungen, zu viel Lobbyeinfluss der Agrarchemiekonzerne, zu wenig Leistungen zum Nutzen der Gesellschaft und der Natur. Die jüngste Debatte um den Einsatz bzw. das Verbot der Neonicotinoide kann als ein aktueller Beleg dafür angesehen werden.

Seinerzeit, 1957, stand klar die landwirtschaftliche Produktivität im Vordergrund – was im damaligen Kontext durchaus nachvollziehbar ist. Seitdem aber gibt es neue Erkenntnisse über ökosystemische Zusammenhänge und die negativen Auswirkungen einer künstlich zu Bestleistungen getriebenen Produktivität. Dringend muss also die Grundausrichtung der EU-Agrarpolitik auf eine neue Basis gestellt werden. Die Begriffe »Nachhaltigkeit« und »Biodiversität« gehören als Ergänzung zwingend in das Vertragswerk, mindestens gleichwertig, besser mit Vorrang gegenüber der Produktivität.

Dass es erheblichen Reformbedarf gibt hin zu einer deutlich veränderten Grundausrichtung der GAP, sieht mittlerweile auch die EU-Kommission. Allerdings formuliert das der EU-Kommissar für Landwirtschaft und ländliche Entwicklung, Phil Hogan, in der »Mitteilung zur Zukunft der Ernährung und Landwirtschaft« vom 29. November 2017 an das Europäische Parlament, den Europäischen Rat, den Wirtschafts- und Sozialausschuss und an den Ausschuss der Regionen sehr wesentlich dezenter. Es lohnt sich, ein paar Fakten und Details näher anzuschauen.

Zunächst ist festzustellen, dass die agrarpolitischen Fördermaßnahmen, die zum Steigerungszwang der Produktivität führten, die Existenz vieler Landwirte zerstört haben. Nehmen wir als ein Beispiel das Land Rheinland-Pfalz: Hier geht das Höfesterben unvermindert weiter, wie das statistische Landesamt im Mai 2018 berichtet. Im Jahr 1949 gab es zwischen Westerwald und Pfalz noch rund 211 000 Betriebe. Die Zahl ging bis 1971 auf etwa die Hälfte zurück. Bis 1991 halbierte sich die Zahl noch einmal auf rund 52 000, und bis Ende 2017 blieben 17 100 Betriebe übrig. Darunter sind immer weniger kleine Höfe mit einer Nutzfläche unter fünf Hektar, während die Zahl größerer Betriebe mit einer Nutzfläche von 200 Hektar und mehr seit 1949 deutlich gewachsen ist. Die landwirtschaftlich genutzte Fläche nahm in dieser Zeit um ein Fünftel von fast 888 000 Hektar (1949) auf rund 708 000 Hektar (2017) ab.

Hier und anderswo ist der Trend ungebrochen: Nur immer größere Flächen sichern den Bauern noch ihr Einkommen; dies entspricht der Logik der industriellen Landwirtschaft. Der Trend zu »immer größer, immer effektiver« ist durchaus ein globales Phänomen – und gefährdet die Existenz von Millionen Kleinbauern und deren Familien, vor allem in Entwicklungsländern. Dabei produzieren diese Farmer in der Regel mit lokal optimal angepasstem Saatgut, kennen die Bodenverhältnisse recht gut und geben traditionelles Wissen weiter. Außerdem halten sich bei ihrer Produktionsweise die ökologischen Schäden sehr in Grenzen. Darauf weist auch Ernst Ulrich von Weizsäcker hin.[98] In vielen Ländern sind die Kleinbauern noch nicht einmal Eigentümer ihrer Parzellen, jederzeit kann ihnen das Land weggenommen werden, wenn ihre nationalen Regierungen internationalen Investoren nachgeben. So »spendiert« beispielsweise China in Äthiopien Infrastruktur, baut Straßen und Brücken. Im Gegenzug erhalten die Chinesen Ackerland. Das brauchen sie auch, denn die eigenen Anbauflächen reichen nicht aus, um die Milliardenbevölkerung zu ernähren. Um effektiv zu sein, werden die Flächen nach agrarindustriellen Gesichtspunkten bewirtschaftet. Diese moderne Variante des *Land Grabbing* vernichtet die Existenz vieler Kleinbauern. »Die Landwirtschaft spielt in allen Dimensionen ökologischer Schäden eine Rolle«, so die Einschätzung von Weizsäckers. »Die Zerstörung der Artenvielfalt und das Verschwinden der Arten ist eng mit der fortlaufenden Beseitigung von Wäldern und der Entwässerung von Feuchtebieten verbunden, oft infolge der Erschließung neuen Ackerlandes; landwirtschaftlicher Düngerabfluss stört die Stickstoff- und Phosphorzyklen und verursacht tote Zonen in Wasserstraßen, toxische Pestizide und Herbizide töten absichtlich oder unbeabsichtigt Milliarden von Tieren und Pflanzen, und Landwirtschaft und Forstwirtschaft produzieren etwa 25 Prozent der Treibhausgasemissionen. Damit ist die Landwirtschaft einer der wichtigsten Sektoren, die sich ändern müssen, wenn wir aus der aktuellen Umwelt- und Klimakrise herauskommen wollen.«[99]

Lange Zeit hat das niemanden gekümmert. Wie es in Artikel 39 der Römischen Verträge steht: Produktivität ist die Leitlinie auf dem Acker und in den Ställen. Und bei der Berechnung der Gewinne. Denn nimmt man die sogenannten externen Kosten hinzu, die durch Umweltschäden entstehen und von der Allgemeinheit bezahlt werden, dann fährt die Landwirtschaft riesige Verluste ein. So kippen zum Beispiel die Gewinnmargen, gerechnet vor Zinsen und Steuern (EBIT), beim Weizen von plus 3 % auf minus 78 % und bei der Rinderzucht von plus 3 % auf minus 165 %. Berechnet wurde das von einer Arbeitsgruppe[100] des Umweltprogramms der Vereinten Nationen (UNEP) und vom Trucost-Team der Unternehmensberatungsgesellschaft Standard & Poor's.

Doch inzwischen gibt es offenbar Handlungsbereitschaft. Einer Erhebung von Hogans Generaldirektion »Landwirtschaft und ländliche Entwicklung« zufolge stimmten der Aussage »Die Agrarpolitik sollte im Bereich Umwelt und Klimawandel mehr Nutzen bringen« 92 % der Nichtlandwirte und 64 % der Landwirte zu. Darin lässt sich sicher ein Signal erkennen, dass ein »weiter so« nicht mehr lange durchzusetzen ist.

Genau zu diesem Ergebnis kommt auch Lutz Ribbe. Er ist der politische Direktor des Umweltverbandes EuroNatur und sitzt zudem seit vielen Jahren im Wirtschafts- und Sozialausschuss der EU: »Die Vielzahl von Problemen (…) wird gesellschaftlich immer stärker diskutiert – und immer weniger akzeptiert. Egal ob es der betriebliche Wandel ist – Aufgabe von Betrieben, zunehmende Intensivierung und Spezialisierung, Arbeitsplatzverluste –, die Folgen für den ländlichen Raum, für die Umweltmedien Boden, Wasser und Luft, für das Aussehen und die Ausstattung der Kulturlandschaften, die Wirkungen auf Natur und Biodiversität, die Fragen des Tierschutzes, der globalen Auswirkungen unserer Produktion: die Gesellschaft identifiziert sich mit den Folgen der derzeitigen GAP und ihrer Fortentwicklung nicht mehr! Doch die aktuelle GAP gibt auf diese negativ beurteilten Entwicklungen bisher keine ausreichende Antwort.«[101]

Die Direktzahlungen aus Brüssel an die Landwirte Europas sollen die schlimmsten finanziellen Verwerfungen zwar ausgleichen. Aber die Tatsache, dass 20 % der Landwirte 80 % der Zahlungen erhalten, zeigt ein anderes Bild. Weil die Zahlungen an Flächen gebunden sind, geht das meiste Geld an mittelgroße und große Betriebe. Die Kritik an dieser Verteilung nimmt immer mehr zu. Warum sollen Landwirte, die mit ihren Produkten allein offenbar nicht genügend Einkommen erzielen, vom europäischen Steuerzahler unterstützt werden? Und warum belasten diese Zahlungen den EU-Agrarhaushalt? Sind es nicht im Kern Sozialleistungen? Und welche Sozialleistung ist nicht nach oben gedeckelt? In seiner schon zitierten Mitteilung geht Phil Hogan auch auf diesen Punkt ein und kann sich vorstellen, die GAP hinsichtlich der Direktzahlungen neu auszurichten. Dazu gehören:

- Eine vorgeschriebene Kappung der Direktzahlungen unter Berücksichtigung der erforderlichen Arbeitsleistung, um negative Auswirkungen auf die Beschäftigung zu vermeiden;
- Die Einführung degressiver Zahlungen zur Senkung der Stützung für größere Betriebe;
- Die Ausweitung der Umverteilungsprämie, um die Stützung gezielter ausrichten zu können, z. B. auf kleine und mittlere landwirtschaftliche Betriebe;
- Die Gewährleistung, dass die Stützung nur an echte Landwirte gezahlt wird, d. h. an diejenigen, die aktive Landwirtschaft betreiben, um ihren Lebensunterhalt zu verdienen.

Aus Sicht des Bundes Ökologische Lebensmittelwirtschaft e.V. (BÖLW) sind das Überlegungen, an die sich anknüpfen lässt. BÖLW ist der Spitzenverband landwirtschaftlicher Erzeuger, Verarbeiter und Händler ökologischer Lebensmittel in Deutschland und möchte erreichen, dass die ökologischen, ökonomischen und sozialen Leistungen der ökologischen Lebensmittelwirtschaft in Politik und Gesellschaft angemessen wahrgenommen und entlohnt werden.

Ein vom BÖLW erarbeitetes Nachhaltigkeitsmodell zur Umgestaltung der GAP baut darauf auf, dass Steuergeld nur noch für Extraleistungen der Landwirtschaft für Umwelt, Klima, artgerechte Tierhaltung und nachhaltige ländliche Entwicklung investiert wird. Dafür sind in Zusammenarbeit mit Bauern aus mehreren europäischen Ländern drei wesentliche Basiselemente entwickelt worden:

- Entgelt für Umwelt, Klima, Tier (EUKT): Mit dem EUKT wird durch eine leistungsorientierte Honorierung sichergestellt, dass mit der GAP wichtige Nachhaltigkeitsziele erreicht und die Höfe in ihrer Entwicklung wirksam hin zu einer zukunftsfähigen Landwirtschaft unterstützt werden. Das heißt konkret: wer mehr Tier- oder Landschaftsschutz betreibt, bekommt auch mehr Unterstützung. Das EUKT soll nach Vorstellung des BÖLW zu einem wesentlichen Bestandteil des landwirtschaftlichen Einkommens werden und 60 % des künftigen Agrarhaushaltes ausmachen.

- Nachhaltige Basisprämie: Mit einer an sozioökonomische Aspekte gebundenen Basisprämie werden u.a. die Junglandwirteförderung und die verstärkte Förderung der ersten Hektare gewährleistet. Die derzeit unbegrenzten Flächenprämien sollen degressiv gestaffelt werden. Nach dem BÖLW-Modell sollen bäuerliche Familienbetriebe und junge Landwirte deutlich besser gefördert werden, um einen Generationenabriss zu verhindern und das Höfesterben zu stoppen. Die nachhaltige Basisprämie soll 27,5 % des künftigen Agrarhaushaltes ausmachen.
- Mittel für die ländliche Entwicklung: Der Fonds für die ländliche Entwicklung, der sich an außerlandwirtschaftliche Empfänger richtet, bleibt in einem dritten Budget zur Förderung der ländlichen Entwicklung unverändert erhalten. Er soll 12,5 % des Agrargesamtbudgets ausmachen.

Die Umsetzung des BÖLW-Modells allerdings steht – Stand Mai 2018 – unter keinem guten Stern. Im von EU-Haushaltskommissar Günther Oettinger vorgestellten mittelfristigen Finanzrahmen der EU (MFR), mit dem die Mittelverteilung von 2021 bis 2027 festgelegt und damit auch der Haushalt für die gemeinsame Agrarpolitik geregelt wird, sind für den Agrarbereich fünf Prozent Kürzung der Haushaltsmittel vorgesehen. Dabei werden die Direktzahlungen jedoch nur um 4 Prozent geschmälert, womit zum Beispiel Agrarumweltmaßnahmen überproportional gekürzt werden. »Wir appellieren an Bundeslandwirtschaftsministerin Julia Klöckner, sich in Brüssel für eine Beibehaltung des Agrarbudgets einzusetzen und klare Umweltziele einzufordern. Denn der notwendige Umbau der Landwirtschaft braucht mehr Investitionen und nicht weniger. Dabei müssen wir weg von Gießkannensubventionen und hin zur gezielten Honorierung für Bauern, die Besonderes für Tierschutz, sauberes Wasser und Artenvielfalt tun. Europa muss Verantwortung für den notwendigen Umbau der Landwirtschaft übernehmen«, so Jan Plagge, Vorstand für Landwirtschaft des BÖLW.

Dem gegenüber stellt der Deutsche Bauernverband (DBV), die Standesvertretung der konventionell arbeitenden Landwirte, fest, dass die Einkommenszahlungen an die Landwirte im Rahmen der EU-Agrarpolitik schon gemeinwohlorientiert seien und an die Einhaltung zahlreicher europäischer Auflagen und Standards im Bereich der guten fachlichen Praxis in der Landwirtschaft und bei der Lebensmittelerzeugung gebunden sind. Damit würden die deutschen und europäischen Landwirte einen wichtigen und nicht unerheblichen Beitrag für den Umwelt-, Klima- und Tierschutz sowie andere Bereiche bereits leisten. Dazu gehörten auch zahlreiche Maßnahmen zum Erhalt der biologischen Vielfalt. Der DBV sieht seine Mitglieder vor allem unter erheblichem Konkurrenzdruck mit Blick auf den Weltmarkt. Im Vergleich zu vielen anderen Ländern sind in der Tat die europäischen Umwelt- und Erzeugungsstandards hoch, was die inländische Erzeugung vergleichsweise teuer macht. Eine Studie im Auftrag des DBV[102] beziffert die Mehrkosten und die Minderung von Erlösen, die durch die Vorschriften der EU-Wasserrahmenrichtlinie (WRRL), der neuen Düngeverordnung, der Regeln über das Inverkehrbringen von Pflanzenschutzmitteln, der spezifischen Standards und Auflagen in der Tierhaltung, durch Bürokratie und Cross Compliance im Rahmen der GAP, des Greenings innerhalb der EU-Direktzahlungen sowie der anstehenden Novelle der technischen Anleitung zur Reinhaltung der Luft entstehen. Laut dieser Studie entgehen der deutschen Landwirtschaft aufgrund der verbindlich einzuhaltenden Standards rund 5,3 Milliarden Euro pro Jahr oder 315 Euro je Hektar. Nur etwa 1,2 Milliarden Euro oder 69 Euro je Hektar würden an entsprechenden Kosten anfallen, wenn in der EU vergleichbare Wettbewerbsbedingungen wie in wichtigen Wettbewerbsländern außerhalb der EU gelten würden. Bezogen auf Haupterwerbsbetriebe errechnet sich daraus ein durchschnittlicher jährlicher Finanznachteil von rund 22 000 Euro und für einen durchschnittlichen Betrieb mit der Rechtsform einer juristischen Person von 312 000 Euro. Alles in allem eine erhebliche Belastung für die Landwirte, die nach Ansicht des Deutschen Bauernverbandes schon jetzt erheblich zum Erhalt von Natur, Biodiversität und Umwelt beitragen. Andererseits gehen ja auch erhebliche Umweltbelastungen auf das Konto des Agrarsektors:

Die Landwirtschaft trägt zur Beschleunigung des Klimawandels bei. Wie das Umweltbundesamt berichtet,[103] stammten im Jahr 2015 rund 58 Prozent der gesamten Methan (CH_4)-Emissionen und 81 Prozent der Lachgas (N2O)-Emissionen in Deutschland aus der Landwirtschaft. Die Emissionen kommen vor allem aus der Tierhaltung sowie aus der Lagerung und Ausbringung von Gülle. Der Luftschadstoff Ammoniak kommt zu rund 95 % aus der Tierhaltung. Ammoniak breitet sich in der Atmosphäre aus. Es kann dort mit anderen Bestandteilen der Atmosphäre reagieren und lagert sich anschließend wieder in Ökosystemen ab. Ammoniak selbst und das nach Umwandlung entstehende Ammonium schädigen Land- und Wasserökosysteme erheblich durch Versauerung und Eutrophierung (Nährstoffanreicherung). In der Umgebung von großen Tierhaltungsanlagen können Ammoniakemissionen besonders hoch sein und zu direkten Schäden an der Vegetation führen. Ammoniak und Ammonium sind außerdem wesentliche Vorläufersubstanzen für die Bildung von gesundheitsschädlichem Feinstaub. Viele ehemals charakteristische Ackerwildkräuter haben aufgrund der agrarchemischen Belastung seit den 1950er/1960er-Jahren dramatisch im Bestand abgenommen. Die Artenzahl in Mittel- und Norddeutschland ging von 23 auf 7 Arten, also um 71 Prozent, zurück, der Deckungsgrad der Wildkräuter von 40 Prozent auf nur noch 4 Prozent.[104] Antibiotika werden massenhaft in der Tiermast auch vorbeugend eingesetzt. Deshalb können sich Bakterien genetisch immer besser anpassen. Sie entwickeln sogenannte Resistenzen mit der Folge, dass Antibiotika nicht mehr wirken. 2014 wurden in der Humanmedizin geschätzt »nur« 700 bis 800 Tonnen Antibiotika in Deutschland eingesetzt. In der Massentierhaltung waren es 1 238 Tonnen.[105] Damit trägt die Landwirtschaft wesentlich zur Bildung resistenter Keime bei. Die Krankheitserreger gelangen beispielsweis über die Abluftanlagen der Ställe in die Umwelt. Auf einen Verlust von rund 300 Millionen Brutpaaren werden die Rückgänge bei den Feldvogelarten in der Europäischen Union zwischen 1980 und 2010 veranschlagt. Rund 80 % der Vogelarten der Agrarlandschaften sind bedroht, fast die Hälfte steht auf der Roten Liste. Der alarmierende Verlust der Biomasse der Insekten wird ebenfalls, wie in diesem Buch an mehreren Stellen beschrieben, zum wesentlichen Teil dem Einsatz bestimmter Pestizide zugeschrieben. Regelmäßig wird in der Landwirtschaft den Kulturpflanzen Stickstoff als Dünger zugeführt. Noch viel zu oft landen überschüssige Mengen dann als Nitrat im Grundwasser. Im menschlichen Organismus kann Nitrat erst zu Nitrit und unter bestimmten Umständen dann in Nitrosamin umgewandelt werden. Nitrosamine gelten als krebsauslösende Substanz. Aber auch schon das Nitrat kann gesundheitsgefährdend sein, weil es den Sauerstofftransport im Blut behindert. Übelkeit, Magenbeschwerden und Atemnot können die Folgen sein. Der technische Aufwand der Wasserwerke, das Trinkwasser frei von Nitrat zu halten, wird immer größer und ist mit steigenden Kosten für alle Verbraucherinnen und Verbraucher verbunden.

In Wert gesetzt werden diese Umweltschäden nicht. Der Verlust der Arten, das Versagen von Ökosystemen, die hohen Trinkwasseraufbereitungskosten, die Schäden durch den Klimawandel, all das wird den Steuerzahlern, bzw. den Verbraucherinnen und Verbrauchern, finanziell aufgebürdet. Dafür erhalten wir Verbraucher teils billigste Lebensmittel. Die wahren Kosten, umverteilt und von der Allgemeinheit bezahlt, kann der Einzelne nicht erkennen. Und der Aufschrei wäre sehr laut, würde ein Schnitzel beim Discounter plötzlich im Verkaufspreis die wahren Kosten spiegeln. Ein politisches Dilemma, unter anderem, weil es auch um soziale Aspekte geht. Dass sich im Extrem nur noch Reiche ein Schnitzel leisten könnten, ist nicht vermittelbar. Sicher, hier und da gibt es noch ein paar Stellschrauben, um die Landwirtschaft umweltverträglicher zu machen. GPS-gestütztes Präzisionsfarming gehört sicherlich dazu, auch die neue Düngeverordnung könnte einen Beitrag leisten. Ein bisschen mehr EU-verordnetes »Greening« hilft auch ein klein wenig. Doch Bauern, der Deutsche Bauernverband, die EU-Kommission und die Agrarchemische Industrie drehen sich im agrarpolitischen Kreis. Große Fortschritte zur Rettung der Biodiversität und zur Vermeidung von Umweltschäden haben ja die ungezählten grünen Programme, Übereinkommen und internationale Verträge offenbar nicht – oder nein, seien wir fair, nicht genug gebracht. Und von diesen Ökoreparaturanleitungen gibt es wirklich eine stattliche Auswahl, wie ein paar Beispiele eindrucksvoll zeigen. Bei diesen internationalen Übereinkommen ist die EU Vertragspartei zur Umsetzung verpflichtet:

Übereinkommen von Ramsar über Feuchtgebiete (1971), Übereinkommen über den internationalen Handel mit gefährdeten Arten frei lebender Tiere und Pflanzen (CITES) (1973), Übereinkommen von Bonn zur Erhaltung wandernder wild lebender Tierarten (1979), Übereinkommen von Bern zur Erhaltung der europäischen frei lebenden Tiere und wild wachsenden Pflanzen und ihrer natürlichen Lebensräume (1982), Übereinkommen von Rio de Janeiro über die biologische Vielfalt (1992). Und bei diesen regionalen Übereinkommen hat sich die EU ebenfalls verpflichtet: Übereinkommen von Helsinki über den Schutz der Meeresumwelt des Ostseegebiets (1974), Übereinkommen von Barcelona zum Schutz des Mittelmeers vor Verschmutzung (1976), Übereinkommen zum Schutz der Alpen (1991).

Dann haben die Mitgliedsstaaten auf EU-Ebene nach und nach Programme, Verordnungen und Richtlinien beschlossen. Hier eine Auswahl in chronologischer Reihenfolge:

1979: Richtlinie 79/409/EWG über die Erhaltung wild lebender Vogelarten;
1981: Schutz der Meeresfauna durch die Verordnung (EG) Nr. 348/81 mit einer gemeinsamen Regelung für die Einfuhr von Walerzeugnissen;
1983: Die Richtlinie 83/129/EWG beinhaltet ein Verbot der Einfuhr von Fellen bestimmter Jungrobben und Waren daraus;
1991: Die »Tellereisenverordnung« (Verordnung (EG) Nr. 3254/91) verbietet die Einfuhr von Pelzen und Waren von Wildtierarten aus Ländern, in denen Tellereisen als grausame Fangmethode angewandt werden dürfen;
1992: Richtlinie 92/43/EWG (»Habitatrichtlinie«) zur Erhaltung der natürlichen Lebensräume sowie der wild lebenden Tiere und Pflanzen (geändert durch Richtlinie 97/62/EG) zur Erhaltung der natürlichen Lebensräume sowie der wild lebenden Tiere und Pflanzen durch Schaffung des europäischen Naturschutzverbundnetzes »Natura 2000«;
1986 bis 2012: Verschiedene Richtlinien und Verordnungen zum Schutz der Wälder vor dem Hintergrund, dass knapp 30 Prozent des Natura-2000-Netzes Waldflächen sind;
1997: Mit der Grundverordnung (EG) Nr. 338/97 über den Schutz von Exemplaren wild lebender Tier- und Pflanzenarten durch Überwa-

chung des Handels werden die Ziele, Grundsätze und Bestimmungen des CITES-Übereinkommens in das EU-Recht übernommen;
1999: Unterzeichnung des Übereinkommens zum internationalen Delfinschutzprogramm durch die EU. Tödliche Delfinbeifänge in der Fischerei sollen dadurch verringert werden;
1999: Mit der Richtlinie 1999/22/EG werden Mindestanforderungen für die Haltung und Versorgung von Wildtieren in Zoos festgelegt. Außerdem wird darin die Bedeutung von Zoos für die Erhaltung der biologischen Vielfalt sowie für Bildung und Forschung bekräftigt;
2006: Aktionsprogramm mit dem Titel »Eindämmung des Verlusts der biologischen Vielfalt« bis zum Jahr 2010. Es ist, wie wir heute wissen, gescheitert. Was aber politisch keine Konsequenzen hat, man beschriftet einfach ein Papier mit einem neuen Ziel.
2008: Die Meeresstrategierichtlinie (2008/56/EG) tritt in Kraft. Danach soll bis 2020 ein guter Zustand der Meeresumwelt in der EU erreicht werden.

Noch mehr gefällig?

2010: Der europäische Umweltrat einigt sich darauf, den »Verlust an biologischer Vielfalt und die Verschlechterung der Ökosystemleistungen in der EU bis 2020 zum Stillstand zu bringen und die biologische Vielfalt sowie die Ökosystemleistungen wiederherzustellen und gleichzeitig den EU-Beitrag zur Abwendung des globalen Verlusts an biologischer Vielfalt aufzustocken«. Verfehlt ist dieses neue Ziel noch nicht, das Scheitern aber abzusehen, weil kaum vorstellbar ist, in den verbleibenden knapp zwei Jahren den Verlust der Artenvielfalt in den Griff zu bekommen.
2011: Annahme der EU-Biodiversitätsstrategie bis 2050: »Schutz, Wertbestimmung und angemessene Wiederherstellung der biologischen Vielfalt und der von ihr erbrachten Dienstleistungen – des Naturkapitals – der Europäischen Union aufgrund des Eigenwerts der biologischen Vielfalt und ihres fundamentalen Beitrags zum Wohlergehen der Menschen und zum wirtschaftlichen Wohlstand, um katastrophale Veränderungen, die durch den Verlust der biologischen Vielfalt verursacht werden, abwenden zu können« – rhetorisch perfekt, neue Maßnahmen dafür: bisher Fehlanzeige.

2013: Mit der LIFE-Verordnung Nr. 1293/2013 wird die fünfte Programmphase des wichtigsten Finanzierungsinstruments im Umwelt- und Naturbereich gestartet. Sie deckt den Zeitraum von 2014 bis 2020 ab. Insgesamt stehen dafür Mittel in Höhe von 3,5 Milliarden Euro zur Verfügung.
2014: Annahme des Nagoya-Protokolls innerhalb der UN-Konvention zur Biodiversität. Das Protokoll verpflichtet alle Vertragsstaaten, genetische Ressourcen und das damit verbundene traditionelle Wissen nur im Einklang mit den zwischen den Nutzern und den Behörden des Herkunftslandes vereinbarten Bedingungen weiterzugeben beziehungsweise zu verwenden.
2014: Das europäische Parlament stimmt einer Verordnung zur Prävention und Kontrolle der Einbringung und Verbreitung invasiver gebietsfremder Arten zu. Dadurch soll die heimische Artenvielfalt vor gebietsfremden Eindringlingen geschützt werden. Von den Mitgliedsstaaten werden Aktionspläne gefordert.

Dazu kommen noch die Auflagen und Verordnungen in anderen Bereichen, die zum Beispiel – siehe oben – für die Landwirtschaft gelten oder für die Sektoren Industrie, Energie und Verkehr. Der Umwelt dienen sollen auch die Designrichtlinie, das Plastiktütenverbot und das Verbot der klassischen Glühlampe genauso wie die Begrenzung der Saugkraft von Staubsaugern, um Energie zu sparen. Die Liste ließe sich noch ein wirklich gutes Stück verlängern, was aber nicht nötig ist, um zu sehen: Es »wuchert eine oberflächliche oder scheinbare Ökologie, die eine gewisse Schläfrigkeit und eine leichtfertige Verantwortungslosigkeit unterstützt. (…) Diese ausweichende Haltung dient uns, unseren Lebensstil und unsere Produktions- und Konsumgewohnheiten beizubehalten«. So beschreibt Papst Franziskus unser politisches Verhalten in seiner Umwelt-Enzyklika. »Es ist die Weise, wie der Mensch sich die Dinge zurechtlegt, um all die selbstzerstörerischen Laster zu pflegen: Er versucht, sie nicht zu sehen, kämpft, um sie nicht anzuerkennen, schiebt die wichtigen Entscheidungen auf und handelt, als ob nichts passieren werde«.[106]

Offenbar haben wir uns mit einer Art Pseudonachhaltigkeitspolitik längst angefreundet. Diese Art von »grüner« Politik mag zwar das eine oder andere Umweltschadensyndrom kurieren, nicht aber das ökologische Versagen des Gesamtsystems. Dazu wäre ein sehr viel mutigerer politischer Schritt notwendig, nämlich das eigentlich verfassungskonforme Einräumen einer Vorrangstellung von Nachhaltigkeit und Biodiversitätsschutz. Auch wenn das in anderen Ländern nicht der Fall ist und uns auf den ersten Blick Wettbewerbsnachteile bringen könnte, wie ja der Deutsche Bauernverband befürchtet.

Genau hier steckt die Chance: Noch nie waren sich so viele gesellschaftliche Gruppen einig, dass jetzt endlich etwas passieren muss, um unsere Ökosysteme zu stabilisieren und den Artenschwund zu stoppen. Gerade die Landwirtschaft könnte hier zum Vorreiter werden, zumal im Moment der nächste EU-Haushalt diskutiert wird und weil wir erstmals den Austritt eines Mitgliedslandes erleben.

Vorreiter sein, um den Biodiversitätsverlust aufzuhalten: Das können sich offenbar auch die Spitzenvertreter der deutschen Umwelt- und Naturschutzverbände vorstellen. In einem offenen Brief vom 15. Mai 2018 an Bundesfinanzminister Olaf Scholz und Bundesaußenminister Heiko Maas heißt es:

> »Angesichts der erheblichen Kürzungen im EU-Finanzrahmen ist es daher umso wichtiger, die ineffektiven, pauschal ausgezahlten Flächenprämien zu beenden und die Zahlung öffentlicher Gelder an die Erbringung konkreter öffentlicher Leistungen zu binden. Die Agrarzahlungen müssen künftig sicherstellen, dass die europäische Landwirtschaft sowohl ihren internationalen Verpflichtungen zur Einhaltung der nachhaltigen Entwicklungsziele und des Pariser Klimaschutzabkommens nachkommt, als auch die europäischen Rechtsgrundlagen zum Schutz von Umwelt und Biodiversität umsetzt. Vor diesem Hintergrund appellieren wir an Sie, sich in den anstehenden Verhandlungen zum mehrjährigen Finanzrahmen mit Nachdruck gegen eine Kürzung der Gelder in der zweiten Säule, für eine umfassende Festlegung von Mitteln für echte Gemeinwohlleistungen im Agrarbereich sowie für anspruchsvolle und verbindliche, EU-weite Vorgaben im Bereich Natur-, Klima-, Tier- und Umweltschutz einzusetzen.«

Der Appell verhallte wirkungslos. Der 1. Juni 2018 brachte die Enttäuschung aus Brüssel. Die EU-Kommission stellte nun offiziell die Eckpunkte ihrer neuen Agrarpolitik vor. Rund 40 % des gesamten EU-Budgets sollen in den Agrarsektor fließen, im Vergleich zum vorherigen Finanzierungszeitraum aber um fünf Prozent gekürzt. Grundsätzlich ändert sich in der Ausrichtung der gemeinsamen Agrarpolitik so gut wie nichts. Offenbar haben die positiven Ansätze in der im November 2017 verschickten Mitteilung von Agrarkommissar Phil Hogan an das Europäische Parlament, den Europäischen Rat, den Wirtschafts- und Sozialausschuss und an den Ausschuss der Regionen »Ernährung und Landwirtschaft in der Zukunft« nicht überzeugt. Das sieht auch der Deutsche Naturschutzring so, der Dachverband der deutschen Natur- und Umweltschutzorganisationen: »Die Kommission verpasst hier ganz klar die Chance, mit einem zukunftsfähigen und nachhaltigen Ansatz der EU-Agrarpolitik in die Verhandlungen zu gehen. Bereits bei der letzten GAP-Reformrunde wurden die vergleichsweise ambitionierten Vorschläge der Kommission während der Verhandlungen zwischen Rat und Parlament massiv verwässert. Mit einem solch schwachen Einstiegsangebot befürchten wir, dass am Ende der Verhandlungen von den wenigen Vorschlägen für eine umweltgerechtere Agrarpolitik nicht viel übrig bleibt«, kritisiert DNR-Generalsekretär Florian Schöne. Und mehr noch: Die EU stiehlt sich aus der Verantwortung, schiebt den Nationalstaaten Spielräume zu für eigene GAP-Strategien. Das birgt für den Bund für Umwelt und Naturschutz Deutschland (BUND) ein hohes Risiko, nämlich die konkrete Gefahr, dass es einen europaweiten Unterbietungswettbewerb im Umwelt- und Naturschutz geben wird, mit dem Ergebnis, dass sich die Gesamtsituation in den kommenden Jahren deutlich verschlechtern könnte. »Der vorgelegte Vorschlag ist enttäuschend und widerspricht den Biodiversitäts- und Klimaschutzzielen der EU«, so BUND-Vorsitzender Professor Hubert Weiger. »Weiterhin soll die pauschale Flächenprämie gezahlt werden. Die Prämie unterstützt Großbetriebe, befördert Land-Grabbing und erbringt keine gesellschaftliche und umweltpolitische Lenkungswirkung. Darum muss die pauschale Flächenprämie Schritt für Schritt abgeschmolzen und 2027 abgeschafft werden. Frei gewordene Gelder müssen dafür eingesetzt werden, Agrarbetriebe dabei zu unterstützen, die

Artenvielfalt zu erhalten, unsere Gewässer zu schützen und ihre Tiere besser zu halten. Leider hat es die Kommission verpasst, bereits jetzt diese überfällige und notwendige Weichenstellung einzuleiten.« Und es hagelt weitere Kritik, auch vom Naturschutzbund Deutschland (NABU): »Die Pläne der EU-Kommission sind ein Drama für die Artenvielfalt. Sie ignorieren auf geradezu groteske Weise eine dringend erforderliche Zweckbindung von Geldern für den Naturschutz«, sagt NABU-Präsident Olaf Tschimpke. »Mit dieser GAP wird sich eine neue Welle von Subventionen für umweltschädliche und ineffiziente Formen der Landwirtschaft über die Landschaft ergießen. So können die Veränderungen nicht angegangen werden, die die Landwirtschaft in Europa dringend braucht für eine nachhaltige Zukunft. Die EU-Kommission zeigt mit diesen Vorschlägen, dass sie nicht vorhat, entschieden gegen den vielfach wissenschaftlich belegten dramatischen Verlust der Artenvielfalt in der Agrarlandschaft vorzugehen.«

Auch die am 14. März 2018 ins Amt gekommene Bundesumweltministerin Svenja Schulze (SPD) sieht Anlass zur Kritik. In einer Pressemitteilung vom 1. Juni 2018 vertritt sie die Auffassung, dass erneut die Chance vertan werde, die Gelder der Direktzahlungen – immerhin der zukünftig größte EU-Haushaltsposten – durch die Bindung an gesellschaftliche Leistungen zu legitimieren und damit die Anreize so zu setzen, dass sich umweltgerechtes Wirtschaften für die Landwirtinnen und Landwirte lohnt. »Gerade im Naturschutz fehlen effiziente Fördermöglichkeiten zur Erhaltung der biologischen Vielfalt«, so die Bundesumweltministerin. »Dies wird durch die massive Kürzung der Gelder für gezielte Umweltmaßnahmen zur Förderung der ländlichen Entwicklung, der sogenannten zweiten Säule, verschärft. Diese Kürzung um ein Viertel konterkariert das im Koalitionsvertrag festgelegte Ziel, mehr EU-Mittel für ökologische Ausrichtung der Landwirtschaftsförderung einzusetzen.« Der Deutsche Bauernverband (DBV) dagegen sieht ohnehin ein Übergewicht der umweltpolitischen Maßnahmen und keinen Grund für eine generelle Neuausrichtung der EU-Agrarpolitik.

Einig sind sich die Umweltverbände, dass die Deckelung der Direktzahlungen auf maximal 100 000 Euro dazu führen würde, kleinere und mittlere Betriebe stärker als bisher zu fördern. Das wiederum missfällt der Bundeslandwirtschaftsministerin, Julia Klöckner (CDU). Derzeit

(Frühsommer 2018) muss sie sich ohnehin mit kritischen Gutachten ihrer eigenen wissenschaftlichen Beiräte auseinandersetzen. Sowohl der wissenschaftliche Beirat für Agrarpolitik, Ernährung und gesundheitlichen Verbraucherschutz (WBAE) als auch der Beirat für Biodiversität und Genetische Ressourcen (WBB) haben in ihren aktuellen Stellungnahmen »Für eine gemeinwohlorientierte gemeinsame Agrarpolitik der EU nach 2020: Grundsatzfragen und Empfehlungen« und »Für eine gemeinsame Agrarpolitik, die konsequent zum Erhalt der biologischen Vielfalt beiträgt« übereinstimmend festgestellt, dass die EU-Agrarpolitik den heutigen Herausforderungen im Tierwohl, Umwelt-, Klima- und Biodiversitätsschutz nicht gerecht wird. Die Beiräte sprechen sich daher für eine Neuausrichtung der gemeinsamen Agrarpolitik (GAP) hin zu einer konsequent am Gemeinwohl orientierten Politik für Landwirtschaft und ländliche Räume aus. Der stellvertretende Vorsitzende des WBB, der Ökologe Prof. Volkmar Wolters, stellt fest: »Ob wir uns Vögel, Insekten oder Amphibien ansehen – die Lage ist bei allen Lebensformen und Lebensräumen dramatisch und verschlechtert sich weiter. Die Umweltmaßnahmen der letzten dreißig Jahre waren offenbar ungenügend.« Die Empfehlungen ähneln denen der Umweltverbände: Die flächenbezogenen Zahlungen müssen mit wirksamen Beiträgen zum Erhalt der biologischen Vielfalt verknüpft werden, es muss eine ausreichende Finanzierung von standortspezifischen Agrarumwelt- und Agrarklimaschutzmaßnahmen geben, und die Entwicklung von integrierten Plänen zum Landschafts- und Ressourcenmanagement soll massiv vorangetrieben werden. Gegenwind also für die Bundeslandwirtschaftsministerin.

Die EU-Debatte im Jahr 2018 über eine zukunftsfähige, nachhaltige gemeinsame Agrarpolitik: Von Einsicht, von Umdenken oder gar von grundlegender Erneuerung keine Spur. Dabei wäre doch jetzt der Zeitpunkt gekommen, um Landwirten langfristig eine Perspektive aufzuzeigen, um damit auch ihr Einkommen zu sichern – eben durch eine erhebliche finanzielle Besserstellung beim Erbringen von Gemeinwohlleistungen. Denn wenn die europäische Biodiversitätsstrategie bis 2050 erfolgreich sein will, dann kann es nur um Maßnahmen gehen, die weit über das bisherige »Greening« hinausreichen. Es geht um viel mehr, als ein paar Blühstreifen an den Ackerrändern anzulegen. Es geht darum, auch die »kleine« bäuerliche Landwirtschaft zu fördern, es geht darum, wieder Hecken, kleine Wäldchen und Tümpel zwischen den Äckern zuzulassen. Es geht darum, Anreize zu schaffen, um mehr Landwirte im Beruf zu halten und den Biolandbau attraktiver zu machen. Und es geht darum, die ganze Gesellschaft auf diesen Weg mitzunehmen.

Das allerdings setzt eine offene und faire Diskussion voraus. Bemerkenswerterweise hat der Deutsche Bauernverband einen solchen Schritt schon getan. Mit dem Projekt F.R.A.N.Z. hat der Verband gemeinsam mit der Michael-Otto-Umweltstiftung ein Dialog- und Demonstrationsprojekt gestartet. Auf Basis intensiver Begleitforschung (Monitoring von Pflanzen, Feldhasen, Vögeln, Amphibien, Schmetterlingen, Bienen) sollen Maßnahmen zur Förderung der Biodiversität umgesetzt und erprobt werden. Landwirte und Naturschützer erarbeiten gemeinsam praktikable und wirtschaftlich tragfähige Maßnahmen. Darin steckt doch letztlich die Lösung: Wir brauchen ein konstruktives Miteinander. Grabenkriege sind der Politikstil von vorgestern. Die Notwendigkeit, die Biodiversität zu wahren, braucht denselben Status wie das Streben nach Produktivität in der Landwirtschaft. Wie das zu erreichen ist und welche Konsequenzen sich daraus ergeben, darüber muss endlich eine ehrliche gesellschaftliche Debatte geführt werden. Diese mit allen Beteiligten in Gang zu setzen, ist eine vordringliche Aufgabe der Bundeslandwirtschaftsministerin.

Bis es eines fernen Tages so weit ist, träumen wir vorerst weiter von einer vernunftgetragenen gemeinsamen europäischen Landwirtschaftspolitik. Aber auch hier gilt: Die Hoffnung stirbt zuletzt. Denn der Vorschlag der Europäischen Kommission wird nun mit dem Europäischen Parlament und den Mitgliedsstaaten diskutiert. Dieser Prozess wird aller Voraussicht nach erst deutlich nach den im Mai 2019 geplanten Europawahlen beendet sein.

Fazit: Die Natur der Feldfluren verstummt immer mehr, die dafür verantwortlichen Politiker leider auch!

Vom exotischen Thema zum Mainstream? – Was sich ändern muss, damit der Naturschutz besser vorankommt

Was die Schaffung von Akzeptanz für die meist ehrenamtlich getragenen Naturschutz- und Umweltverbände anbelangt, sind sich die Experten weitgehend einig: »Die Verbände müssen noch besser die öffentliche Meinung und das Handeln der Politik erreichen. Sie haben zwar wichtige Erfolge, gerade im Bereich von gesetzlichen Regelungen erzielt; diese werden jedoch aufgrund von mangelndem politischem Willen nur unzureichend umgesetzt, finanziert und sogar durch kontraproduktive Subventionen (etwa in der Agrarpolitik) konterkariert«, beklagt etwa Olaf Tschimpke, Präsident des Naturschutzbundes Deutschland (NABU). Er fordert ähnlich wie andere Verbandschefs, dass auch die Naturschutzverwaltungen personell deutlich besser ausgestattet werden und mehr Mitsprache bei der Verteilung von Agrarfördergeldern bekommen, »die auf dem Papier zumindest, mindestens in Teilen dem Naturschutz dienen sollen«. Die Ausgangslage ist schwierig. So weist auch Dr. Christof Schenck, Geschäftsführer der Zoologischen Gesellschaft Frankfurt am Main, eindringlich darauf hin, dass die Natur- und Umweltverbände einfach nicht die notwendigen Ressourcen haben, um gegen die Übermacht anderer Interessengruppierungen bestehen zu können. »Weniger als zehn Prozent des Spendenaufkommens in Deutschland gehen in den Natur- und Umweltschutz«, so Schenck. Auch er weist darauf hin, dass es weitreichende Naturschutzauflagen und -gesetze gibt, das Artensterben jedoch weitergeht, da die Auflagen für die Landwirtschaft völlig unzureichend sind. »Wie beim Verkehr – einem wichtigen Treiber des Artenschwundes – werden Gemeinkosten praktisch nicht in Rechnung gestellt. Zudem haben wir weiter einen hohen Flächenverlust. In der Interessensabwägung ist der Naturschutz meist der Verlierer – da es sich dabei um andere Gemeininteressen handelt, die Auswirkungen erst langfristig bemerkbar werden und unsere Wirtschafts- und Konsumwelt auf der Ausbeutung in anderen Regionen basiert«, betont der international erfahrene Biologe. »Es wird hingenommen, dass in anderen Regionen der Erde viele

Arten aussterben, ohne dass uns dies in Mitteleuropa empfindlich trifft.« Schenck fordert als Basis einen wirksamen Artenschutz durch konsequente Ausweisung und Entwicklung von Wildnisgebieten. Darüber hinaus müsse das Thema Biodiversität in die Unternehmensbilanzen aufgenommen werden. Schenck verweist auch auf ein anderes Ungleichgewicht: »In den entwickelten Ländern – mit überdurchschnittlichem Pro-Kopf-Einkommen – finden sich viermal so viele, allerdings oft sehr kleine Schutzgebiete als in den Lower-Income-Countries, obwohl es dort deutlich mehr Arten und Lebensraumvielfalt gibt. Aber gleichzeitig werden dort nur siebzehn Prozent der globalen Naturschutzinvestitionen getätigt.« Auf die Frage angesprochen, ob es überhaupt noch möglich ist, in hochentwickelten Industrieländern wie Deutschland, Österreich und der Schweiz Artenvielfalt zu sichern und von Politik, Wirtschaft und Gesellschaft zu verlangen, antwortet Schenck dezidiert: »Das kann man nicht nur, das muss man sogar.« Es sei wichtig zum einen für die eigenen Bewohner und zum anderen für kommende Generationen und als Signal für die Welt. »Wir haben in Mitteleuropa einen ökologischen Fußabdruck, der aussagt, dass mehr Ressourcen verbraucht werden, als Landfläche zur Verfügung steht. Wir leben auf Kosten anderer. Dies muss reduziert werden, und wir müssen Hausaufgaben machen. Dass dies funktionieren kann, zeigen doch Wolf und Biber, wiederhergestellte Auenflächen für den Hochwasserschutz und neue Wildnisflächen, die Urwälder von morgen«, so der Wildbiologe.

Auf Augenhöhe kommen mit anderen gesellschaftlichen Belangen; das zieht sich in den Forderungen der Naturschutzexperten durch wie ein grüner Faden. Dabei sind die Experten durchaus auch selbstkritisch. So weist Hilmar Freiherr von Münchhausen von der Deutschen Wildtier Stiftung darauf hin, dass es »an Kompetenz, insbesondere in betriebswirtschaftlicher Hinsicht fehlt, um auf Augenhöhe mit Agrarbetrieben zu diskutieren«. Außerdem fehle es an flächendeckenden Modellbetrieben, die zeigen, wie eine arterhaltende Landwirtschaft funktionieren kann. Auch von Münchhausen weist darauf hin, dass Naturschutzverwaltungen unterbesetzt und vielfach überfordert sind und zu bürokratischen Prozessen neigen. Er sieht aber noch ein anderes Ungleichgewicht: »Naturschutzauflagen und Gesetze werden zwar besser, aber andererseits werden politisch im Mainstream als wichtig erachtete Dinge wie der Bau von Windenergieanlagen und der Anbau von Mais für Biogas ohne jede Rücksicht auf Natur und Umwelt durchgesetzt.« Um gesellschaftlich voranzukommen, ist nach Auffassung von Prof. Dr. Maximilian Gege, Gründer und Vorsitzender von B.A.U.M. (Bundesweiter Arbeitskreis für Umweltbewusstes Management), dringend erforderlich, dass sich Natur- und Umweltverbände stärker mit anderen gesellschaftlichen Gruppen vernetzen.

Nicht immer werden die von den Verbänden vorgebrachten Ziele von den dafür zuständigen Behörden mit der nötigen Konsequenz umgesetzt. Dr. Hans Bibelriether, langjähriger Leiter des Nationalparks Bayerischer Wald, früherer Vizepräsident und einige Zeit Präsident sowie Generalsekretär der Föderation der Natur- und Nationalparke Europas (EUROPARC), bringt es auf den Punkt: »Staatliche Naturschutzverwaltungen werden oftmals von ihren Vorgesetzten am Einsatz für den Naturschutz gehindert.« Diese Einschätzung erhielten wir nicht nur bei Gesprächen zu den Recherchen für dieses Buch, sondern über Jahre hinweg immer wieder auch von verschiedenen Behördenvertretern, die jedoch verständlicherweise nicht genannt sein wollen. »Schon deshalb braucht der Artenschutz mehr Kooperationen zwischen den »ehrenamtlichen und professionellen Akteuren untereinander und mehr Bündnisse mit Partnern der Landnutzung«, sagt Prof. Klaus Werk von der Hochschule Geisenheim, University. Damit Verbände wie Verwaltungen im Bereich Naturbewahrung erfolgreicher sein könnten, hält Dr. Uwe Kozina, Biologe und Leiter des Umwelt-Bildungs-Zentrums Steiermark (Graz), die Schaffung eines Bundes-Naturschutz-Gesetzes in enger Verbindung mit schon bestehenden EU-weiten Strategien für Österreich erforderlich. Auch bedürfe es einer Änderung der Rechtsgrundlagen für den Verbrauch bzw. die Verschmutzung von Boden, Luft und Wasser. Dr. Kozina: »Es ist Zeit, dass diese monetär bewertet werden.« Und es braucht neue Strategien: »Der Naturschutz hat in vielen Bereichen durch eine Schwarz-Weiß-Haltung dargelegt, was er nicht möchte. Es fehlt eine klare Positionierung, was er wo und wie möchte, um mit den Landnutzern eine vorurteilsfreie Diskussion darüber führen zu können, wie dies gemeinsam erreicht werden kann.«

Dies betont Dr. Lutz Spandau, Vorstand der renommierten Allianz Umweltstiftung. »Der Artenschwund kann nur im konstruktiven und praxisorientierten Dialog mit der Land- und Forstwirtschaft gestoppt werden. Aber auch eine Sensibilisierung der Bevölkerung ist unerlässlich, um der zunehmenden Wissenserosion bei den Kenntnissen der heimischen Tier- und Pflanzenwelt entgegenzuwirken.« Grundlage dafür sollte eine massive Stärkung der Umweltbildung sein.

Ähnlich argumentiert Anne Benett-Sturies, Leiterin des Bildungszentrums für Natur, Umwelt und ländliche Räume des Landes Schleswig-Holstein und stellvertretende Vorsitzende des Bundesweiten Arbeitskreises der staatlich getragenen Umweltbildungsstätten in Deutschland (BANU). Dass sich Bildung und Beharrlichkeit letztlich auszahlen, hat unter anderem Prof. Dr. Hubert Weiger, Vorsitzender des Bundes für Umwelt- und Naturschutz Deutschland (BUND), zusammen mit Dr. Kai Frobel bewiesen. Sie setzten sich für das 1400 Kilometer lange »Grüne Band« an der ehemaligen innerdeutschen Grenze ein. Mit ihrer Vision und viel Kooperationsbereitschaft schufen sie unersetzliche Lebensräume.

Einen immer wieder bei unseren vielen Gesprächen mit Naturschutzprofis geäußerten Gedanken, der einen Teil des Dilemmas der Artenschützer beschreibt, bringt der Schweizer Dr. Mario F. Broggi, Leiter des Liechtenstein-Instituts und früherer Präsident der internationalen Alpenschutzkommission CIPRA, auf den Punkt: »Weniger Inzucht, weniger Weinerlich, mehr Selbstbewusstsein, neue Allianzen suchen, zum Beispiel mit Gesundheit, Kultur, Kunst …«

Wie recht er hat!

BLICK ÜBER DIE GRENZEN

»Natur kennt keine Grenzen, und auch Umweltverschmutzung macht vor Grenzen nicht halt.«

Motto des Buches und der Aktion Natur ohne Grenzen
von Claus-Peter Hutter / Gerhard Thielcke (1990)

Versuch einer globalen Betrachtung

Aus nachvollziehbaren Gründen liegt vielen Menschen hierzulande die Vielfalt der Arten, der Zustand der Biodiversität und der Ökosysteme in Deutschland und Europa mehr am Herzen als die Zustände in fernen Ländern. Genau wie beim Klimawandel müssen wir aber einen globalen Blick auf die Problematik werfen, uns zumindest informieren, wie es mit der Biodiversität auf anderen Kontinenten steht, und schauen, inwieweit internationale Politik bei Lösungsstrategien helfen kann. Sehr hilfreich ist hierbei die Arbeit einer noch recht jungen Wissenschaftsvereinigung namens »Intergovernmental science-policy Platform on Biodiversity and Ecosystem Services (IPBES)«, kurz: der Weltbiodiversitätsrat. Diese Plattform ist eine unabhängige, zwischenstaatliche Einrichtung. Sie wurde im April 2012 in Panama von 94 Regierungen ins Leben gerufen und arbeitet unter dem Dach des UN-Umweltprogramms (UNEP). Mittlerweile sind in dem Gremium mit Sitz in Bonn 128 Staaten vertreten, darunter auch Deutschland. Rund tausend Wissenschaftler weltweit arbeiten der Plattform zu, forschen teils selbst zu Veränderungen der Ökosysteme und der Biodiversität, teils werten sie vorhandene Arbeiten aus und gelangen so zu sogenannten Metastudien, die dann einen guten Überblick zu bestimmten Fragestellungen verschaffen. Mithilfe von Peer-Reviews, also der unabhängigen Überprüfung der Studien durch andere Wissenschaftler, soll ein höchstmöglicher wissenschaftlicher Standard garantiert werden.

Aus Sicht dieser Experten sind multilaterale Umweltabkommen uneingeschränkt notwendig, um unsere Biodiversität im globalen Maßstab zu schützen und zu verbessern. Zu den wichtigsten Abkommen zählen sie die UN-Konvention zur Biodiversität, das internationale Artenschutzabkommen CITES, die Konvention über wandernde Arten, die Ramsar-Konvention zum Schutz der Feuchtgebiete, die UNESCO-Konvention zum Erhalt des Weltnaturerbes, das FAO-Abkommen über den Handel mit genetischen Ressourcen für Ernährung und Landwirtschaft und die UN-Konvention zur Bekämpfung der Wüstenausdehnung.

Im März 2018 kam der Weltbiodiversitätsrat im kolumbianischen Medellín zusammen, um über das fortschreitende Artensterben zu beraten. »Die Artenvielfalt zu schützen ist genauso wichtig wie der Kampf gegen den Klimawandel«, sagte Kolumbiens Staatschef Juan Manuel Santos vor mehr als 750 Experten aus aller Welt, als er die sechste IPBES-Vollversammlung eröffnete. Kolumbien ist nach Brasilien das zweit-artenreichste Land der Welt.

IPBES-Präsident Robert Watson rief ebenfalls zum Kampf für den Artenschutz auf. »Heute befindet sich die Welt an einem Scheideweg«, sagte er. »Die frühere und aktuelle Zerstörung der Natur sabotiert das menschliche Wohlbefinden der heutigen und ungezählter künftiger Generationen.« Der Chef des UN-Umweltprogramms (UNEP), der Norweger Erik Solheim, fügte in einer Videobotschaft an die Konferenzteilnehmer hinzu, mit der Verringerung der Artenvielfalt verringere die Menschheit auch »die Nahrung der Menschen, sauberes Wasser, das wir zum Trinken brauchen, und die Wälder, die unsere Lungen sind«.

Anlässlich der Vollversammlung legte das IPBES fünf Berichte zur Artenvielfalt in den Weltregionen vor. Rund 600 Wissenschaftler haben dazu drei Jahre lang Daten gesammelt und dafür rund 10 000 wissenschaftliche Publikationen ausgewertet. Das Ergebnis versetzt die Wissenschaftler in Alarmstimmung: Überall in der Welt setzt sich der Artenrückgang fort und gefährdet dadurch ganze Volkswirtschaften, Lebensräume, die Ernährungssicherheit und menschliche Lebensqualität ganz allgemein. Generell identifiziert der Bericht einige Ursachen, die an vielen Punkten der Erde zutreffen, zum Beispiel Übernutzung und nicht nachhaltigen Umgang mit natürlichen Ressourcen, Verschmutzung und Vergiftung von Böden und Wasser, das Eindringen von fremden Arten und den Klimawandel. Im Folgenden findet sich nun ein notwendigerweise recht pauschaler Blick auf die vier Regionen, die der Bericht unterscheidet und über die Auskunft erteilt wird: Nord-, Mittel- und Südamerika (die Amerikas), Afrika, der asiatisch-pazifische Raum und Europa mit Zentralasien.

Nord-, Mittel- und Südamerika

Durchschnittlich ist aktuell ein Artenrückgang von 31 Prozent zu verzeichnen, verglichen mit dem Zeitraum der Ankunft europäischer Siedler. Der Klimawandel beeinflusst das Artensterben sehr stark und wird bis 2050 mit den Auswirkungen durch die Änderungen bei der Landnutzung vergleichbar sein, also vor allem der Waldrodung zugunsten von Weideland bzw. Flächenverbrauch für Infrastruktur und Industrieanlagen. Nimmt man die Effekte zusammen, so wird, »business as usual« vorausgesetzt, ein Artenverlust von rund 40 Prozent bis zur Mitte des Jahrhunderts zu verzeichnen sein. Bis dahin wird die Bevölkerung der Amerikas um circa 20 Prozent steigen auf dann nahezu 1,2 Milliarden Menschen. Gleichzeitig wird sich das Bruttosozialprodukt in etwa verdoppelt haben, was aufgrund der notwendigen Bereitstellung von Infrastruktur, Energie und Nahrung den Druck auf die Ökosysteme dramatisch erhöht. Der Report unterstreicht, dass gerade indigene Völker und die lokalen Dorfgemeinschaften durch das über Generationen gelernte Erfahrungswissen über Pflanzen, Tiere und Ökosysteme sehr vielfältige Ackerbau- und Waldbewirtschaftungsmethoden nutzen, die die Landschaft prägen und Biodiversität begünstigen. Doch in dem Maße, wie sich der ursprüngliche Lebensstil im Einklang mit der Natur durch das Vordringen beispielsweise industrieller Konsummuster entfremdet, gehen das traditionelle Wissen und der Sinn für die eigene Kultur verloren. Mittlerweile sind rund 60 Prozent der indigenen Sprachen gefährdet oder bereits verschwunden. Der Bericht sieht darin eine dramatische Entwicklung, denn eine traditionelle Lebensweise schützt die Artenvielfalt, und eine reiche Artenvielfalt bringt Lebensqualität und Mindestlebensstandards: weil lokale Wirtschaftssysteme gestärkt und somit Existenzgrundlagen gesichert werden können. Die Forscher schätzen die Leistungen der natürlichen Ökosysteme auf rund 24 Billionen US-Dollar. Das entspricht in etwa dem Bruttosozialprodukt von Nord-, Mittel- und Südamerika zusammen. Doch rund zwei Drittel dieses volkswirtschaftlichen Wertes verringern sich zum Teil sehr schnell durch den menschengemachten Klimawandel, den Verlust von Lebensräumen, die zunehmende Vergiftung der Umwelt und die ungebremste Ausbeutung der Ressourcen.

Der Report stellt aber auch heraus, dass im gesamtamerikanischen Raum die Fläche der Schutzgebiete mit wertvollem Artenreichtum im Zeitraum 1970 bis 2019 um 17 Prozent gewachsen ist. Dabei ist das Ausweisen größerer Schutzgebiete nur eine mögliche Maßnahme. Wichtig ist auch, die vom Menschen geprägten und wirtschaftlich genutzten Kulturlandschaften so artenreich wie möglich zu gestalten. Hier fehlen verbindliche politische Vorgaben und wirksame wirtschaftliche Anreize.

Afrika

Der Bericht stellt fest, dass bereits jetzt rund 6,6 Millionen Quadratkilometer Land durch Übernutzung, Erosion, Versalzung und Verschmutzung ökologisch wertlos geworden sind und keinen Beitrag mehr leisten können, um den Lebensstandard der Menschen zu sichern. Der Druck auf die Landnutzung wird, so schätzen das die Wissenschaftler vom IPBES ein, noch deutlich zunehmen, wenn sich die afrikanische Bevölkerung von derzeit 1,25 Milliarden Menschen auf 2,5 Milliarden bis 2050 verdoppelt haben wird. Noch ist die Tierwelt einmalig, vor allem die große Bandbreite der Säugetiere. Doch nie zuvor waren Afrikas Pflanzen, Fische, Amphibien, Reptilien, Vögel und auch die großen Säugetiere so gefährdet wie heute. Küstennahe Ökosysteme leisten einen erheblichen Wohlstandsbeitrag für die afrikanische Bevölkerung. Klimawandelbedingte Schäden an Korallenriffen und die Verschmutzung der Flüsse bis in die Meere hinein haben aber weitreichende negative Folgen für die Fischereierträge, die Nahrungssicherheit, den Tourismus und die marinen Ökosysteme generell. Der Bericht stellt fest, dass Afrika extrem verwundbar ist. Bis 2100 könnten über die Hälfte der afrikanischen Vogel- und Säugetierarten verloren sein. Zudem zeichnet sich ein Rückgang der ökologischen Produktivität in Afrikas Seen und bei den Pflanzenarten um 20 bis 30 Prozent ab.

In einigen afrikanischen Staaten haben Regierungsmaßnahmen aber Wirkung gezeigt, so der Bericht. Zu diesen Maßnahmen gehören ein deutlich verbessertes Wildlife-Management in den Schutzgebieten, das konsequente Vorgehen gegen Wilderer, die Wiederherstellung einiger zerstörter Ökosysteme und das Aufrechterhalten eines Netzwerks von Korridoren, um die Wanderung vieler Tierarten zu ermöglichen. Insgesamt, so der Report, bewertet der Kontinent seine natürlichen Ressourcen trotzdem viel zu gering. Um das zu verbessern, empfehlen die Autoren das stärkere Einbeziehen traditionellen Wissens der indigenen Bewohner. Vor allem auf der lokalen und regionalen Ebene ließe sich dadurch am schnellsten eine tragfähige nachhaltige Entwicklung fördern, um wirtschaftliche, soziale und umweltbezogene Ziele zu erreichen.

Asiatisch-pazifischer Raum

Die Biodiversität im asiatisch-pazifischen Raum ist beispiellosen Bedrohungen ausgesetzt: extreme Wetterereignisse und Meeresspiegelanstieg, das Eindringen invasiver Arten, die massive Intensivierung der Landwirtschaft, wachsende »wilde« Müllberge und stark zunehmende Verschmutzung und Vergiftung der Umwelt. Die sensiblen marinen Ökosysteme entlang der Küsten und zwischen den Inseln leiden unter Überfischung und mangelndem Küstenschutz durch Zerstörung der Mangrovenwälder. Der Report prognostiziert, dass ohne wirksame Gegenmaßnahmen bis spätestens 2048 keine verwertbaren Fischpopulationen mehr vorhanden sein werden. Da Fisch gerade im asiatisch-pazifischen Raum für Millionen von Menschen Hauptnahrungsquelle ist, bahnt sich hier ein massives Versorgungsproblem an. Unter dem zerstörerischen menschlichen Einfluss leiden vor allem die Gezeitenzonen, zu denen der Bericht auch die Korallenriffe rechnet. Sehr viele Riffe sind bereits massiv geschädigt, einige schon für immer verloren, insbesondere in Süd- und Südostasien. Selbst wenn man die Auswirkungen nur sehr zurückhaltend in die Projektion einbezieht, werden bis 2050 bei 90 Prozent der Riffe ernsthafte Schäden zu verzeichnen sein, so die Einschätzung des Weltbiodiversitätsrates. Dadurch kommt eine Abwärtsspirale in Gang, denn intakte Riffe bieten Jungfischen Schutz, Nahrung und Lebensraum. Sie sind sozusagen ihre sicheren Kinderstuben. Gehen die Riffe verloren, werden sich Fischpopulationen kaum mehr erholen können. Der Report betont, dass der Klimawandel und die damit verbundenen Auswirkungen die Ökosysteme generell unter starken Druck bringen, vor allem in den Küstenregionen und den dahinter tiefer liegenden Gebieten. Erwartet werden deutliche Veränderungen bei der Verbreitung von Arten, der Größe von Populationen und der Verschiebung der bisherigen Perioden bei wandernden Arten und bei den Fortpflanzungszyklen generell. Eine Zunahme der durch all diese Effekte mitbedingten Krankheiten wird sich ungünstig auf die menschliche Lebensqualität und die landwirtschaftliche Produktivität auswirken. Wälder, alpine Ökosysteme, Binnengewässer und Feuchtgebiete genau wie küstennahe Gebiete sind die am stärksten bedrohten Ökosysteme im asiatisch-pazifischen Raum. Hinzu kommen die steigende Anzahl und Vielfalt der sich ausbreitenden ortsfremden Arten. Dieses Phänomen ist zu einem der Hauptfaktoren bei der Veränderung der Ökosysteme geworden.

Der Report berichtet allerdings auch über einige Erfolge beim Erhalt der Biodiversität. Zum Beispiel sind Meeresschutzgebiete in den vergangenen 25 Jahren um 14 Prozent erweitert worden, Schutzgebiete an Land immerhin um 0,3 Prozent. Die Waldbedeckung hat im Durchschnitt um 2,5 Prozent zugenommen. Die stärkste Begrünung findet sich mit knapp 23 Prozent in Nordostasien. Allerdings sehen die Wissenschaftler diese positive Entwicklung nur als »Tropfen auf den heißen Stein« und glauben nicht, dass dadurch der anderweitige Verlust an Biodiversität gestoppt werden kann.

Der stellvertretende Leiter der Asien-Auswertung, Dr. Madhav Karki aus Nepal, weist darauf hin, dass Biodiversität und intakte Ökosysteme zum enormen Wirtschaftswachstum der Region von knapp 8 Prozent im Zeitraum 1990 bis 2010 beigetragen haben. Gleichzeitig aber seien durch die Zunahme der Bevölkerung und die damit einhergehend größere Belastung durch wirtschaftliche Tätigkeiten mehr nachteilige Einflüsse auf die Ökosysteme zu verzeichnen. Dringend müsse hier weiter an der Entkopplung von Wirtschaftswachstum und Umwelt- bzw. Ressourcenverbrauch gearbeitet werden. Zeitnah müsse es beispielsweise darum gehen, hoch wirkungsvolle Recyclingsysteme zu etablieren, um den Rohstoffverbrauch einzudämmen.

Europa und Zentralasien

Der Bericht des Weltbiodiversitätsrates stellt fest, dass vor allem die ungebrochene Intensivierung der landwirtschaftlichen Produktionsmethoden zum Verlust der Biodiversität führt. Gleichzeitig wird die traditionelle, naturverträglichere Landwirtschaft immer mehr zurückgedrängt; das damit verbundene Wissen geht verloren. Stattdessen wird die subventionsgestützte, weitgehend industrialisierte Landwirtschaft immer stärker vorangetrieben. Hierin sehen die Autoren einen ungelösten Konflikt, einen interessengeleiteten und weitgehend profitorientierten Kampf um Land und Landnutzung. Die wenigen Beispiele für nachhaltige Landwirtschaft können diesen Trend nicht kompensieren. »Die Menschen verbrauchen mehr Ressourcen, als die Natur reproduzieren kann«, sagt Prof. Markus Fisch (Schweiz), der die Studie als Co-Vorsitzender betreut hat. Die Biokapazitäten sind ungleich verteilt, was sowohl mit natürlichen Gegebenheiten als auch mit Bevölkerungsdichte und wirtschaftlichen Aktivitäten, z.B. in Ballungsräumen, zu begründen ist.

Im Gebiet der Europäischen Union finden sich bestimmte Arten, die entweder nur hier vorkommen oder die für den Erhalt wichtiger Populationen eine Schlüsselfunktion haben. Für diese Arten hat die EU im globalen Kontext eine besondere Schutzverantwortung. Hier stellt der Bericht der EU kein gutes Zeugnis aus: Nur 7 Prozent der marinen Arten und nur 9 Prozent der marinen Lebensräume befinden sich in einem akzeptablen Erhaltungszustand. Die Bewertung »nicht akzeptabel« dagegen gilt für mehr als 27 Prozent aller Arten und sogar für 66 Prozent aller Lebensräume. Allerdings hat es in den zurückliegenden Jahren vor allem durch gezielte Schutzprojekte auch Erfolge gegeben. Gefährdete Arten wie der Iberische Luchs oder der Europäische Bison haben sich in ihren Beständen auch dank verschiedener Auswilderungsprojekte erholt. Einige gefährdete Lebensräume wie Waldgebiete auf den Makaronesischen Inseln[107] sind wieder in einem guten Zustand. Solche auf spezielle Ökosysteme zugeschnittene Maßnahmen stuft der Weltbiodiversitätsrat als erfolgreich ein.

Insgesamt reichen die Schritte aber nicht aus, um gesunde Ökosysteme zu realisieren. Unter dem Strich verringert sich die Biodiversität immer weiter. Um hier den Stopp des Lebensraum- und Artenverlustes zu erreichen, sehen die Autoren des Berichts die gesetzlichen Regelungsmöglichkeiten als Fundament. Wirtschaftliche und fiskalische Instrumente müssen aber hinzukommen, ebenso wie eine transparente Informationspolitik. Genau wie im asiatisch-pazifischen Raum ist eine deutlich stärkere Entkoppelung des Wirtschaftswachstums vom Natur- und Ressourcenverbrauch dringend notwendig. Die Autoren stellen fest, dass diese Notwendigkeit zwar schon seit Langem bekannt ist, aber bisher keine durchgreifende politische Richtungsänderung stattgefunden habe. Zudem müssten schädliche Subventionen in den Sektoren Landwirtschaft und Fischerei identifiziert und gestrichen werden.

Arktis und Antarktis

Während die vier anderen vom Weltbiodiversitätsrat beschriebenen Regionen zumeist direkt durch menschliche Aktivitäten wie nicht nachhaltige Landnutzung, Industrie, Verkehr, Landwirtschaft, Energieerzeugung sowie Konsum und Abfall in ihrer Biodiversität beeinträchtig werden, geschieht das in der Arktis und Antarktis indirekt vor allem durch den Klimawandel. So geht 2018 als Rekordjahr in die Geschichte des Klimawandels ein: Noch nie gab es so wenig Meereis am Nordpolarkreis, zumindest seitdem es Wetteraufzeichnungen gibt. Im März wurde per Satellit eine Eisabdeckung von 14,28 Millionen Quadratkilometer gemessen, das waren 100 000 Quadratkilometer weniger als ein Jahr zuvor und sogar eine Million Quadratkilometer weniger als vor zehn Jahren. Die durchschnittliche Erwärmung der Arktis verläuft in etwa doppelt so schnell wie in anderen Regionen der Erde. Mit fatalen Folgen: Die Arktis ist eines der größten, aber auch sensibelsten Ökosysteme. Viele Nahrungsketten haben hier mit dem Krill (das sind kleine garnelenartige Krebstiere) ihren Anfang. Vom Krill leben Fische, Robben und Wale. Fauna und Flora haben sich seit Hunderttausenden von Jahren an die tiefen Temperaturen angepasst. Jetzt erwärmt sich das ehemals »ewige Eis« so schnell, dass möglicherweise die evolutionäre Anpassung der Arten an die deutlich veränderten Umweltbedingungen nicht mehr Schritt halten kann. Jedenfalls ist diese Fragestellung Ge-

genstand mehrerer Forschungsprojekte. Schon jetzt ist zu sehen, dass Flora und Fauna nach Norden in die kälteren Gebiete streben. An Land wachsen Büsche höher und breiten sich deutlich weiter aus, die Baumgrenze ist ebenfalls weiter nördlich zu finden. Die arktischen Arten, die auf kalte Temperaturen angewiesen sind, könnten in relativ kurzer Zeit aussterben oder nur noch als kleine, isolierte Populationen in höheren Bergregionen existieren. Im arktischen Ozean verändert sich bereits die Produktivität der Mikroorganismen und des Planktons auch im zeitlichen Ablauf, was die Nahrungsketten verändert. Der Verlust an Meereis bedeutet für Robben und Walrosse einen Verlust an Ruheplätzen, die sie zwingend bei ihrer Jagd nach Beute ansteuern müssen.

Seit wenigen Jahren droht der Arktis eine weitere Gefahr: Je weiter sich das Meereis zurückzieht, desto einfacher wird es, per Schiff nach Bodenschätzen zu suchen. Forscher wie Mojib Latif, Professor für Maritime Meteorologie am Helmholtz-Zentrum für Ozeanforschung in Kiel, gehen davon aus, dass die Arktis in wenigen Jahrzehnten eisfrei sein wird. Unter dem Boden des arktischen Meeres werden unter anderem erhebliche Ölvorkommen vermutet. Sollten aufgrund der sich ändernden Bedingungen Exploration und Erschließung wirtschaftlich rentabel werden, dürfte das Ökosystem Arktis in Zukunft auch unter den Folgen dieser industriellen Ausbeutung leiden. Ein weiterer Faktor ist der zunehmende Tourismus. Immer mehr Kreuzfahrtschiffe steuern das Nordpolarmeer an. Mit kleinen Schlauchbooten geht es dann auf Fototouren zu den Walrossstränden; zigtausend Touristen irritieren die Tiere jedes Jahr. Die Schiffe sorgen zudem für eine erhöhte Schadstoffbelastung der Luft, weil nur die wenigsten über eine Abgasreinigung verfügen. Ein weitgehend eisfreies Polarmeer würde auch das Interesse der Fischfangflotten wecken.

Damit das Meer nicht in kürzester Zeit leer gefischt wird, sind hier dringend entsprechende Regeln erforderlich. Eine spezielle Arbeitsgruppe des Arktischen Rates,[108] die CAFF (Conservation of Arctic Flora and Fauna), hat es sich zur Aufgabe gemacht, solche Regeln zu definieren und durchzusetzen, um so und mit allen anderen verfügbaren Mitteln die arktische Biodiversität zu schützen. Die Wissenschaftler werten Informationen aus, kommunizieren mit den Regierungen der beteiligten Länder und versuchen, gemeinsam Lösungen zu finden, um den Lebensraum Arktis nicht zu verlieren. Neben den Auswirkungen auf die arktische Biodiversität bringen die Veränderungen nach Ansicht von Prof. Latif das Klimasystem der Erde noch stärker durcheinander, beispielweise durch Verschiebungen des Jetstreams, die das Muster von Kälte- und Hitzeperioden massiv verändern würden, oder durch die Beeinflussung des Golfstroms, was zur Absenkung der Durchschnittstemperatur in Mitteleuropa führen könnte. Forscher des Potsdam Instituts für Klimafolgenabschätzung haben im Mai 2018 eine Studie veröffentlicht, die eine Abschwächung des Golfstroms um 15 Prozent verglichen mit den 1950er-Jahren aufzeigt.

Am Südpol kümmert sich eine andere Wissenschaftlervereinigung um den Erhalt des Lebensraums und der Biodiversität: der Wissenschaftliche Ausschuss für Antarktis-Forschung (Scientific Committee on Antarctic Research, SCAR). Ins Leben gerufen wurde der Ausschuss vom Internationalen Rat der Wissenschaftsvereinigung[109] im September 1957. Die ursprüngliche Kernaufgabe bestand darin, einen Plan zur ganzheitlichen wissenschaftlichen Erforschung auszuarbeiten. Mittlerweile sind die Umweltveränderungen zu einem Schwerpunkthema des Ausschusses geworden.

Die Antarktis weist einige Besonderheiten auf: Im Antarktischen Ozean ist die Biodiversität der am oder im Meeresboden lebenden Wirbellosen (verschiedene Wurmarten, Quallen, Schwämme, etc.) außerordentlich hoch, streckenweise vergleichbar mit tropischen Korallenriffen. Die antarktische Fauna und Flora haben einen hohen Anteil endemischer Arten, d. h. Arten, die nur dort vorkommen.

Und es gibt sogar hin und wieder Überraschungen: Nach der Auswertung von Satellitendaten und den Daten einer Forschungsexpedition im Dezember 2015 konnten Wissenschaftler aus Frankreich, den USA und Großbritannien im März 2018 nachweisen, dass es auf den abgelegenen Danger Islands im Osten der antarktischen Halbinsel Kolonien von insgesamt 1,5 Millionen Adeliepinguinen gibt. Dass die kleinen Pinguine mit dem weißen Bauch, dem schwarzen Kopf und den weiß umrandeten Augen auf mindestens neun Inseln im Weddell-Meer leben, war bekannt. Doch offenbar ist ihre Gesamtanzahl weitaus größer. Die Wissenschaftler zählten 751 527 Brutpaare von Adeliepinguinen, das sind mehr, als auf der gesamten restlichen Antarktischen Insel leben.

Natürlich wirkt sich auch in der Antarktis der Klimawandel aus, die Lebensräume verändern sich ähnlich wie in der Arktis. Doch noch gilt die Antarktis als eine der letzten Regionen der Erde, die vom Menschen weitgehend unberührt geblieben sind; das Ökosystem ist weitgehend intakt. Dafür sorgt auch die »Vereinbarung zum Schutz der antarktischen Umwelt«,[110] die am 4. Oktober 1991 in Madrid unterschrieben wurde und 1998 in Kraft trat. Die Vereinbarung definiert die Antarktis gemäß Artikel (2) als ein »Naturreservat, nur dem Frieden und der Wissenschaft gewidmet«. Es werden verbindliche Verhaltensregeln aufgestellt; unter anderem dürfen der Antarktis keine Mineralien entnommen werden außer zu Forschungszwecken. Im Vergleich zu den anderen Regionen steht die Antarktis also eigentlich wesentlich besser da.

Doch die Schutzvereinbarung hat Schwächen, die jetzt, wie neue Studien zeigen, zu Umweltproblemen führen und das Ökosystem schädigen könnten. In der Antarktis werden ständige, meist in Küstennähe liegende Forschungsstationen unterhalten, im Sommer kommen noch zeitweilige Camps hinzu. Ein Großteil der dort entstehenden Abwässer wird ungereinigt in das Meer geleitet. Ebenso kann fester Müll durch Löcher im Meereis versenkt werden, und Schiffe dürfen außerhalb einer Zwölf-Meilen-Schutzzone ebenfalls ihren Müll ins Meer entsorgen. Das ist nach der Antarktis-Schutzvereinbarung erlaubt. Philipp Emnet vom »Gateway Antarctica« an der University of Canterbury in Christchurch, Neuseeland, hat antarktisches Meerwasser auf neuartige Schadstoffe untersucht – und wurde fündig. Kleinstrückstände aus kosmetischen und pharmazeutischen Produkten, sogenannte Mikroschadstoffe, werden auch aus den Abwässern der Forschungsstationen in die marine Umwelt getragen, so sein Ergebnis. Einige der Stoffe sind hinsichtlich ihrer Umwelteinflüsse nicht untersucht, bauen sich unter antarktischen Bedingungen nur langsam oder gar nicht ab und können auf Lebewesen hormonelle Wirkungen haben, so Emnet. Wie sich Mixturen verschiedener Schadstoffe in der Umwelt auswirken, ist nicht einmal im Ansatz bekannt. Seine Untersuchung zeigt zudem, dass sich die Schadstoffe sehr weit im Meer ausbreiten; bis zu 25 Kilometer im Umkreis der Forschungsstationen war der Nachweis möglich. Es scheint, als müsse die Schutzvereinbarung über die Antarktis nachgebessert werden.

Immerhin genießt das Ökosystem der Antarktis den Schutz einer internationalen Vereinbarung. Das hat seinerzeit sogar Greenpeace bejubelt. Die Erkenntnisse des Weltbiodiversitätsrates und des Arktischen Rates dagegen spielen im politischen Alltag und auch bei längerfristigen politischen Planungen bisher keine nennenswerte Rolle. Der Grund dafür ist höchst einleuchtend: Würde man die Fakten ernst nehmen und endlich anfangen, eine daraus folgende natur- und umweltverträgliche Politik zu machen, hieße das, mit allen bisherigen Regeln zu brechen. Es würde bedeuten, dass sich die Belohnungssysteme in der Ökonomie drastisch ändern würden, und das hieße, Gewinn und Verlust rechneten sich anders, die Profite würden sich verschieben, kämen plötzlich anderen zugute. Davor haben nicht nur die großen Weltkonzerne Angst, sondern auch die Regierungen. Dabei ist der Erhalt der Biodiversität nicht irgendeine Maßnahme unter »Sonstiges«. Zwar garantieren artenreiche, intakte Ökosysteme nicht das Überleben des Planeten Erde, der ohnehin noch ein paar Millionen Jahre existieren wird. Den Verlust der Artenvielfalt stoppen, die Biodiversität schützen und verbessern – das ist nicht mehr und nicht weniger als eine Lebensversicherung für die Menschheit.

Ernüchternde Erkenntnisse

Der zusammenfassende Blick auf die Entwicklung der Qualität der globalen Biodiversität ist höchst ernüchternd: »Wir müssen feststellen«, so der Kommentar der Generalsekretärin des IPBES, Dr. Anne Larigauderie, »dass es weltweit nicht gelungen ist, politisch so umzusteuern, dass der Verlust der Biodiversität gestoppt wird. Vielmehr drohen weitere Verschlechterungen, die dazu führen, dass fast alle Länder ihre verbindlichen globalen Entwicklungsziele[111] verfehlen werden.« Der Erhalt der Biodiversität kann nur dann gelingen, wenn entsprechende Maßnahmen integraler Bestandteil aller Politikfelder werden. Vorstellbar ist eine Inwertsetzung der Leistungen der Ökosysteme, wie es in Ansätzen mit den Emissionshandelssystemen versucht wird. Naturge- und -verbrauch darf nicht länger kostenlos sein. Intensivierung der Forschung und ständige technische Optimierungen können ebenfalls einen Beitrag leisten. Ökologische Zusammenhänge sollten fester Bestandteil der schulischen Bildung werden, und die Nationalstaaten müssen Sorge dafür tragen, dass die Notwendigkeit des Artenerhalts tief im öffentlichen Bewusstsein verankert wird, so die wichtigsten Empfehlungen des Rates.

EPILOG – TEIL EINS

Warum wir Katastrophen brauchen

Ein brütend heißer Sommertag. Um 15 Uhr bin ich mit Prof. Klaus Töpfer zu einem Interview verabredet. Es ist das Jahr 1993, und Prof. Töpfer ist Bundesumweltminister. Auf der Fahrt zum Ministerium, das damals noch den Hauptsitz in Bonn hat, erreicht mich ein Anruf der Pressestelle. Der Minister hätte vorgeschlagen, das Interview nicht im Büro, sondern unten in den Rheinauen zu machen. Da sei es doch angenehm schattig und kühl. Mein Kamerateam und ich sind sofort einverstanden, also Kurs Rheinauen. Als wir ankommen, ist der Bundesumweltminister bereits am Treffpunkt. Mein Kameramann und sein Assistent bauen schnell das Stativ auf, die Kamera obendrauf, Töpfer und ich bekommen ein Ansteckmikrofon, kurze Tonprobe, und los geht's.

Ehrlich gesagt, an den Inhalt des Interviews kann ich mich nicht mehr erinnern. Aber an das, was dann kam, erinnere ich mich ganz genau. Nach 20 Minuten waren alle Fragen gefragt, technisch alles in Ordnung, Abbau. Kaum war die Kamera verstaut, kam Klaus Töpfer auf mich zu, berührte mich leicht am Arm und sagte: »Wissen Sie was? Was ich da gerade amtlich gesagt habe, glaube ich selbst nicht. Es wird sich nichts ändern – bis zur nächsten Katastrophe. Und jetzt lade ich euch alle auf ein Bierchen ein.« Und das war dann in der Tat sehr erfrischend.

Es wird sich nichts ändern. Bis zur nächsten Katastrophe.

Ein so dahergesagter Satz eines Bundesumweltministers. Ein Satz, der sich mir fest eingeprägt hat. Weil er stimmt: Der Atomausstieg kam zustande, weil unmittelbar zuvor eine Katastrophe – Fukushima – die Welt entsetzt hatte und weil eine zweite Katastrophe für die Partei von Bundeskanzlerin Angela Merkel drohte, nämlich die Landtagswahlen in Baden-Württemberg zu verlieren. Schnell sollten noch über den Atomausstiegsbeschluss grünaffine Wähler ins CDU-Lager gezogen werden. Das Bundesverwaltungsgericht lässt Anfang 2018 Fahrverbote für Dieselautos grundsätzlich zu, um die Luft in den Innenstädten sauber zu bekommen. Eine schallende Ohrfeige – nicht für die Autoindustrie, sondern für die Ministerpräsidenten der Länder. Denn die hätten gemäß der EU-Richtlinie 2008/50/EG die Luft bereits bis 2010 sauber bekommen können, wenn sie denn, wie von Brüssel vorgesehen, entsprechende Luftreinhaltepläne umgesetzt hätten. Haben sie aber nicht, und jetzt müssen die Dieselfahrer die politische Untätigkeit büßen. Dass Plastikmüll ein massives Umweltproblem darstellt, ist seit mindestens einem Jahrzehnt bekannt. Aber erst wenn, wie im Frühsommer 2018 geschehen, ein Wal mit 80 Kilogramm Plastiktüten im Magen am Strand verreckt, erst wenn neuere Messungen ergeben, dass der Müllstrudel im Pazifik mittlerweile viereinhalbmal so groß ist wie die Fläche Deutschlands, erst wenn eine Studie aufzeigt, dass im Mittelmeer viermal so viel Mikroplastik zu finden ist wie in den großen Ozeanen, erst wenn selbst in der Antarktis Mikroplastik zu finden ist … Erst dann können sich Politiker mühsam zu ersten, sehr zaghaften Schritten durchringen. Was Nachhaltigkeit real bedeutet, merken Touristen erst, wenn sie am eigenen Müll auf Mallorca ersticken und in den eigenen Ausscheidungen baden. Und in Indien bleibt der Regierung nichts anderes übrig, als alle Verbrennungsmotoren ab 2030 zu verbieten – aber erst, nachdem Menschen in den Megacitys reihenweise krank werden oder an den Folgen der Luftvergiftung sterben.

Offenbar ändert sich nichts, bis auch das vorletzte Biotop zerstört ist. Einzig die Kraft der Katastrophen bringt die Menschheit zum Handeln.

Wie hat es Papst Franziskus formuliert?

Das Problem ist, dass wir noch nicht über die Kultur verfügen, die es braucht, um dieser Krise entgegenzutreten. Es ist notwendig, Leaderships zu bilden, die Wege aufzeigen, indem sie versuchen, die Bedürfnisse der gegenwärtigen Generationen unter Einbeziehung aller zu berücksichtigen, ohne die kommenden Generationen zu beeinträchtigen.

Nun, Papst Franziskus gilt als der Stellvertreter Gottes auf Erden. Insofern muss er seine Worte sorgfältig abwägen und diplomatisch formulieren. Ich glaube, der HERR, wenn er selbst zu uns spräche, würde es drastischer formulieren, so, wie wir es schon im Prolog zu diesem Buch formuliert haben.

Und Gott sprach: Ich habe einen Fehler gemacht. Der Homo sapiens ist mir zu dumm geraten.

Volker Angres

EPILOG – TEIL ZWEI

Wie viel Natur sind wir uns selbst wert?

Der längst überfällige Besuch bei einem unserer Wiederaufforstungsprojekte in Südostasien hat mich für einen Zwischenstopp nach Singapur verschlagen. Um es gleich zu sagen; das ist nicht meine Welt, aber neugierig bin ich dennoch. Und so will ich es mir nicht entgehen lassen, die viel gepriesene Aussicht von den Dachgärten des 55. Stockwerke hohen Fünf-Sterne-Nobelhotels Marina Bay Sands einmal selbst zu erleben. 20 Singapur-Dollar (umgerechnet 12,56 Euro) kostet der Eintritt zum 340 Meter langen begrünten Dachgarten. Mit dabei: der 146 Meter lange »Infinity Pool« auf der größten öffentlichen Auslegerplattform auf 191 Meter Höhe für alle, die nicht im Hotel wohnen. Für mich als Schwaben kommt das natürlich nicht infrage. Ein guter Freund, der beruflich etliche Jahre in Singapur lebte, hatte mir mit auf den Weg gegeben, dass es auf derselben Höhe eine Bar gibt, von der aus man dieselbe Aussicht hat und die keinen Eintritt kostet. Also riskiere ich die Investition in das günstigste Getränk, das sich als ziemlich teures Bier erweist. Hauptsache Eintritt gespart.

Die Aussicht hinüber zum Banken-Business-Viertel ist in der Tat atemberaubend. Ob man es braucht? Auf der anderen Seite bildet eine Art Parklandschaft auf neu aufgeschüttetem Boden den Übergang zum Meer. Wie riesige, auf das Mundstück gestellte Trompeten bilden achtzehn begrünte »Stahlbäume« – die sogenannten Supertrees – eine bizarre Kulisse. Nachts sind die mit über 160 000 Pflanzen aus aller Welt bestückten Stahlskelette in vielerlei Farben beleuchtet; das hatte ich schon beim Landeanflug erkennen können. Neben den Kunstskulpturen zwei riesige Gewächshäuser. Stahl und Glas sind so geformt, dass sie aussehen wie der aus dem Meer emporragende Rückenkamm des Meeresmonsters Godzilla.

Gardens by the Bay heißt das Ganze. Es soll sich um ein besonders umweltfreundliches Areal handeln, so konnte ich in Architekturmagazinen und Reiseprospekten lesen. Da mein Reiseplan noch genügend Zeitbudget vorhält, beschließe ich, die Anlage zu besuchen. Bei den Preisen steht mir der Sinn selbst bei größtem Durst nicht nach einem zweiten Bier. Also nichts wie runter und rüber vom Hotel in die direkt benachbarte Anlage. Der Weg zur Gartenwelt ist beeindruckend. Vielerlei Bäume und Sträucher – zu Grüninseln arrangiert – säumen den Weg, bis sich riesige Plätze öffnen. Dann schaue ich ebenso wie die anderen Besucher aus aller Welt die Supertrees hinauf. Überall sind emsig Gärtner am Werk. Sie pflücken welke Teile aus den vielen Tausend Einzelpflanzen und tauschen manche Gewächse aus. Der Aufwand für das Management der Bäume ist nicht zu übersehen. Ist das die Zukunft von urbanem Grün? Für den Augenblick egal; man muss Prioritäten setzen, und ich will ja noch die gigantischen Tropenhäuser sehen. Also erwerbe ich ein Ticket für 28 Singapur-Dollar (17,59 Euro). Im 0,80 Hektar überdeckenden Glashaus *Cloud Forest* empfangen mich Sphärenklänge; nach ein paar Metern komme ich zusammen mit den vielen anderen Besuchern an plätschernden Wasserfällen vorbei. Gut gemacht ist das schon, denke ich. Der Kunstpfad führt allmählich nach oben. Verschiedene Pflanzenarrangements werden unterbrochen durch zusammenhanglos aufgestellte Skulpturen aus verschiedenen – vielleicht schon bald ehemaligen – Regenwaldregionen. Immer wieder Sphärenklänge. Dazwischen mit Lautsprechern verstärkte Wassertropfen. An anderer Stelle riesige Stalagmiten. Welcher Höhle mögen die wohl entnommen sein? Die fast schon einem Spielfilm ähnliche Szenerie ist immer wieder eingebettet in klassische Wohlfühlmusik. Das Glashaus ermöglicht den Ausblick auf die Stahl-Kunstbaum-Landschaft. Aus Luftdüsen wird Bergwind imitiert. Wieder einige Meter weiter ein Kunstkristallbaum mit eingegossenen Fliegenfallen von Kannenpflanzen. Dasselbe gibt es in verschiedenen handlichen Größen, ähnlich wie die in Plastik eingegossenen Orchideen als Briefbeschwerer im Souvenirshop der Anlage. Am Ausgang gibt es dann die Bar *Seven Heaven*. Daneben eine Ecke aus Granitstufen; dekoriert mit Löwen und anderem Getier aus Tropenholz.

Langsam müde werdend, nehme ich den Weg zum Glashaus *Flower Dome.* Auch in diesem 1,28 Hektar überspannenden Gebäude ein

Arrangement aus Sphärenklängen und verschiedene floristische Themeninseln aus eher trockenen und gemäßigten Klimazonen. Baobab-Bäume unter Stahl und Glas, melodiös eingebettet in Flötenspiel. Beeindruckend arrangierte Themenwelten wie Araukarien aus Chile oder kanarische Dattelpalmen folgen aufeinander. Die Menschen scheinen begeistert zu sein und nehmen mit ihren iPads die Kunstnatur als Foto mit nach Hause. Auch hier entfernen fleißige Gärtner alles, was nicht in die natürlich erscheinende Kunstwelt gehört. Natur für stubenreine Naturkonsumenten also; kein Platz für natürliches, nicht arrangiertes Grün. Auf dem Glasdach des *Flower Dome* turnen Menschen wie Affen umher, um das Glas zu putzen, das die Kunstwelt von der realen Welt trennt. Im sogenannten Canopy-Bereich gibt es »amazing adaptions«. Dort sehe ich im Eingangsbereich einen europäischen Mischwald. Daneben lässt sich auf einer großen Wand per Touchscreen eine Kreissäge bedienen, mit der man sich selbst testen kann, wie viele Bäume man in wie vielen Sekunden absägt; dann kommt die Warnung. Wenn man nichts tut, wird man sich nicht mehr anpassen können. Wenige Sekunden später können per Touchscreen Bäume gepflanzt werden. Ach, wenn es doch so einfach wäre. Zumindest ist eine Spur von pädagogischem Ansatz zur Umweltbildung erkennbar. Beseelt oder nur müde, sitzt ein Seniorenpaar auf einer Bank – vielleicht lauschen sie auch digitalem Vogelgezwitscher. Mir ist nicht nach sitzen. Mit einem eigentlich nicht beschreiblichen Gefühl, das zwischen Begeisterung und Schockstarre pendelt, gehe ich weiter. Wald entdecken mit Rolltreppe und Lift. Es gibt von allem etwas. Da ist der »Indian-Garden«, eine Zone mit Medizinpflanzen, ein Stück eindrucksvoll bizarrer Kalkfelsen hier, ein bemerkenswertes Stück Holz dort. Immer wieder etwas Folklorekunst; gespickt mit modern-kitschigem Dekomaterial. Dazwischen zwergenhaft wirkende Menschen, die ihre Gattung selbst karikieren, natürlich ohne sich dessen bewusst zu sein. Wieder draußen, gehe ich zwischen den Supertrees zurück. Im Gelände schwirren gut fünf Meter große Stahllibellen über einem künstlichen Fluss.

Unter dem Hotel geht es zur anderen Straßenseite. Eine riesige Shoppingmall bietet einen künstlichen Fluss; zwei Japaner lassen sich mit einer venezianisch anmutenden Gondel zu einer Mini-»Rialtobrücke«

rudern. Hilfe! Keine Frage: Singapur ist durchaus eine grüne Stadt. Aber was da grünt, ist peinlich gepflegte, gärtnerische Natur.

Sieht so die Zukunft aus? Botanik und digital verstärkte Pseudonatur gegen Bares? Es steht zu befürchten. Schon jetzt locken etwa die Centerparks als Bade-Themen-Freizeit-Welten in Deutschland, Belgien, England, Frankreich und in den Niederlanden zu witterungsunabhängigen Freizeitaufenthalten. Bei Het Heijderbos in den Niederlanden bietet der Jungle Dome das Erlebnis subtropischer Landschaft. Die Badewelt Sinsheim (Landkreis Rhein-Neckar Kreis) lockt mit exotischem Urlaubsfeeling und gesundem Heilbaden unter echten Südseepalmen. Sind wir uns selbst nur noch kostenpflichtige Natur wert?

Etliche Wochen später und längst wieder zurück in der Heimat bin ich im Nationalpark Schwarzwald unterwegs. Welch ein Unterschied. Echte Vögel pfeifen, Schmetterlinge flattern umher. Wilde Blumen blühen. Alles ist eingehüllt in fantastische Waldluft. Irgendwie machen mir auch die Japaner, die mir auf einem der Wanderwege begegnen, einen glücklicheren Eindruck.

Claus-Peter Hutter

ANHANG

Unter Naturschutz – als einem wichtigen Teilgebiet des Umweltschutzes – ist (nach Jedicke, 1995) die gleichberechtigte Erfüllung der sich gegenseitig durchdringenden Aufgabenbereiche Artenschutz, Biotopschutz, Ressourcenschutz, Prozessschutz und Ästhetischer Landschaftsschutz zu verstehen. Seit der Umweltkonferenz der Vereinten Nationen 1992 in Rio de Janeiro wird Naturschutz zunehmend als integrativer Teil der Bewahrung der natürlichen Lebensgrundlagen auch als Beitrag für eine nachhaltige Entwicklung verstanden. Naturschutz ist damit letztlich für die EU ein ressortübergreifendes Thema, welches – wie überhaupt der gesamte Umweltschutz – in alle Politikbereiche Eingang finden muss, um das Naturerbe ungeschmälert an künftige Generationen weiterreichen zu können. Es mangelt gewiss nicht an Ansprechpartnern.

Wer macht was? Nützliche Adressen

Bundesministerien, Bundesbehörden und andere Bundeseinrichtungen (D, A, CH), die sich mit Fragen der Umweltvorsorge und Nachhaltigkeit beschäftigen

Deutschland

Bundesministerium für Umwelt, Naturschutz und nukleare Sicherheit (BMU)
Berlin und Bonn
www.bmu.de

Bundesamt für Naturschutz (BfN)
53179 Bonn
www.biologischevielfalt.bfn.de

Bundesministerium für Bildung und Forschung (BMBF)
53170 Bonn
www.bmbf.de

Umweltbundesamt (UBA)
06844 Dessau-Roßlau
www.umweltbundesamt.de

Statistisches Bundesamt
65180 Wiesbaden
www.destatis.de

Wissenschaftlicher Beirat der Bundesregierung Globale Umweltveränderungen (WBGU)
10117 Berlin
www.wbgu.de

Österreich
Bundesministerium für Nachhaltigkeit und Tourismus (BMNT)
1010 Wien
www.bmnt.gv.at

Umweltbundesamt
1090 Wien
www.umweltbundesamt.at

chweiz
Bundesamt für Umwelt (BAFU)
3003 Bern
www.bafu.admin.ch

Eidgenössisches Department für Umwelt, Verkehr, Energie und Kommunikation (UVEK)
3003 Bern
www.uvek.ch

Für den Naturschutz zuständige Ministerien in Deutschland

Bundesministerium für Umwelt, Naturschutz und nukleare Sicherheit (BMU)
Berlin und Bonn
www.bmu.de

Baden-Württemberg
Ministerium für Umwelt, Klima und Energiewirtschaft Baden-Württemberg (UM)
70182 Stuttgart
www.um.baden-wuerttemberg.de

Bayern
Bayerisches Staatsministerium für Umwelt und Verbraucherschutz (StMUV)
81925 München
www.stmuv.bayern.de

Berlin
Senatsverwaltung für Umwelt, Verkehr und Klimaschutz
10179 Berlin
www.berlin.de/sen/uvk

Brandenburg
Ministerium für Ländliche Entwicklung, Umwelt und Landwirtschaft des Landes Brandenburg (MLUL)
14467 Potsdam
www.mlul.brandenburg.de

Bremen
Senator für Umwelt, Bau und Verkehr
28195 Bremen
www.bauumwelt.bremen.de

Hamburg
Behörde für Umwelt und Energie (BUE)
21109 Hamburg
www.hamburg.de/bue

Hessen
Hessisches Ministerium für Umwelt, Klimaschutz, Landwirtschaft und Verbraucherschutz (HMUKLV)
65189 Wiesbaden
www.umwelt.hessen.de

Mecklenburg-Vorpommern
Ministerium für Landwirtschaft und Umwelt (MLU)
19048 Schwerin
www.um.mv-regierung.de

Niedersachsen
Niedersächsisches Ministerium für Umwelt, Energie, Bauen und Klimaschutz
30169 Hannover
www.umwelt.niedersachsen.de

Nordrhein-Westfalen
Ministerium für Umwelt, Landwirtschaft, Natur- und Verbraucherschutz des Landes Nordrhein-Westfalen (MULNV)
40476 Düsseldorf
www.umwelt.nrw.de

Rheinland-Pfalz
Ministerium für Umwelt, Energie, Ernährung und Forsten Rheinland-Pfalz (MUEEF)
55116 Mainz
www.mueef.rlp.de

Saarland
Ministerium für Umwelt und Verbraucherschutz Saarland
66117 Saarbrücken
www.umwelt.saarland.de

Sachsen
Sächsisches Staatsministerium für Umwelt und Landwirtschaft (SMUL)
01097 Dresden
www.smul.sachsen.de

Sachsen-Anhalt
Ministerium für Umwelt, Landwirtschaft und Energie des Landes Sachsen-Anhalt (MULE)
39112 Magdeburg
www.mule.sachsen-anhalt.de

Schleswig-Holstein
Ministerium für Energiewende, Landwirtschaft, Umwelt, Natur und Digitalisierung des Landes Schleswig-Holstein (MELUND)
24106 Kiel
www.melund.schleswig-holstein.de

Thüringen
Thüringer Ministerium für Umwelt, Energie und Naturschutz (TMUEN)
99096 Erfurt
www.umwelt.thueringen.de

Staatliche Einrichtungen, Fachinstitutionen und -behörden der Bundesländer, die sich mit Fragen des Naturschutzes und der Landschaftspflege der Länder beschäftigen

Baden-Württemberg
Landesanstalt für Umwelt
Baden-Württemberg (LUBW)
Abteilung 2 – Nachhaltigkeit und Naturschutz
76185 Karlsruhe
www.lubw.baden-wuerttemberg.de

Bayern
Bayerisches Landesamt für Umwelt (LfU)
Abteilung 5 – Naturschutz, Landschaftspflege, Gewässerökologie
86179 Augsburg
www.lfu.bayern.de/natur/

Berlin
Senatsverwaltung für Umwelt, Verkehr und Klimaschutz
Referat Landschaftsplanung und Naturschutz/Landesbeauftragter für Naturschutz und Landschaftspflege
10179 Berlin
www.berlin.de/sen/uvk

Brandenburg
Landesamt für Umwelt (LfU)
Abteilung Naturschutz
14476 Potsdam
www.lfu.brandenburg.de

Bremen
Senator für Umwelt, Bau und Verkehr
Referat 31 – Naturschutz und Landschaftspflege
28195 Bremen
www.bauumwelt.bremen.de

Hamburg
Behörde für Umwelt und Energie (BUE)
Amt für Naturschutz, Grünplanung und Energie
Abteilung Naturschutz
www.hamburg.de/naturschutz

Hessen
Hessisches Landesamt für Naturschutz, Umwelt und Geologie (HLNUG)
Abteilung N – Naturschutz
35394 Gießen
www.hlnug.de

Mecklenburg-Vorpommern
Landesamt für Umwelt, Naturschutz und Geologie Mecklenburg-Vorpommern (LUNG)
Abteilung Naturschutz und Naturparke
18273 Güstrow
www.lung.mv-regierung.de

Niedersachsen
Niedersächsischer Landesbetrieb für Wasserwirtschaft, Küsten- und Naturschutz (NLWKN)
Geschäftsbereiche Regionaler Naturschutz und Landesweiter Naturschutz
30453 Hannover
www.nlwkn.niedersachsen.de

Nordrhein-Westfalen
Landesamt für Natur, Umwelt und Verbraucherschutz Nordrhein-Westfalen (LANUV)
Abteilung 2 – Naturschutz, Landschaftspflege, Jagdkunde und ,Fischereiökologie
45659 Recklinghausen
www.lanuv.nrw.de

Rheinland-Pfalz
Landesamt für Umwelt Rheinland-Pfalz (LfU)
55116 Mainz
www.lfu.rlp.de

Saarland
Landesamt für Umwelt- und Arbeitsschutz (LUA)
Fachbereich 3.1 – Natur- und Artenschutz
66119 Saarbrücken
www.lua.saarland.de

Sachsen
Sächsisches Landesamt für Umwelt, Landwirtschaft und Geologie (LfULG)
Abteilung 6 – Naturschutz, Landschaftspflege
01326 Dresden
www.smul.sachsen.de/lfulg
www.umwelt.sachsen.de/umwelt/natur

Sachsen-Anhalt
Landesamt für Umweltschutz Sachsen-Anhalt (LAU)
Fachbereich 4 – Naturschutz
06116 Halle (Saale)
www.lau.sachsen-anhalt.de

Schleswig-Holstein
Landesamt für Landwirtschaft, Umwelt und ländliche Räume (LLUR)
Abteilung Naturschutz und Forst
24220 Flintbek
www.schleswig-holstein.de/LLUR

Thüringen
Thüringer Landesanstalt für Umwelt und Geologie (TLUG)
Abteilung Naturschutz
07745 Jena
www.tlug-jena.de

Arbeitsgemeinschaften des Bundes und der Länder zum Themenbereich Arten- und Biotopschutz, nachhaltige ökologische Landschaftsentwicklung

Bund/Länder-Arbeitsgemeinschaft Naturschutz, Landschaftspflege und Erholung (LANA)
Ministerium für Umwelt und Verbraucherschutz des Saarlandes
66117 Saarbrücken
www.la-na.de

Länderarbeitsgemeinschaft der Vogelschutzwarten (LAG VSW)
Vogelschutzwarte Seebach
Referat 31 Zoologischer Artenschutz
Thüringer Landesanstalt für Umwelt und Geologie
99998 Seebach
www.vogelschutzwarten.de

Staatliche Vogelschutzwarten

Baden-Württemberg
Landesanstalt für Umwelt (LUBW)
Abteilung 2 – Nachhaltigkeit und Naturschutz
Staatliche Vogelschutzwarte
76185 Karlsruhe

Bayern
Bayerisches Landesamt für Umwelt (LfU)
Staatliche Vogelschutzwarte
82467 Garmisch-Partenkirchen

Berlin
Senatsverwaltung für Umwelt, Verkehr und Klimaschutz
10179 Berlin

Brandenburg
Landesamt für Umwelt
Staatliche Vogelschutzwarte
14715 Nennhausen OT Buckow

Bremen
Der Senator für Umwelt, Bau und Verkehr
Referat 31 – Naturschutz und Landschaftspflege
28195 Bremen

Hamburg
Behörde für Umwelt und Energie
Amt für Naturschutz, Grünplanung und Energie
Staatliche Vogelschutzwarte
21109 Hamburg

Hessen, Rheinland-Pfalz, Saarland
Staatliche Vogelschutzwarte für Hessen, Rheinland-Pfalz und Saarland
Institut für angewandte Vogelkunde
60386 Frankfurt am Main
www.vswffm.de

Mecklenburg-Vorpommern
Landesamt für Umwelt, Naturschutz und Geologie Mecklenburg-Vorpommern
Abteilung Naturschutz
18273 Güstrow

Niedersachsen
Staatliche Vogelschutzwarte Niedersachsen
Niedersächsischer Landesbetrieb für Wasserwirtschaft, Küsten- und Naturschutz (NLWKN)
30453 Hannover

Nordrhein-Westfalen
Landesamt für Natur, Umwelt und Verbraucherschutz Nordrhein-Westfalen (LANUV)
– Vogelschutzwarte –
45659 Recklinghausen

Sachsen
Staatliche Betriebsgesellschaft für Umwelt und Landwirtschaft (BfUL)
Sächsische Vogelschutzwarte Neschwitz
02699 Neschwitz

Sachsen-Anhalt
Landesamt für Umweltschutz
Sachsen-Anhalt (LAU)
Fachgebiet 43 – Arten- und Biotopschutz, Staatliche Vogelschutzwarte und Kontrollaufgaben des Artenschutzes/ CITES
06116 Halle (Saale)

Schleswig-Holstein
Landesamt für Landwirtschaft, Umwelt und ländliche Räume Schleswig-Holstein (LLUR)
Staatliche Vogelschutzwarte
24220 Flintbek

Thüringen
Thüringer Landesanstalt für Umwelt und Geologie (TLUG)
Staatliche Vogelschutzwarte Seebach
99998 Weinbergen

Akademien und Umweltbildungsstätten der Bundesländer

Arbeitsgemeinschaft Natur- und Umweltbildung Bundesverband e.V. (ANU)
60486 Frankfurt am Main
www.umweltbildung.de

Dachorganisation der Einrichtungen zur ökologischen Bildungsarbeit: Bundesweiter Arbeitskreis der staatlich getragenen Bildungsstätten im Natur- und Umweltschutz (BANU)
www.banu-akademien.de

Baden-Württemberg
Akademie für Natur- und Umweltschutz Baden-Württemberg (Umweltakademie)
70193 Stuttgart
www.umweltakademie.baden-wuerttemberg.de

Bayern
Bayerische Akademie für Naturschutz und Landschaftspflege (ANL)
83410 Laufen
www.anl.bayern.de

Hessen
Naturschutz-Akademie Hessen (NAH)
35578 Wetzlar
www.na-hessen.de

Mecklenburg-Vorpommern
Internationale Naturschutzakademie (INA)
Außenstelle Bundesamt für Naturschutz (BfN)
Stabstelle »Internationale Naturschutzakademie, Verwaltung«
Insel Vilm
18581 Putbus
www.bfn.de/naturschutzakademie

Landeslehrstätte für Naturschutz und nachhaltige Entwicklung Mecklenburg-Vorpommern (LLS)
18273 Güstrow
www.lung.mv-regierung.de

Niedersachsen
Alfred Toepfer Akademie für Naturschutz
29640 Schneverdingen
www.nna.niedersachsen.de

Nordrhein-Westfalen
Natur- und Umweltschutz-Akademie NRW (NUA)
45659 Recklinghausen
www.nua.nrw.de

Rheinland-Pfalz
Landeszentrale für Umweltaufklärung Rheinland-Pfalz (LZU)
55116 Mainz
www.umdenken.de

Sachsen
Akademie der Sächsischen Landesstiftung Natur und Umwelt
01129 Dresden
www.lanu.de

Schleswig-Holstein
Bildungszentrum für Natur, Umwelt und ländliche Räume des Landes Schleswig-Holstein
24220 Flintbek
www.schleswig-holstein.de

Thüringen
Thüringer Landesanstalt für Umwelt und Geologie
07745 Jena
www.tlug-jena.de

Naturschutzorganisationen (D, A, CH) Auswahl

Deutschland
Bundesverband Beruflicher Naturschutz e.V. (BBN)
53179 Bonn
www.bbn-online.de

Bund für Umwelt und Naturschutz Deutschland e.V. (BUND) – Friends of the Earth Germany
10179 Berlin
www.bund.net

Jugend im Bund für Umwelt und Naturschutz Deutschland e.V. (BUNDjugend)
10179 Berlin
www.bundjugend.de

Bund Heimat und Umwelt in Deutschland (BHU)
Bundesverband für Kultur, Natur und Heimat e.V.
53113 Bonn
www.bhu.de

Dachverband Deutscher Avifaunisten e.V. (DDA)
48157 Münster
www.dda-web.de
www.ornitho.de
www.stiftung-vogelwelt.de

Deutscher Alpenverein e.V. (DAV)
80997 München
www.alpenverein.de

Deutscher Angelfischerverband e.V. (DAFV)
10117 Berlin
www.dafv.de

Deutscher Jagdverband e.V. (DJV)
10115 Berlin
www.jagdverband.de

Deutscher Jugendbund für Naturbeobachtung (DJN)
Göttinger Umwelt- und Naturschutzzentrum
37073 Göttingen
www.naturbeobachtung.de

Deutscher Naturschutzring e.V. (DNR)
Dachverband der deutschen Natur-, Tier- und Umweltschutzorganisationen
10117 Berlin
www.dnr.de

Deutscher Rat für Landespflege e.V. (DRL)
53179 Bonn
www.landespflege.de

Deutscher Rat für Vogelschutz e.V. (DRV)
c/o Landesbund für Vogelschutz in Bayern
91161 Hilpoltstein
www.drv-web.de

Deutsche Umwelthilfe e.V. (DUH)
78315 Radolfzell
www.duh.de

Deutscher Verband für Landschaftspflege e.V. (DVL)
91522 Ansbach
www.landschaftspflegeverband.de

Deutscher Wanderverband (DWV)
Verband Deutscher Gebirgs- und Wandervereine e.V.
34117 Kassel
www.wanderverband.de
www.wanderbares-deutschland.de
www.schulwandern.de
www.natursportplaner.de
www.familien-wandern.de

EUROPARC Deutschland e.V.
10717 Berlin
www.europarc-deutschland.de
www.nationale-naturlandschaften.de

Greenpeace Jugend
20457 Hamburg
www.greenpeace-jugend.de

Katholische Landjugendbewegung Deutschlands e.V. (KLJB)
53604 Bad Honnef-Rhöndorf
www.kljb.org

NaturFreunde Deutschlands e.V. (NFD)
Verband für Umweltschutz, sanften Tourismus, Sport und Kultur
10243 Berlin
www.naturfreunde.de
www.naturfreundehaus.de

Naturfreundejugend Deutschlands (NFJD)
10243 Berlin
www.naturfreundejugend.de

Naturschutzbund Deutschland e.V. (NABU)
10117 Berlin
www.nabu.de

Naturschutzjugend im BANU (NAJU)
10117 Berlin
www.naju.de

NATURSCHUTZINITIATIVE e.V. (NI)
56242 Quirnbach/Westerwald
www.naturschutz-initiative.de

Ökologischer Jagdverband e.V. (ÖJV)
91074 Herzogenaurach
www.oejv.de
www.oejv.org/oekojagd

Schutzgemeinschaft Deutscher Wald (SDW)
53115 Bonn
www.sdw.de

Deutsche Waldjugend der Schutzgemeinschaft Deutscher Wald – Bundesverband e.V. (DWJ)
53115 Bonn
www.waldjugend.de

Verband Deutscher Naturparke e.V. (VDN)
53175 Bonn
www.naturparke.de
www.naturparkfotos.de
www.naturparkmagazin.de
www.katzensprung-deutschland.de

World Wide Fund for Nature – WWF Deutschland (WWF)
10117 Berlin
www.wwf.de

Zoologische Gesellschaft Frankfurt am Main e.V. (ZGF)
60316 Frankfurt am Main
www.zgf.de
www.wildnis-in-deutschland.de

Österreich
Naturschutzbund Österreich
A 5020 Salzburg
www.naturschutzbund.at

Schweiz
Pro Natura
CH 4018 Basel
www.pronatura.ch

Naturschutzstiftungen

Allianz Umweltstiftung
10117 Berlin
www.allianz-umweltstiftung.de

Deutsche Bundesstiftung Umwelt (DBU)
49090 Osnabrück
www.dbu.de
www.dbu.de/naturschutz

Deutsche Stiftung Kulturlandschaft (DSK)
10117 Berlin
www.landschafft.info

Deutsche Wildtier Stiftung (DeWiSt)
20251 Hamburg
www.DeutscheWildtierStiftung.de

EuroNatur – Stiftung Europäisches Naturerbe
78315 Radolfzell
www.euronatur.org

Global Nature Fund (GNF)
Internationale Stiftung für Umwelt und Natur
78315 Radolfzell
www.globalnature.org

Heinz Sielmann Stiftung (HSS)
37115 Duderstadt
www.sielmann-stiftung.de

Loki Schmidt Stiftung
(Stiftung Naturschutz Hamburg und Stiftung Loki Schmidt zum Schutze gefährdeter Pflanzen)
20099 Hamburg
www.loki-schmidt-stiftung.de

Michael Succow Stiftung zum Schutz der Natur
17489 Greifswald
www.succow-stiftung.de

NatureLife-International (NLI)
Stiftung für Umwelt, Bildung und Nachhaltigkeit
71638 Ludwigsburg
www.naturelife-international.org
www.globeclimate.com

Stiftung Naturschutzgeschichte (SNG)
53639 Königswinter
www.naturschutzgeschichte.de

Stiftung Naturschutz Berlin (SNB)
Koordinierungsstelle Fauna
10785 Berlin
www.stiftung-naturschutz.de

Naturkundliche Museen

Deutschland
Fachgruppe Naturwissenschaftliche Museen im Deutschen Museumsbund (DMB)
14195 Berlin
www.museumsbund.de/fachgruppen-und-arbeitskreise/fachgruppe-naturwissenschaftliche-museen/

Mitglieder der Fachgruppe in Deutschland und Österreich
www.natur-im-museum.de/museen/in-deutschland
www.natur-im-museum.de/museen/in-oesterreich

Österreich
www.museen-in-oesterreich.at/
Stichwort »Natur«

Schweiz
Verband der naturwissenschaftlichen Museen und Sammlungen der Schweiz und Liechtenstein
www.naturwissenschaften.ch/organisations/musnatcoll

Mitglieder
www.naturwissenschaften.ch/organisations/musnatcoll/members

Anmerkungen

1 1. Buch Mose, Neue evangelische Übersetzung

2 May, Robert M. (2011): Why Worry about How Many Species and Their Loss? In: PLoS Biol 9(8): e1001130. doi:10.1371/journal.pbio.1001130; Published August 23, 2011; (eigene Übersetzung)

3 Mora, C., Tittensor, D.P., Adl, S., Simpson, A.G.B., Worm, B. (2011): How many species are there on Earth and in the ocean? PLoS Biol 9: e1001127. doi:10.1371/journal.pbio.1001127.

4 MacLeod, Norman: Artensterben – Wendepunkte der Evolution, Darmstadt 2016; S. 61ff

5 Carson, Rachel: Der stumme Frühling, deutsche Übersetzung; Beck'sche Reihe, 2013; S. 20

6 Gore, Albert: Earth in the Balance, Plume/Penguin Group, New York, 1993; S. 141

7 Convention on Biological Diversity, CBD

8 Weltbiodiversitätsrat IPBES (Intergovernmental Science-Policy Platform on Biodiversity and Ecosystem Services) ist ein zwischenstaatliches Gremium zur wissenschaftlichen Politikberatung für das Thema biologische Vielfalt und Ökosystemleistungen. Gegründet 2012 aufgrund einer deutschen Initiative.

9 Hallmann, C. A. et al (2017): More than 75 percent decline over 27 years in total flying insect biomass in protected areas PLOS / one https://doi.org/10.1371/journal.pone.0185809, aufgerufen 10.06.2018

10 Löffler, K. (Hrsg.) / Oesterreicher, H. (Übers.) (1914): Columella: De rustica digit. Ausgabe der Universitäts- und Landesbibliothek Düsseldorf

11 Im Rahmen verschiedener Auswilderungsprojekte soll der Waldrapp wieder angesiedelt werden. Die ersten Versuche startete die Konrad-Lorenz-Forschungsstelle in Grünau im Almtal (www.klf.univie.ac.at).

12 www.bfn.de

13 Dietrich,G. / Stöcker, F. W. (1980): ABC-Fachlexikon Biologie, Alphabetisches Nachschlagewerk für Wissenschaftler und Naturfreunde, Harri Deutsch Verlag

14 Mora, C., Tittensor, D.P., Adl, S., Simpson, A.G.B., Worm, B. (2011): How many species are there on Earth and in the ocean? PLoS Biol 9: e1001127. doi:10.1371/journal.pbio.1001127

15 sciencenewsline.com / Released by National Research Tomsk State University 18.03.2016

16 Linder, Hermann: Biologie, / J.B. Metzlersche Verlagsbuchhandlung u. Carl Ernst Poeschel Verlag GmbH, Stuttgart, 1985; Darwin, C. (1860): Über die Entstehung der Arten im Thier- und Pflanzenreich durch natürliche Züchtung oder Erhaltung der vervollkommneten Rassen im Kampf um's Daseyn, übers. Von H. G. Braun (deutsche

Erstausgabe) E. Schweizerbart'sche Verlagshandlung und Druckerei, Stuttgart
17 ebd.
18 ebd.
19 Spektrum der Wissenschaft – Lexikon der Biologie, Heidelberg 1999
20 Linder, Hermann, a.a.O.
21 Biologie-Schule, Nachschlagewerk für Biologie; 2018; www.biologie-schule.de/akazie-steckbrief.php; / 2018
22 Carlson, Rachel, a.a.O.; S. 248
23 http://deutscherimkerbund.de/165-Der_DIB_Bestaeubungsrechner
24 Gallai, Nicola; Salles, Jean-Michel; Settele, Josef; Vaissière, Bernard E.: Economic valuation of the vulnerability of world agriculture confronted with pollinator decline. Ecological Economics (2008), doi:10.1016/j.ecolecon.2008.06.014
25 Standing Committee on Plants, Animals, Food and Feed (Abk.: PAFF)
26 ZDF-Reihe »planet e.: Ausgebrummt« vom 10.9.2017
27 https://www.efsa.europa.eu/de/press/news/180228
28 Alkaloide sind organische, stickstoffhaltige und meist alkalische, oft in Pflanzen natürlich vorkommende Verbindungen. Sie haben auf Organismen typische Wirkungen, sind meist sehr giftig und schmecken bitter. Alkaloide finden auch als Arzneimittel Verwendung. Etliche sind intensiv wirkende Drogen.
29 Seit 2008 aufgegangen in das Julius Kühn Institut, Bundesforschungsinstitut für Kulturpflanzen
30 Bernhard Heuvel: Neonikotinoide / Systemische Insektizide und ihre Auswirkungen auf die Insektenwelt: eine Übersicht im Kontext des Honigbienensterbens im Jahr 2008 in Deutschland; www.imker-demo.de/Dokumente/EH_Neonikotinoide.pdf
31 Heuvel, a.a.O.
32 Nach einem Vortrag von Fritz-Gerhard Link, Akademie für Natur- und Umweltschutz Baden-Württemberg (Stuttgart)
33 Neumeyer 2006
34 Beleites, Michael: Land-Wende; Metropolis-Verlag Marburg 2016, S. 24
35 Umweltbundesamt (Hrsg.): Daten zur Umwelt 2018: Umwelt und Landwirtschaft
36 Landespflege und landwirtschaftlich intensiv genutzte Gebiete Gutachtliche Stellungnahme und Ergebnisse eines Kolloquiums des Deutschen Rates für Landespflege im Mai 1982; in: Heft 42 – 1983 der Schriftenreihe des Deutschen Rates für Landespflege
37 https://de.statista.com/statistik/daten/studie/3233/umfrage/anteil-der-anbauflaeche-fuer-oekologischen-anbau-seit-1994/
38 Ermittelt als Durchschnittswert der Jahre 2012 bis 2015
39 Internationale Grüne Woche Berlin, Messe für Landwirtschaft, Ernährungswirtschaft und Gartenbau. Alljährlich im Januar, rund 400 000 Besucher
40 Anuga (Allgemeine Nahrungs- und Genussmittelausstellung), alle zwei Jahre in Köln. Weltweit größ-

te Messe der Ernährungswirtschaft. Rund 7500 Aussteller, ca. 160 000 Besucher.

41 www.bfn.de: BFN Agrar-Report 2017 – Biologische Vielfalt in der Agrarlandschaft, zuletzt aufgerufen 10.06.2018

42 Das Interview entstand am Rande der Benediktbeurer Gespräche der Allianz-Umweltstiftung im Mai 2018.

43 Limbrunner, A., Bezzel, E., Richarz, K. (2001): Enzyklopädie der Brutvögel Europas, 2 Bände, Franck-Kosmos-Verlag, Stuttgart

44 Projekt »Unternehmen Biologische Vielfalt 2020« Bundesamt für Naturschutz und zahlreicher anderer Partner (www.biologischevielfalt.bfn.de)

45 Hill, D. (2010): Rom: Aufstieg und Fall des Kaiserreiches, Parragon Books.
Sommer, M. (2016): Römische Geschichte: Von den Anfängen bis zum Untergang, Kröner Verlag

46 Deutscher Bauernverband (www.mobil.bauernverband.de, Aufgerufen 3.6.2018)

47 Blessing, K. (2010): Artenwissen als Basis für Handlungskompetenz zur Erhaltung der Biodiversität. In: Beiträge der Akademie für Natur- und Umweltschutz Baden-Württemberg, Band 49. Wissenschaftliche Verlagsanstalt, Stuttgart

48 Verordnung (EU) Nr. 1143/2014,1. Fortschreibung 2017, Bundesamt für Naturschutz

49 Buchsbaumzünsler, Cydalima perspectalis. Aus den circa 5 Zentimeter langen, gelblich grün bis dunkelgrün sowie weißlich und schwarz gestreiften, weiß gepunkteten Raupen mit weißlichen Borsten entwickeln sich Falter mit einer Spannweite von 40 bis 45 Millimetern.

50 Gewöhnlicher Buchsbaum (Buxus sempervirens), wächst wild als immergrüner Strauch und kann als Baum bis zu acht Meter hoch werden. Ursprünglich von Südengland in südwestliche Richtung über Frankreich, das Mittelmeer und nach Osten bis zum nördlichen Iran verbreitet. Schwerpunktvorkommen waren dabei Gebiete zwischen Südfrankreich und Nordspanien, auf dem Balkan, im Oberrheintal und im Moselgebiet.

51 Neozoen: der weitgehend nur im deutschen Sprachraum verbreitete Begriff geht auf neo wie neu und das griechische zõia, das für Lebewesen steht, zurück. Gemeint sind eingeschleppte oder eingeführte beziehungsweise eingewanderte Tierarten. International werden solche als Exotic Species oder Invasive Species bezeichnet. Der Begriff Neozoen lehnt sich an den Begriff Neophyten an und bezeichnet Pflanzen, die nach 1500 – also zu Beginn der interkontinentalen Seeschifffahrt – eingeführt beziehungsweise unbeabsichtigt eingeschleppt wurden. Zuvor in Europa beheimatete Arten werden als Archäophyten bezeichnet. Dieser Begriff gilt natürlich auch für andere Ursprungsgebiete von Pflanzen.

52 Pest: geht auf das Lateinische zurück. Pestis bedeutet Seuche. Die Infektionskrankheit wird ausgelöst vom Bakterium Yersinia pestis.

53 Wegraine in Nordrhein-Westfalen, Landesamt für Natur, Umwelt- und Verbraucherschutz Nordrhein-Westfalen: Wegraine. Naturschutzinformationen. NRW DE

54 Landesamt für Natur, Umwelt- und Verbraucherschutz Nordrhein-Westfalen: www.naturschutzinformationen.nrw.de, Anzahl der verschiedenen Arten in NRW mit Haupt- und Nebenvorkommen in Säumen (LANUV, ökologische Flächenstichprobe): Pflanzen: 190, Spinnen: 370, Stechimmen: 205, Vögel: 82, Säugetiere: 40, Heuschrecken: 25, Amphibien/Reptilien: 20

55 König, C., Weick, F. (2008): Owls oft he world, Helm identification guides/ Black publishers ltd., London

56 www.gdtfoto.de

57 Lina Hähnle (1851 – 1941): Gründerin des Bundes für Vogelschutz (BfV); heute Naturschutzbund Deutschland

58 Dr. Hermann Reichling (1860 bis 1948), Naturfotograf und Leiter des Provinzialmuseums für Naturkunde (heute LWL Museum für Naturkunde) in Münster.

59 DDT: Dichlordiphenyltrichlorethan. Das Insektizid wurde ab den 40er-Jahren als Fraß- und Kontaktgift eingesetzt. Doch DDT wirkte auf verschiedene Organismen ähnlich wie Hormone, sodass Greifvögel – darunter auch der US-amerikanische Nationalvogel, der Weißkopf-Seeadler – Eier mit viel zu dünnen Schalen legten, was sowohl bei dieser Art als auch bei anderen Greifvögeln zu katastrophalen Rückgängen bei den Beständen führte. Schweden verbot als erstes europäisches Land 1970 den Einsatz von DDT; Deutschland 1972. Seit 1977 ist die Herstellung und der Vertrieb von DDT in Deutschland verboten; in Österreich seit 1992.

60 Meadows, D. H., Meadows, D. L., Randers, J., Behrens III, W. W. (1972): Sankt Gallen, Die Grenzen des Wachstums, Deutsche Ausgabe, Deutsche Verlagsanstalt, Stuttgart, 1987

61 Eine vollständige Auflistung findet sich auf der Webseite der Konvention: https://www.cbd.int/programmes/

62 GEF = Global Environment Facility (Washington D. C., USA) Organisation. Schwerpunkte sind unter anderem Projekte zum Klimaschutz und zur Artenvielfalt.

63 Cartagena-Protokoll. Siehe u. a.: www.bmz.de, aufgerufen 14.06.2018 und www.umweltbundesamt.at, dto.

64 Bundesministerium für Umwelt, Naturschutz, Bau und Reaktorsicherheit (Hrsg.) (2007/2015): Nationale Strategie zur biologischen Vielfalt, Kabinettsbeschluss vom 7. November 2007, BMUB, Berlin

65 Ein neuer Aufbruch für Europa. Eine neue Dynamik für Deutschland. Ein neuer Zusammenhalt

für unser Land. Koalitionsvertrag zwischen CDU, CSU und SPD 19. Legislaturperiode; S. 137

66 Broschüre »Nationale Strategie zur biologischen Vielfalt; Kabinettsbeschluss vom 7. November 2007«, herausgegeben vom Bundesumweltministerium; 4. Auflage Juli 2015

67 vgl. https://www.undekade-biologischevielfalt.de/. Stand Mai 2018 gibt es insgesamt 460 ausgezeichnete Projekte.

68 Rieger-Hofmann GmbH; www.rieger-hofmann.de, Verband deutscher Wildsamen- und Wildpflanzen Produzenten e.V. www.natur-im-vww.de

69 Gesetz über Naturschutz und Landschaftspflege (BNatSchG), (www.gesetze-im-internet.de), Aufruf 16.08.2018

70 Gesetz über Naturschutz und Landschaftspflege (BNatSchG) aktuelle Fassung (Stand 8/2018)

71 Ramsar-Konvention, benannt nach der Stadt Ramsar im Iran, wo die Vertragsverhandlungen 1971 stattfanden. Originaltitel: Convention on wetlands of international importants especially as waterfowl habitat (UN Treaty Series No. 14583)

72 FFH-Richtlinie (Fauna-Flora-Habitatrichtlinie) RL92/43/EWG (ABl. L206/1992)

73 Berner Konvention: Convention on the Conservation of European Wildlife and Natural Habitats (1979) dt. Text: www.bfn.de>artenschutz>pdf

74 Vogelschutzrichtlinie – Erste EU-Richtlinie zur Erhaltung der natürlichen Umwelt (79/409/EG vom 02.04.1979 zur »Erhaltung der wild lebenden Vogelarten« (ABl. L.103 von 1979). Mit der Vogelschutzrichtlinie wurden seinerzeit 181 gefährdete, in der EU heimische Vogelarten aufgelistet. Gleichzeitig wurden die Mitgliedsstaaten verpflichtet, »Schutzgebiete« einzurichten. Die Vogelschutzrichtlinie soll vor allem auch dem Schutz von Zugvögeln Rechnung tragen hier versäumend entsprechende Schutzgebiete für die jeweiligen Brut-, Mauser- und Überwinterungsplätze ausgewiesen werden. Ein Schwerpunkt hierbei ist der Schutz von Feuchtgebieten (Wetlands). Außerdem regelt die Vogelschutzrichtlinie auch die Bejagung und den Handel von Vögeln. So sind im Anhang II. zur Vogelschutzrichtlinie solche Arten genannt, welche in der EU gejagt werden dürfen. Die Vogeljagd muss generell dem Prinzip einer nachhaltigen Nutzung entsprechen. Generell gilt, dass ein absichtliches Töten und Fangen sowie die Zerstörung von Nestern und Gelegen verboten ist.

75 IUCN, www.iucn.org, Gland, Schweiz

76 UNESCO (United Nations Educational, Scientific and Cultural Organisation / Organisation der Vereinten Nationen für Erziehung, Wissenschaft und Kultur), eine der 17 rechtlich weitgehend selbststän-

digen Sonderorganisationen der Vereinten Nationen.

77 www.biologischevielfalt.hessen.de; Strategie zum Erhalt der biologischen Vielfalt in Bayern (Bayerische Biodiversitätsstrategie) vom 1. April 2008, www.lfu.bayern.de; www.baden-wuerttemberg.de/natur; www.umwelt.sachsen.de/download aufgerufen 18.05.2018; Mission für Klimaschutz, Umwelt, Landwirtschaft, Natur- und Verbraucherschutz des Landes Nordrhein-Westfalen (2015): Biodiversitätsstrategie Nordrhein-Westfalen, Düsseldorf

78 Hammer, T., Mose, I. et al (2018): Positionspapier: Großschutzgebiete in Europa im Wandel – Herausforderungen und Perspektiven für die Schutzgebietsentwicklungen. Natur und Landschaft 93 (5): 224–231

79 Bundesministerium für Umwelt, Naturschutz, Bau- und Reaktorsicherheit (BMUB) (2015): Nationale Strategie zur biologischen Vielfalt – Kabinettsbeschluss vom 07. November 2007, BMUB, Berlin

80 FFH-Richtlinie 92/43/EWG des Rates vom 21.05.1992 zur Erhaltung der natürlichen Lebensräume sowie der wild lebenden Tiere und Pflanzen (ABl. EG Nr. L 206/7 vom 22.07.1992), geändert durch Richtlinie 97/62/EG des Rates vom 27.10.1997 (ABl. EG Nr. L 305/42)

81 Gesetz über Naturschutz und Landschaftspflege (Bundesnaturschutzgesetz – BNatSchG) Artikel 1 des Gesetzes vom 29.07.2009 (BGBl. I, S. 2542), in Kraft getreten am 01.03.2010, zuletzt geändert durch Gesetz vom 15.09.2017 (BGBl. I S. 3434) m.W.v. 29.09.2017 bzw. 01.04.2018

82 Biotop; aus dem Griechischen Bios = Leben und Tópos = Gegend. Biotop steht damit für Lebensraum einer Lebensgemeinschaft (Biozönose), letztlich ist jeder Blumentopf für die darin wachsende Pflanze oder die an ihnen haftenden Schildläuse ein Lebensraum. Ab etwa den 80er-Jahren steht das Wort für viele Menschen stellvertretend für kleine Gartentümpel (dann heißt es »ich habe ein Biotop angelegt«, wenn die Leute einen Gartenteich verwirklicht haben). Begrifflich treffender für den bestimmten Lebensraum einer oder mehrerer Arten oder Artengemeinschaften ist der Begriff Habitat. Der Begriff kommt aus dem Lateinischen. Habitat steht für Wohnung/wohnen. Für den Bereich der Biologie wird Habitat als Lebensraum verwendet, wo bestimmte Tiere und Pflanzen leben.

83 Zeit online, dpa, fo, 9. Mai 2017 (www.zeit.de, zuletzt aufgerufen 10.06.2018): Umsiedlung von Eidechsen kostet Bahn Millionen. »Die Umsiedlung von Eidechsen für das umstrittene Milliardenprojekt Stuttgart 21 kostet nach Angaben der Bahn rund 15 Millionen Euro«… »durch Planung, Gutachten, Monitoring, Fang und Grunderwerb kostet die Umsiedlung einer Eidechse zwischen 2 000 Euro und 4 000 Euro… Experten fingen die Kriechtiere mit einer an einer Rute befestigten Schlinge. Sie

werden 10 Kilometer weiter wieder angesiedelt«.

84 »Mehr geschützte Echsen in Stuttgart als gedacht«. Stuttgarter Zeitung. Red/dpa. 16.05.2018, und div. Gespräche mit Ortskennern

85 Laufer, H., Waitzmann, M., Zimmermann, P. (2007): Mauereidechse Podarcis muralis. In: Hubert Laufer, Clemens Fritz, Peter Sowig: die Amphibien und Reptilien Baden-Württembergs. Ulmer Verlag

86 Schulte, U. (2008): Die Mauereidechse. Erfolgreich im Schlepptau des Menschen. Laurenti-Verlag, Bielefeld

87 Schulte, U., Veith, M., Hochkirch, A. (2012): Rapid Genetic Assimilation of Native Wall Lizard Populations (Podarcis muralis)Through Extensive Hybridization With Introduced Lineages. In: Molecular Ecology. Bd. 21, Nr. 17

88 Internationale Alpenschutzkommission CIPRA, Dachorganisation von rund 100 Organisationen in 16 Ländern mit sieben nationalen Vertretungen. CIPRA = französisch für Commission Internationale pur la protection des Alpes.

89 The Global Risks Report 2018 13th Edition, World Economic Forum, Genf, 2018

90 FAO: Food and Agriculture Organization

91 Hallmann, C.A. et al. (2017) More than 75 percent decline over 27 years in total flying insect biomass in protected areas. PLOS/one 12 (10): e0185809. https://doi.org/10.1371/journal.pone.0185809

92 Hallmann, C. A. et al (2017): More than 75 percent decline over 27 years in total flying insect biomass in protected areas PLOS / one https://doi.org/10.1371/journal.pone.0185809, aufgerufen 10.06.2018.

93 Weisse, M. und E. Goldman (2017): »Global Tree Cover Loss Rose 51 Percent in 2016«. World Resources Institute. 23 October 2017. http://www. wri.org/blog/2017/10/global-tree-cover-loss-rose-51percent-2016

94 World Resources Institute; a.a.O.

95 Papst Franziskus: Laudato si!, Deutsche kommentierte Ausgabe, Herder-Verlag, Freiburg 2015, S. 83

96 vgl. Interview ab Seite 72

97 Damaliger Agrarkommissar: Ray McSharry

98 Weizsäcker, Ernst Ulrich von, Wijkmann, Anders: Wir sind dran, S. 79, Gütersloh, 2017

99 ebd., S. 78

100 TEEB: The Economics of Eco-Systems and Biodiversity

101 Ribbe, Lutz: Entwicklung einer sozialen und nachhaltigen Gemeinsamen Agrarpolitik (GAP) nach 2020; Anhörung im Bayerischen Landtag, 5.7.2017

102 www.bauernverband.de/studie-kosten-landwirtschaft

103 https://www.umweltbundesamt.de/daten/land-forstwirtschaft/beitrag-der-landwirtschaft-zu-den-treibhausgas#textpart-1

104 Meyer, S., Wesche, B., Krause, B., Brütting, Ch., Hensen, I., Leuschner C. (2014): Diversitätsverluste und floristischer Wandel im Ackerland seit 1950; in: Natur und Landschaft 89, 9/10: 392–398

105 Bundesamt für Verbraucherschutz und Lebensmittelsicherheit, Paul-Ehrlich-Gesellschaft für Chemotherapie e.V.; GERMAP 2015 – Bericht über den Antibiotikaverbrauch und die Verbreitung von Antibiotikaresistenzen in der Human- und Veterinärmedizin in Deutschland. Antiinfectives Intelligence, Rheinbach, 2016.

106 Papst Franziskus, a.a.O., S. 86f

107 Inselgruppe im östlichen Zentralatlantik, dazu gehören Azoren, Kanarische Inseln, Madeira, Kapverdische Inseln und Ilhas Selvagens.

108 Arctic Council: Eine zwischenstaatliche Organisation mit Sitz in Tromsø (Norwegen). Gegründet 1996 von den Anrainerstaaten der Arktis unter Beteiligung der indigenen Völker

109 Heute: Internationaler Wissenschaftsrat, Dachverband der wissenschaftlichen Gesellschaften und wissenschaftlichen Akademien mit Sitz in Paris

110 The Protocol on Environmental Protection to the Antarctic Treaty; https://www.ats.aq/e/ep.htm

111 Sustainable Development Goals (SDGs) der UN, am 25. September 2015 von der Weltstaatengemeinschaft als verbindliche Ziele angenommen. Die Ziele 14 (Leben im Meer) und 15 (Leben an Land) gelten dem Schutz der Biodiversität. https://www.un.org/sustainabledevelopment/sustainable-development-goals/

Literatur

Akademie für Natur- und Umweltschutz Baden-Württemberg (Hrsg.) Menschen im Einsatz für den Klimaschutz – Erneuerbare Energien in Kommune und Region, Beiträge der Akademie Band 54, Wissenschaftliche Verlagsgesellschaft, Stuttgart, 2018

Allianz-Umweltstiftung (Hrsg.): Information zum Thema »Klima«: Grundlagen, Geschichte und Projektion. Allianz-Umweltstiftung Berlin, 2007/2016

Beleites, Michael: Land-Wende; Metropolis-Verlag Marburg 2016

Bibelriether, H.: Natur Natur sein lassen – die Entstehung des ersten Nationalparks Deutschlands: Der Nationalpark Bayerischer Wald, Edition Licht, Land, Freyung, 2017

Bundesamt für Verbraucherschutz und Lebensmittelsicherheit, Paul-Ehrlich-Gesellschaft für Chemotherapie e.V.: GERMAP 2015 – Bericht über den Antibiotikaverbrauch und die Verbreitung von Antibiotikaresistenzen in der Human- und Veterinärmedizin in Deutschland. Antiinfectives Intelligence, Rheinbach, 2016.

Bundesministerium für Umwelt, Naturschutz, Bau- und Reaktorsicherheit (Hrsg.): Grün in der Stadt, für eine lebenswerte Zukunft – Grünbuch Stadtgrün, Berlin 2015

Bundesministerium für Umwelt, Naturschutz und nukleare Sicherheit: Naturbewusstsein 2017 – Bevölkerungsumfrage zur Natur und biologischer Vielfalt, Berlin, 2018.

Bundesumweltministerium (Hrsg.): Broschüre ›Nationale Strategie zur biologischen Vielfalt Kabinettsbeschluss vom 7. November 2007‹, 4. Auflage Juli 2015

Carson, Rachel: Der stumme Frühling, Beck'sche Reihe, 2013

Deutscher Rat für Landespflege: Landespflege und landwirtschaftlich intensiv genutzte Gebiete. Gutachtliche Stellungnahme und Ergebnisse eines Kolloquiums des Deutschen Rates für Landespflege im Mai 1982; in: Heft 42 – 1983 der Schriftenreihe des Deutschen Rates für Landespflege

Dietrich, Gerhard; Stöcker, Friedrich W.: ABC-Fachlexikon Biologie, Alphabetisches Nachschlagewerk für Wissenschaftler und Naturfreunde, 1980 / Harri Deutsch Verlag

EU-Kommission: Mitteilung der Kommission an das Europäische Parlament, den Europäischen Rat, den Wirtschafts- und Sozialausschuss und an den Ausschuss der Regionen »Ernährung und Landwirtschaft in der Zukunft«, Brüssel, 29.11.2017

Gallai, Nicola; Salles, Jean-Michel; Settele, Josef; Vaissière, Bernard E.: Economic valuation of the vulnerability of world agriculture confronted with pollinator decline. Ecological Economics (2008), doi:10.1016/j.ecolecon. 2008.06.014

Gore, Albert: Earth in the Balance, Plume/Penguin Group, New York, 1993

Hallmann, C.A., Sorg, M., Jongejans, E., Siepel, H., Hofland, N., Schwan, H., et al. (2017): More than 75 percent decline over 27 years in total flying insect biomassin protected areas. PLOS/one 12 (10): e0185809.https://doi.org/10.1371/journal. pone.0185809

Heuvel, Bernhard: Neonicotinoide / Systemische Insektizide und ihre Auswirkungen auf die Insektenwelt: eine Übersicht im Kontext des Honigbienensterbens im Jahr 2008 in Deutschland; www.imkerdemo.de/Dokumente/EH_Neonicotinoide.pdf

Hutter, C.-P., K. Blessing: Vom archaischen Leben mit der Natur zur Umweltbildung 4.0 – Versuch einer Chronologie. Naturwissenschaftliche Rundschau 1/2017, Sutttgart

Hutter, C.-P., K. Blessing, R. Köthe: Grundkurs Nachhaltigkeit – ein Buch für Einsteiger und Fortgeschrittene. Ökom-Verlag, München, 2012/2018

Jahn, T., Hötker, H., Oppermann, R., Bleil, R., Vele, L.: Protection of biodiversity of free living birds and mammals in respect of the effects of pesticides, Federal Environment Agency (UBA), UBA Texte 30/2014. ISSN 1862-4804

Jessel, B., O. Tschimpke, M. Walser: Produktivkraft Natur, Hoffmann und Campe Verlag, 2009

Jessel, B.: Ökologisch orientierte Planung, Ulmer Verlag, Stuttgart, 2002

Konold, W.: Bach- und Flussauen: Funktionen und Nutzungen. Korrespondenz Wasserwirtschaft 9 (3), 2016

Konold, W.: Geschichte und Trend der kulturlandschaftlichen Entwicklung – Aufgaben der Biosphärenreservate. Stiftenreihe der Thüringer Landesanstalt für Umwelt und Geologie, Nr. 109: 20-25, 2015

Leinfelder R., P. J. Crutzen: The Anthropoceene, in: Schlüsselwerke der Kulturwissenschaften, Band 7, Bielefeld, 2012

Linder, Hermann: Biologie, / J.B. Metzlersche Verlagsbuchhandlung u. Carl Ernst Poeschel Verlag GmbH, Stuttgart, 1985

MacLeod, Norman: Artensterben – Wendepunkte der Evolution, Darmstadt 2016

May, Robert M. (2011): Why Worry about How Many Species and Their Loss? In: PLoS Biol 9(8): e1001130. doi:10.1371/journal.pbio.1001130; Published August 23, 2011

Meyer, S., Wesche, K., Krause, B., Brütting, Ch., Hensen, I. & Leuschner, C. (2014): Diversitätsverluste und floristischer Wandel im Ackerland seit 1950; in: Natur und Landschaft 89

Mora, C., Tittensor, D.P., Adl, S., Simpson, A.G.B., Worm, B. (2011): How many species are there on Earth and in the ocean? PLoS Biol 9: e1001127. doi:10.1371/journal.pbio.1001127.

Papst Franziskus: Laudato si!, Deutsche kommentierte Ausgabe, Herder-Verlag, Freiburg 2015

Radkau, J.: Natur und Macht: eine Weltgeschichte der Umwelt, Verlag C. H. Beck; Frankfurt am Main, 2012

Reichholf, J. H.: Eine kurze Naturgeschichte des letzten Jahrtausends, Fischer-Verlag, sechste Auflage, Frankfurt am Main, 2008

Ribbe, Lutz: Entwicklung einer sozialen und nachhaltigen Gemeinsamen Agrarpolitik (GAP) nach 2020; Anhörung im Bayerischen Landtag, 5.7.2017

Weizsäcker, Ernst Ulrich von, Wijkmann, Anders: Wir sind dran; Gütersloh, 2017

Weisse, M.; Goldman, E.: Global Tree Cover Loss Rose 51 Percent in 2016. World Resources Institute. 23 October 2017. http://www. wri.org/blog/2017/10/global-tree-cover-loss-rose-51percent-2016

World Economic Forum (Hrsg.): The Global Risks Report 2018 13th Edition, Genf, 2018

Die Autoren

© privat

Volker Angres ist Leiter der ZDF-Umweltredaktion und stellvertretender Leiter der Hauptstadtredaktion Wirtschaft, Recht, Soziales, Service, Umwelt (WIRSSUM). Er ist verantwortlich für die sonntägliche Umwelt-Dokureihe »planet e« und arbeitet als Autor für aktuelle Sendungen des ZDF. Er wurde für seine Arbeit mehrfach mit verschiedenen Umweltpreisen ausgezeichnet. Angres war Mitglied im Nationalkomitee der UN-Dekade »Bildung für nachhaltige Entwicklung«. Er gehört dem Verwaltungsrat der Stiftung Warentest sowie dem Kuratorium der Allianz-Umweltstiftung an. Als Co-Autor hat er unter anderem die Bücher *Futter fürs Volk* und *Bananen für Brüssel* (zusammen mit Claus-Peter Hutter) verfasst.

© NatureLife-International

Claus-Peter Hutter, Jahrgang 1955, ist Präsident der Stiftung NatureLife-International und Autor, Mitautor und Herausgeber zahlreicher Bücher und Publikationen zu Umwelt- und Verbraucherthemen. Unter seiner Federführung entstanden weitbeachtete und prämierte Projekte zur Naturbewahrung und Umweltvorsorge sowie wegweisende Umweltkampagnen, unter anderem für den BUND und die von ihm mitbegründete Stiftung EuroNatur. Hauptberuflich leitet C.-P. Hutter die Akademie für Natur- und Umweltschutz Baden-Württemberg. Auch als Ehrensenator der Universität Hohenheim und Lehrbeauftragter der Universität Stuttgart setzt er sich für einen unverkrampften Umweltdialog ein.

Dank

Allen, die zum Entstehen dieses Buches beigetragen haben, danken wir ganz herzlich. Für oft jahrelangen Dialog und vielfache Diskussionen und Reflexionen sowie die Begleitung von Projekten danken wir herzlich Prof. Dr. Dr. h.c. mult. Klaus Töpfer, Exekutivdirektor a. D. des Umweltprogramms der Vereinten Nationen und u.a. Vorsitzender des deutschen UN-Netzwerks Sustainable Development Solutions Network, Höxter; Prof. Dr. Friedhelm Göltenboth, Universität Hohenheim (Stuttgart), Dr. Hans Bibelriether, langjähriger Leiter des Nationalparkamtes Bayerischer Wald und früherer Präsident und Vizepräsident von EUROPARC Deutschland und Europa (Passau); Dr. Christof Schenck, Geschäftsführer der Zoologischen Gesellschaft Frankfurt a. M. von 1858 e.V. (Frankfurt); Dr. Lutz Spandau, Vorstandsvorsitzender der Allianz Umweltstiftung (Berlin); Eva Goris, Pressesprecherin der Deutschen Wildtierstiftung (Hamburg); Jesus Garzón, Präsident Asociación Transhumancia y Naturaleza (Madrid, Spanien). Für ihre Einschätzung zur Lage der Natur danken wir u.a. Prof. Dr. Wolfgang Haber, ehem. Lehrstuhl für Landschaftsökologie an der TU München (Freising-Weyenstephan); Prof. Klaus Werk, Leiter des Studienbereiches Landschaftsarchitektur an der Hochschule Geisenheim University (Geisenheim); Prof. Dr. Maximilian Gege, Vorsitzender und Gründungsmitglied des Bundesdeutschen Arbeitskreises für Umweltbewusstes Management e.V. (B.A.U.M.), Hamburg; Hilmar Freiherr von Münchhausen, Deutsche Wildtierstiftung (Hamburg); Olaf Tschimpke, Präsident des Naturschutzbundes Deutschland (NABU) Berlin; Lutz Ribbe, EuroNatur Stiftung (Rheinbach); Dr. Mario F. Broggi, Liechtenstein-Institut, ehem. Präsident der Internationalen Alpenschutzkommission CIPRA (Liechtenstein), Dr. Uwe Kozina, Leiter des Umwelt-Bildungs-Zentrums Steiermark (UBZ), Graz; Dr. Klaus Richarz, ehem. Leiter der Staatlichen Vogelschutzwarte für Hessen, Rheinland-Pfalz und Saarland (Frankfurt); Anne Benett-Sturies, Leiterin des Bildungszentrums für Natur, Umwelt und ländliche Räume des Landes Schleswig-Holstein und Stellvertretende Vorsitzende des Bundesweiten Arbeitskreises der staatlich getragenen Umweltbildungsstätten in Deutschland (BANU), (Flintbek); Prof. Dr. Eckhart Jedicke, Leiter des

Instituts für Landschaftsplanung und Naturschutz, Hochschule Geisenheim University (Geisenheim); Dipl.-Geogr. Reinhard Wolf, Deutscher Wanderverband – Stv. Vorsitzender Schwäbischer Albverein. Für vielfache Zusammenarbeit gilt unser herzlicher Dank den Teams der folgenden Institutionen: NatureLife-International – Stiftung für Umwelt, Bildung und Nachhaltigkeit; Akademie für Natur und Umweltschutz Baden-Württemberg; Bundesweiter Arbeitskreis der staatlichen getragenen Umweltbildungsstätten im Natur- und Umweltschutz in Deutschland, BANU. Für vielfältige Hilfe und Unterstützung gilt unser herzlicher Dank Miriam Moses, Gabriele Eichhorn, Eva-Maria Riedel, Marc Ehrmann, sowie dem Team vom Ludwig Verlag und Dr. Ulrike Strerath-Bolz für das Lektorat.

NatureLife-International Stiftung für Umwelt, Bildung und Nachhaltigkeit

»Der gebildete Mensch macht sich die Natur zu seinem Freund«

Unter diesem Motto setzt sich NatureLife-International mit konkreten Modellprojekten für die Verknüpfung von Armutsbekämpfung, Klimaschutz, Katastrophenprävention und die Bewahrung der Biodiversität ein und engagiert sich national und international für breite Umweltbildung, praktische Naturbewahrung und nachhaltige Entwicklung.

Ziel von NatureLife-International ist es, Partner aus den verschiedenen gesellschaftlichen Bereichen zusammenzubringen, um Lösungen drängender Umweltprobleme zu erarbeiten, den Wissenschaftsdialog zu fördern und im Rahmen konkreter Projekte umzusetzen. Zu den Dialogpartnern der Stiftung und deren internationalem Netzwerk gehören namhafte Universitäten und andere wissenschaftliche Einrichtungen ebenso wie anerkannte Naturschutzpraktiker, Umweltverbände, Kommunen und staatliche Verwaltungen sowie zahlreiche Bildungseinrichtungen und Wirtschaftsinstitutionen.

Aus dem Leitbild der Stiftung:

- Ob Umweltbildung, praktischer Naturschutz, Armutsbekämpfung oder Biodiversitätsschutz durch nachhaltige Entwicklung: Bei allen Initiativen und Projekten zählt das Erreichte für Mensch und Natur, zählen Ergebnisse und nicht Ideologien.
- Mehr denn je sind ein undogmatisch geführter Umweltdialog und pragmatisches Zusammenwirken der verschiedenen gesellschaftlichen Bereiche erforderlich.
- Naturbewahrung, Umweltvorsorge und nachhaltige Entwicklung sind nur mit den Menschen und nicht gegen sie erfolgreich.
- Niemand ist heute mehr in der Lage, die mit dem Klimawandel und der Umweltbedrohung verbundene gesellschaftliche Herausforderung alleine zu lösen. Deshalb ist mehr denn je Kooperation erforderlich. Die Globalisierung hat deutlich gemacht, dass Natur inter-

national vernetzt ist und Umweltprobleme vor Grenzen nicht haltmachen. Deshalb müssen mehr denn je ökologische und ökonomische Maßnahmen zur Zukunftssicherung im internationalen Rahmen gesehen werden.

Zu den Initiativen von NatureLife-International gehören Renaturierungsprojekte zur Wiederanpflanzung früher abgeholzter Tropenwaldflächen, die Verbreitung von umwelttechnologischen Innovationen sowie die Förderung naturverträglicher Landwirtschaft. Weitere Impulse gelten breiter Umweltbildung durch die Einrichtung von Natur-Erlebniswelten, die Erarbeitung von Lehr- und Informationsmaterialien und Beiträge zum Klimaschutz und zur Umweltvorsorge bei Großveranstaltungen.

Ein besonderer Schwerpunkt ist der Klimaschutz, für den sich die Stiftung mit ihrer Klima-Initiative GlobeClimate einsetzt, die Möglichkeiten zur CO_2-Kompensation anbietet.

NatureLife-International – Stiftung für Umwelt, Bildung und Nachhaltigkeit

info@naturelife-international.org
www.naturelife-international.org
www.globeclimate.com

NATURELIFE-
INTERNATIONAL

Register